원소의 주기율표

IUPAC Periodic Table of the Elements

Key:

atomic number **Symbol** name standard atomic weight

1	2	3	4	5	6	7	8	9	10	11	12	13	14	15	16	17	18
1 **H** hydrogen [1.007, 1.009]																	2 **He** helium 4.003
3 **Li** lithium [6.938, 6.997]	4 **Be** beryllium 9.012											5 **B** boron [10.80, 10.83]	6 **C** carbon [12.00, 12.02]	7 **N** nitrogen [14.00, 14.01]	8 **O** oxygen [15.99, 16.00]	9 **F** fluorine 19.00	10 **Ne** neon 20.18
11 **Na** sodium 22.99	12 **Mg** magnesium [24.30, 24.31]											13 **Al** aluminium 26.98	14 **Si** silicon [28.08, 28.09]	15 **P** phosphorus 30.97	16 **S** sulfur [32.05, 32.08]	17 **Cl** chlorine [35.44, 35.46]	18 **Ar** argon 39.95
19 **K** potassium 39.10	20 **Ca** calcium 40.08	21 **Sc** scandium 44.96	22 **Ti** titanium 47.87	23 **V** vanadium 50.94	24 **Cr** chromium 52.00	25 **Mn** manganese 54.94	26 **Fe** iron 55.85	27 **Co** cobalt 58.93	28 **Ni** nickel 58.69	29 **Cu** copper 63.55	30 **Zn** zinc 65.38(2)	31 **Ga** gallium 69.72	32 **Ge** germanium 72.63	33 **As** arsenic 74.92	34 **Se** selenium 78.96(3)	35 **Br** bromine [79.90, 79.91]	36 **Kr** krypton 83.80
37 **Rb** rubidium 85.47	38 **Sr** strontium 87.62	39 **Y** yttrium 88.91	40 **Zr** zirconium 91.22	41 **Nb** niobium 92.91	42 **Mo** molybdenum 95.96(2)	43 **Tc** technetium	44 **Ru** ruthenium 101.1	45 **Rh** rhodium 102.9	46 **Pd** palladium 106.4	47 **Ag** silver 107.9	48 **Cd** cadmium 112.4	49 **In** indium 114.8	50 **Sn** tin 118.7	51 **Sb** antimony 121.8	52 **Te** tellurium 127.6	53 **I** iodine 126.9	54 **Xe** xenon 131.3
55 **Cs** caesium 132.9	56 **Ba** barium 137.3	57-71 lanthanoids	72 **Hf** hafnium 178.5	73 **Ta** tantalum 180.9	74 **W** tungsten 183.8	75 **Re** rhenium 186.2	76 **Os** osmium 190.2	77 **Ir** iridium 192.2	78 **Pt** platinum 195.1	79 **Au** gold 197.0	80 **Hg** mercury 200.6	81 **Tl** thallium [204.3, 204.4]	82 **Pb** lead 207.2	83 **Bi** bismuth 209.0	84 **Po** polonium	85 **At** astatine	86 **Rn** radon
87 **Fr** francium	88 **Ra** radium	89-103 actinoids	104 **Rf** rutherfordium	105 **Db** dubnium	106 **Sg** seaborgium	107 **Bh** bohrium	108 **Hs** hassium	109 **Mt** meitnerium	110 **Ds** darmstadtium	111 **Rg** roentgenium	112 **Cn** copernicium		114 **Fl** flerovium		116 **Lv** livermorium		

57 **La** lanthanum 138.9	58 **Ce** cerium 140.1	59 **Pr** praseodymium 140.9	60 **Nd** neodymium 144.2	61 **Pm** promethium	62 **Sm** samarium 150.4	63 **Eu** europium 152.0	64 **Gd** gadolinium 157.3	65 **Tb** terbium 158.9	66 **Dy** dysprosium 162.5	67 **Ho** holmium 164.9	68 **Er** erbium 167.3	69 **Tm** thulium 168.9	70 **Yb** ytterbium 173.1	71 **Lu** lutetium 175.0
89 **Ac** actinium	90 **Th** thorium 232.0	91 **Pa** protactinium 231.0	92 **U** uranium 238.0	93 **Np** neptunium	94 **Pu** plutonium	95 **Am** americium	96 **Cm** curium	97 **Bk** berkelium	98 **Cf** californium	99 **Es** einsteinium	100 **Fm** fermium	101 **Md** mendelevium	102 **No** nobelium	103 **Lr** lawrencium

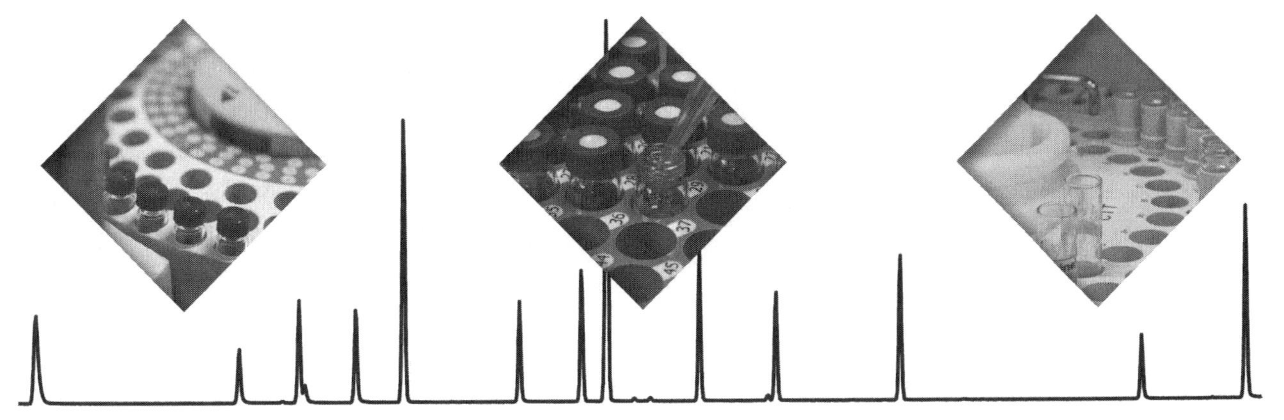

Sample Preparation for Chromatographic Analysis

크로마토그래피 분석을 위한

시료 전처리

명승운 지음

자유아카데미

머리말

분석 과학자들은 종종 시료 중에 '무엇이 들어 있는지'를 분석해 달라는 요청을 받는 경우가 있는데 이때 매우 난처하고 당황스럽다. 이는 분석하고자 하는 시료가 어떤 종류이든지 시료 중에는 수많은 종류의 물질들이 포함되어 있기 때문이다. 지금까지 밝혀진 유기 화합물만 수백만 종에 이르는데, 밝혀지지 않은 화합물까지 포함하면 무한히 많을 터이며 이들을 다 찾아낸다는 것은 아무리 분석 기술이 발전하였다 하더라도 불가능에 가까운 일이다. 하지만 분석 과학자들은 어떤 물질(정성 분석)이 얼마만큼(정량 분석) 포함되어 있는지를 알아내는 것을 목표로, 수많은 분석 도구와 방법들을 개발하고자 노력하고 있다.

시료는 분석 물질(analyte)과 매트릭스(matrix)로 구성되어 있는데, 시험자가 분석하고자 하는 목표 물질을 '분석 물질'이라고 한다. 예를 들어, 우리가 마시는 커피에는 카페인을 비롯해서 테오필린(theophylline)과 같은 비휘발성 알칼로이드 화합물, 단백질과 아미노산, 탄수화물 등 수많은 물질들이 녹아 있다. 시험자가 카페인의 함량을 분석하고자 하면 카페인이 분석 물질이 되고, 카페인을 제외한 물을 비롯한 다른 물질들은 매트릭스가 된다. 반면에 테오필린을 분석하고자 할 경우는 테오필린이 분석 물질이 되고, 카페인을 비롯한 물, 아미노산, 탄수화물 등은 매트릭스에 해당된다.

크로마토그래피 분석(chromatographic analysis)에 있어서 당면하는 일반적인 문제점은 방해 물질을 제거하는 것이고, 또 다른 한 가지는 감도를 높이는 것이다. 이러한 문제점을 해결하기 위한 과정이 시료 전처리(sample preparation)인데, 주어진 시료를 아무런 처리 과정 없이 직접 분석 기기를 이용해서 분석하기가 곤란하거나, 직접 분석할 수는 있지만 만족할 만한 결과를 얻지 못하였을 경우에 화학 분석을 용이하게 하기 위하여 시료를 변형시키는 과정을 말한다. 따라서 시료 전처리 과정에서는 시험자가 분석하고자 하는 분석 물질을 방해하는 요소들, 즉 매트릭스에 해당하는 물질들이 방해 물질이 될 경우가 있으므로 이를 제거하여야 한다. 그러나 매트릭스라고 해서 모두가 방해 물질에 해당하지는 않는다. 특별히, GC나 HPLC 등에서 머무름 시간이 겹치는 물질이나, 질량분석기(MS)에서 이온 형성을 방해하는 물질들이 주요 방해 물질들에 해당한다.

크로마토그래피에서 분석 감도를 높이기 위해서는 첫째, 용액 중에서 용질이 차지하는 양을 증가시키는 방법(농축)이 있고, 둘째, 주변의 방해 물질을 제거하여 크로마토그래피의 바탕 높이를 낮춤으로써 신호 대 잡음비(S/N)를 증가시키는 방법이 있고(정제), 셋째, 분석 기기의 검출기에 대한 감도를 향상시키기 위해서 분석물을 변형시키는 방법(유도체화) 등이 있다.

이러한 시료 전처리 과정 중에서 가장 중요한 과정은 추출과 정제 과정으로, 이들은 매우 다양한 방법이 있는데, 대표적인 방법으로는 액체-액체 추출법(liquid-liquid extraction, LLE), 고체상 추출법(solid phase extraction, SPE), 헤드스페이스 분석법(headspace analysis), 고체상 미량 추출법(solid phase microextraction, SPME), 액체상 미량 추출법(liquid phase micro-extraction, LPME), 초음파 추출법(ultrasound-assisted extraction, UAE), 마이크로파 추출법(microwave-assisted extraction, MAE), 초임계 유체 추출법(supercritical fluid extraction, SFE), 가속 용매 추출법(accelerated solvent extraction, ASE) 등이 있다. 본 책에서는 크로마토그래피를 위한 시료 전처리 방법에 한정해서 위의 방법들에 대해서 기술하도록 한다.

이 "크로마토그래피 분석을 위한 시료 전처리"는 2013학년도 경기대학교 연구년 수혜로 저술되었음에 감사드린다. 출간 후에라도 수정 사항이 있을 경우에는 홈페이지(www.freeaca.com) 자료실에 제공할 예정이다.

저자 명승운

차례 

제 1 장 시료 전처리의 기본

제 2 장 액체 – 액체 추출법

제 3 장 고체상 추출법

제 4 장 고체상 미량 추출법

제5장 초임계 유체 추출법

제6장 마이크로파 추출법

제7장 가속 용매 추출법

제8장 액체상 미량 추출법

제 9 장 헤드스페이스 추출법

제 10 장 유도체화

제 11 장 시료의 특성

제 12 장 방법의 유효화

부록

제 1 장

시료 전처리의 기본

1.1 기본 용어

화학 분석에서 정량 또는 정성 분석의 대상 물질을 '**분석 물질**(analyte)'이라고 한다. 시료는 액체, 고체, 기체가 모두 될 수 있다. 시료 중에는 분석 물질 이외에도 여러 가지가 포함되어 있을 수 있는데, 분석 물질을 제외한, 용매를 포함한 모든 나머지 물질을 '**매트릭스**(matrix)'라고 한다.

두 가지 또는 그 이상의 물질이 균일하게 혼합된 것을 '**용액**(solution)'이라고 한다. 용액에서 양이 적은 것을 '**용질**(solute)'이라 하고, 양이 많은 것을 '**용매**(solvent)'라고 하며, 기체, 액체, 고체 모두가 용질과 용매가 될 수 있다.

정성 분석(qualitative analysis)은 시료 중에 어떤 물질이 들어 있는지를 "확인" 또는 "규명"하는 것이며, 종종 'identification'이라는 용어를 사용한다. **정량 분석**(quantitative analysis)은 분석 물질이 얼마만큼 들어 있는지를 측정하는 것이며, 'determination'이라는 용어를 사용하고 있다. 따라서 정량 분석은 정성 분석이 이루어진 이후에 수행한다.

'**샘플링**(sampling)'은 시료 채취를 의미하는데, 시료 중에서 대표적인 것을 "균일하게" 채취해야 하며, 그렇지 않을 경우에는 반드시 어느 부분을 샘플링한 시료라고 명시해야 한다.

'sample preparation'은 일반적으로 '**시료 전처리**' 또는 '**시료 준비**'라고 하며, 채취한 시료를 곧바로 기체 크로마토그래프(GC)나 액체 크로마토그래프(HPLC)에 주입하여 분석하는 경우는 매우 드물기 때문에 시료를 GC나 HPLC에서 분석하기 적합하게 만드는 과정을 뜻한다. 시료 전처리 과정에는 추출(extraction), 정제(clean-up), 농축(concentration), 유도체화(derivatization) 등이 있는데, 이들에 대해서는 나중에 자세히 언급하기로 한다. 시료 전처리 과정의 마지막 단계에서는 GC나 HPLC로 분석하기에 적합하도록 용매를 사용하여 분석 물질을 '**재용해**'시키기도 하는데 이를 'reconstitution' 또는 'make-up'이라고 한다.

1.2 계산

일반적으로 화학 분석에서 분석 물질(용질)의 양은 농도로 표현한다. 농도는 용액의 단위 부피당 용질의 양으로 정의된 '**몰농도**(molarity)'로 표현하는 것이 일반적이다. 몰농도는 'M'으로 나타내는데, '용액 1리터당 용질의 몰수', 즉 몰농도$(M) = \frac{\text{용질의 몰수(mole)}}{\text{용액(L)}}$이며, "몰(mol)"이란 입자(원자, 분자, 이온 등)의 아보가드로 수(Avogadro's number)이다.

한편, 몰농도는 온도에 따라 변할 수 있기 때문에 몰랄 농도(molality, m)로 나타내기도 하는데, 몰랄 농도는 '용매 킬로그램당 함유된 용질의 몰수', 즉 몰랄 농도$(m) = \frac{\text{용질의 몰수(mol)}}{\text{용매(kg)}}$이다.

미량 분석에서는 시료 중에 함유된 분석 물질의 농도가 낮기 때문에 밀리 몰농도(milimolar, mM), 마이크로 몰농도(micromolar, μM), 나노 몰농도(nanomolar, nM) 등으로 표시하기도 한다:

$$1\text{M} = 10^3\ \text{mM} = 10^6\ \mu\text{M} = 10^9\ \text{nM}$$

혼합물이나 용액 중에 있는 용질을 '백분율(percent)'로 나타낼 수 있다. 무게 백분율은 $\frac{\text{용질의 질량}}{\text{전체 용액의 질량}} \times 100$이며 '○○ wt%'로, 부피 백분율은 $\frac{\text{용질의 부피}}{\text{전체 용액의 부피}} \times 100$이며 '○○ vol%'로, 부피당 무게 백분율은 $\frac{\text{용질의 질량}}{\text{전체 용액의 부피}} \times 100$이며 '○○ w/v%'로 표시한다.

이와 같이 양을 표시할 때 매우 크거나 작을 수 있기 때문에 일반적으로 접두어를 사용한다. 관습적으로 10의 세제곱씩 증가하거나 감소하는 방식으로 표현하며 표 1.1과 같다.

[표 1.1] 과학적 표기에서 사용되는 접두어

접두어	기호	자릿수	접두어	기호	자릿수
요타(yotta)	Y	10^{24}	데시(deci)	d	10^{-1}
제타(zetta)	Z	10^{21}	센티(centi)	c	10^{-2}
엑사(exa)	E	10^{18}	밀리(milli)	m	10^{-3}
페타(peta)	P	10^{15}	마이크로(micro)	μ	10^{-6}
테라(tera)	T	10^{12}	나노(nano)	n	10^{-9}
기가(giga)	G	10^{9}	피코(pico)	p	10^{-12}
메가(mega)	M	10^{6}	펨토(femto)	f	10^{-15}
킬로(kilo)	k	10^{3}	아토(atto)	a	10^{-18}
헥토(hecto)	h	10^{2}	젭토(zepto)	z	10^{-21}
데카(deca)	da	10^{1}	욕토(yocto)	y	10^{-24}

● **몰농도(molarity) 계산**

바닷물은 100 mL당 2.7 g의 소금(NaCl, 58.44 g/mol)을 함유하고 있다. NaCl의 몰농도는 얼마인가?

▸NaCl 2.7 g의 몰수는 $\frac{2.7\ g}{58.44\ g/mol} = 0.046\ mol$이므로, 몰농도$=\frac{0.046\ mol}{0.1\ L}$ $= 0.46\ M$

● **M을 mM로 환산**

0.36 M을 mM로 환산하면 어떻게 되는가?

▸$0.36\ M \cdot 10^3\ mM/M = 360\ mM$

● **용액 조제**

$B(OH)_3$ (61.83 g/mol) 0.05 M 용액 1.0 L를 만들려면 몇 그램의 $B(OH)_3$가 필요한가?

▸

$$0.05\ M = 0.05\ mol/L$$

$B(OH)_3$ 1 mol, 즉 몰질량이 61.83 g이므로, 0.05 mol은 3.0915 g이다.

따라서 $B(OH)_3$ 3.0915 g의 무게를 재서 부피 플라스크에 넣고 정제수를 약간 넣어서 녹여준 후 1 L까지 채워주면 된다.

● **백분율을 몰농도(M)와 몰랄 농도(m)로 환산**

실험실에 있는 염산(HCl, 36.46 g/mol)의 일반적인 농도는 37.0 wt%이다. 이를 몰농도와 몰랄 농도로 표시하시오. (단, HCl의 밀도는 1.19 g/mL이다.)

▸

① 몰농도(용액 1 L에 들어 있는 용질의 몰수)

용액 1 L의 질량 → $(1.19\ g/mL)(1000\ mL) = 1.19 \times 10^3\ g$

용액 1 L에 함유된 HCl의 질량 → $(1.19 \times 10^3\ g/L)(0.37) = 4.40 \times 10^2\ g/L$

용액 1 L에 함유된 HCl의 몰수 → $(4.40 \times 10^2\ g/L)/(36.46\ g/mol) = 12.1\ mol$

따라서 용액 1 L에 함유된 HCl의 몰농도(M)는 12.1 mol/L, 즉 12.1 M이다.

② 몰랄 농도(용매 1 kg에 들어 있는 용질의 몰수)

37.0 wt% HCl 용액 100.0 g에는 HCl 37.0 g과 물 63.0 g이 혼합되어 있다.

HCl 37.0 g의 몰수 → $(37.0\ g)/(36.46\ g/mol) = 1.01\ mol$

따라서 용매 1 kg 중에 함유된 HCl의 몰랄 농도(m)는 $\frac{1.01\ mol}{0.063\ kg} = 16.1\ m$이다.

또한 몰농도 대신에 단위 부피당 질량으로 농도를 표시하기도 한다. 즉 mg/mL, μg/mL, ng/mL, pg/mL 등으로 표기하며 다음과 같이 정의된다.

$$1\ \text{g /mL} = 10^3\ \text{mg/mL} = 10^6\ \mu\text{g/mL} = 10^9\ \text{ng/mL} = 10^{12}\ \text{pg/mL}$$

미량 분석에서는 농도가 매우 작기 때문에 또 다른 농도 표기 방법, 즉 ppm, ppb, ppt 등을 사용하기도 한다. ppm은 백만 분율(parts per million)이며, ppb는 십억 분율(parts per billion), ppt는 일조 분율(parts per trillion)로 각각 백만 그램, 십억 그램, 일조 그램의 용액 중에 함유되어 있는 분석 물질의 그램 수이므로, 몰농도나 몰랄 농도와는 달리 분석 물질의 몰질량, 즉 분자량에 대한 정보가 없어도 계산이 가능하다.

$$\text{ppm} = \frac{\text{용질의 질량}}{\text{시료의 질량}} \times 10^6, \quad \text{ppb} = \frac{\text{용질의 질량}}{\text{시료의 질량}} \times 10^9$$

ppm, ppb, ppt는 일반적으로 무게 대 무게의 비로 나타내지만, 무게 대 부피의 비로 표시하는 경우도 있다. 순수한 묽은 수용액의 밀도는 거의 1.00 g/mL이므로 물 1 g은 물 1 mL와 동일하다고 생각하여 1 ppm은 1 μg/mL, 1 ppb는 1 ng/mL, 1 ppt는 1 pg/mL로 표시하기도 한다.

$$1\ \text{ppm} = 1\frac{\text{ng}}{\mu\text{L}} = 1\frac{\mu\text{g}}{\text{mL}} = 1\frac{\text{mg}}{\text{L}}, \quad 1\ \text{ppb} = 1\frac{\text{pg}}{\mu\text{L}} = 1\frac{\text{ng}}{\text{mL}} = 1\frac{\mu\text{g}}{\text{L}},$$

$$1\ \text{ppt} = 1\frac{\text{fg}}{\mu\text{L}} = 1\frac{\text{pg}}{\text{mL}} = 1\frac{\text{ng}}{\text{L}}$$

● ppm 계산

0.1 g의 카페인이 999.9 g의 물에 녹아 있는 경우에 카페인의 농도를 ppm으로 계산하시오.

▸ $\text{ppm} = \frac{0.1\ \text{g}}{(0.1 + 999.9)\ \text{g}} = 0.0001 = 100 \times 10^6 = 100\ \text{ppm}$

● ppm을 몰농도(M)로 환산

100 ppm의 카페인(194.19 g/mol)이 있다. 이를 몰농도로 환산하면 얼마가 되는가?

▸ 카페인의 몰농도$= \frac{100\ \text{g/L}}{194.19\ \text{g/mol}} = 514.96\ \text{M}$

1.3 용액 묽히기

농도가 매우 작은 표준 용액이나 시약을 조제하는 과정에서는 실험 오차가 자주 발생한다. 용질의 무게를 정확하게 재서 한번에 부피 플라스크에 묽은 용액을 만드는 것은 쉽지 않은데, 이는 작은 양을 정확하게 재는 것이 매우 어려운 작업이며, 또한 농도가 작은 용액을 조제하기 위해서는 매우 큰 부피 플라스크를 사용해야 하기 때문이다. 보통 실험실에서 정확도를 유지하면서 잴 수 있는 무게는 50~100 mg 정도이며, 이보다 작은 양을 잴 경우에는 불확정성이 매우 커진다.

따라서 높은 농도의 용액을 조제한 후에 일정량을 취한 후에 동일한 용매로 묽혀서 원하는 농도의 용액을 조제하는 것이 일반적인 방법인데, 이때 필요한 것이 '묽힘식'이다.

$$MV = M'V'$$

위의 식에서 M은 진한 용액의 농도, V는 진한 용액의 부피, M'는 묽힌 용액의 농도, V'는 묽힌 용액의 부피이다. 즉 MV는 진한 용액에서 용질의 몰수이며, $M'V'$는 묽힌 후 용액에 있는 용질의 몰수로, 두 항에서의 몰수가 동일하다는 것을 의미한다.

● 묽은 염산 만들기

실험실에서 처음 구입한 염산(HCl) 용액의 농도는 보통 12.1 M이다. 이를 사용하여 0.1 M HCl 용액 1.0 L를 만드시오.

▸묽힘식 $MV = M'V'$로부터 (12.1 M) · V = (0.1 M) · (1000 mL)이므로, V = 8.26 mL이다.

따라서 진한 12.1 M HCl을 8.26 mL 취한 후 부피 플라스크에 넣고 정제수로 묽히면서 최종 부피가 1.0 L가 되도록 하면 0.1 M HCl 용액 1.0 L가 만들어진다.

● 묽은 표준 용액 만들기

1000 ppm (in MeOH) 카페인 용액으로부터 10 μg/mL 용액 10 mL를 조제하시오.

▸묽힘식 $MV = M'V'$로부터, (1000 μg/mL) · V = (10 μg/mL) · (10 mL)이므로, V = 0.1 mL

따라서 1000 μg/mL 카페인 용액으로부터 0.1 mL 취한 후 메탄올을 사용하여 묽히면서 최종 부피가 10 mL가 되도록 한다.

용매의 표기
논문이나 보고서 등에서 100 μg/mL (in MeOH)와 같이 표기된 것을 종종 볼 수 있는데 'in MeOH'는 메탄올을 용매로 사용했다는 뜻이다.

1.4 시료 전처리를 위한 기본 장비

1.4.1 저울

분석할 시료나 표준 물질 등을 얼마나 정확하게 무게를 측정할 수 있느냐가 정량 분석의 정확도를 좌우한다. 분석 저울(analytical balance)의 감도는 질량을 얼마 간격으로 측정이 가능한가로 정의되며, 화학 분석 실험실에서 사용하는 대부분의 저울은 0.01~0.1 mg의 감도를 가지고 있다. 분석 저울은 정확도에 영향을 미치게 되는 진동을 최소화하기 위해서 두꺼운 대리석 평판과 같은 무거운 테이블 위에 수평을 유지하여 설치하여야 하며, 정확도를 유지하기 위해서는 정기적인 교정이 필요하다.

시약이나 시료를 저울의 접시에 직접 올려 놓고 무게를 잴 경우에는 저울에 손상을 끼치게 되므로 반드시 무게 측정용 용기에 담아서 측정하며, 저울의 닫개 창을 닫아서 대류의 영향을 차단한 후에 측정해야 한다.

무게 측정 시 온도도 중요한데, 저울의 교정이 이루어진 온도에서 측정하는 것이 이상적이다. 일반적으로 저울의 교정은 실온에서 수행되기 때문에 가열된 물체를 측정할 경우에는 실온까지 냉각시킨 후 무게를 측정하는 것이 바람직하다. 저울의 부품이나 틈새 등에 남아 있는 시약이나 용매들은 부품의 부식과 고장의 원인이 되므로 저울을 사용한 후에는 전원을 끄고 부드러운 브러시나 마른 티슈 등을 이용하여 청결을 유지해야 하며, 저울의 문을 닫아서 먼지나 수분 등에 노출되지 않도록 한다.

1.4.2 피펫

일정 부피의 액체를 옮기는 데 사용되는 피펫(pipette) 역시 실험의 정확도에 크게 영향을 미친다. 일반적으로 실험실에서 사용하는 피펫에는 **옮김 피펫**(transfer pipette)[또는 부피 피펫(volumetric pipette)]과 **측정 피펫**(measuring pipette)[또는 눈금 피펫(graduated pipette)]이 있다(그림 1.1). 옮김 피펫은 피펫에 명시된 부피를 옮기는 데 사용되는 피펫으로, 측정 피펫보다 정확도가 크다. 옮김 피펫은 피펫에 표시된 부피만을 정확하게 옮길 수 있으나, 측정 피펫은 시험자가 원하는 부피를 옮길 수 있도록 눈금이 표시되어 있다.[1]

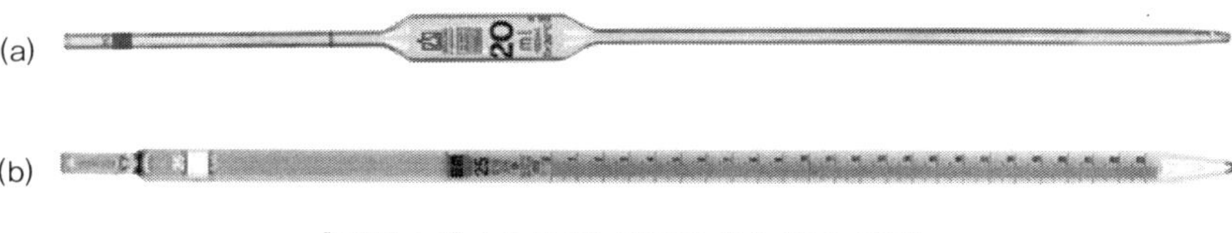

[그림 1.1] (a) 옮김 피펫과 (b) 측정 피펫

피펫의 정확한 사용 절차는 다음과 같다. 먼저, 피펫의 끝을 측정하고자 하는 용액에 넣고 피펫에 정확하게 맞는 흡입 도구인 고무 벌브(bulb) 등을 사용하여 원하는 부피보다 많은 양을 피펫에 채운다. 이때 절대로 입으로 빨아들여서는 안 된다. 용액으로부터 피펫을 꺼낸 후 보푸라기가 없는 페이퍼 타올을 사용하여 피펫의 바깥 표면에 묻어 있는 용액을 제거한다. 피펫의 끝을 비어 있는 비커의 벽에 기대어 붙여서 메니스커스(meniscus)의 바닥이 원하는 표시선에 도달할 때까지 액체를 버린다.

액체의 메니스커스를 원하는 부피의 표시선에 맞춘 후 피펫을 옮기고자 하는 용기의 벽에 붙여서 벽을 따라 천천히 흘러내리게 한다. 피펫에서 용액이 다 빠져나간 후에도 피펫에는 한 방울 정도의 액체가 남아 있게 되는데, 이 남아 있는 방울은 뽑아내지 않는다. 왜냐하면, 피펫의 눈금을 교정할 때 피펫 안에 남아 있는 방울은 제외하고 계산이 되었기 때문이다.

옮김 피펫과 측정 피펫을 사용할 때는 고무 벌브나 디스펜서(dispenser)를 결합하여 사용하게 되는데(그림 1.2), 이들에 대한 사용 방법도 잘 익혀두어야 한다. 특히 용매가 이들 내부에 들어가서 손상시키는 결과를 가져올 수 있기 때문에 유의해야 한다.

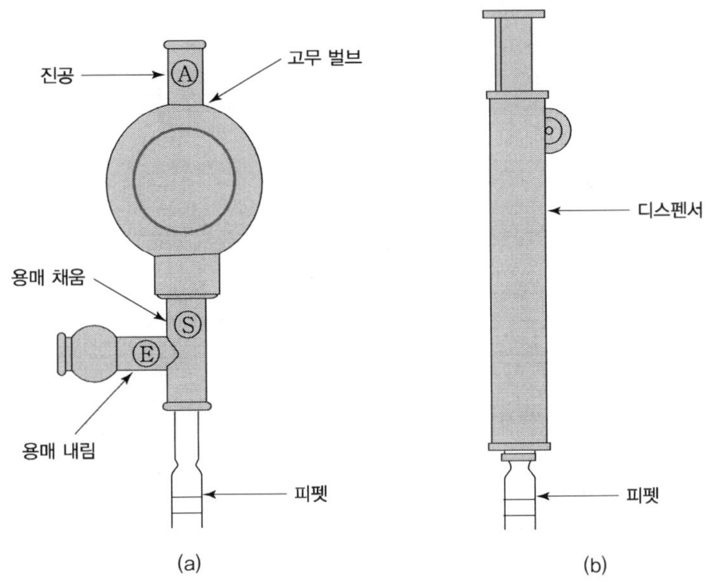

[그림 1.2] 피펫에 결합시킨 (a) 고무 벌브와 (b) 디스펜서

다른 형태의 피펫으로는 **마이크로 피펫**(그림 1.3)이 있다. 이는 보통 1~1000 μL의 액체를 옮기는 데 사용되며 옮김 피펫보다는 정확도가 낮다. 피펫의 몸체에 용량에 맞는 팁(tip)을 끼워서 사용하는데 팁은 일회용이다. 팁이 장착된 피펫을 용액에 넣을 때는 3~5 mm 정도 용액에 담가서 취하며, 피펫의 팁과 취하고자 하는 용액의 각도에 따라 취하는 양이 달라지므로 반드시 팁이 용액에 수직이 되도록 한 후에 취해야 한다. 용액을 취할 때 플런저(plunger)를 천천히 움직이도록 하며, 점성도가 낮은 용매의 경우는 특별한 주의가 필요하다. 옮김 피펫이나 측정 피펫과는 다르게, 피펫의 팁에 남아 있는 미량의 용액까지 완전히 비워야 정확한 부피가 옮겨진다.

가장 일반적으로 사용되는 팁으로는 200~1000 μL(파란색), 2~200 μL(노란색), 2 μL 이하(투명)가 있으며, 오염을 막기 위해서 팁 보관 상자에 뚜껑을 닫아서 보관해야 하며, 손으로 직접 만지는 것은 금한다.

팁과 마이크로 피펫 몸체는 플라스틱 재질로 되어 있기 때문에 사용하는 용매들에 대한 저항성을 확인할 필요가 있으며, 마이크로 피펫은 제조사로부터 정기적으로 교정을 받아야 정확한 부피 옮김이 가능하다.

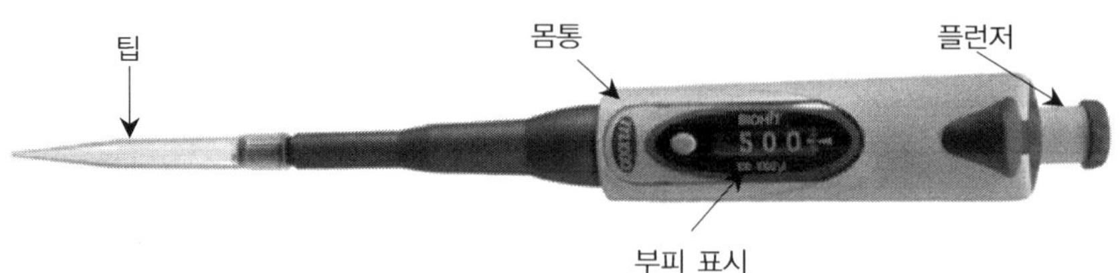

[그림 1.3] 마이크로 피펫(micropipette)

실험실에서 사용하는 티슈

분석 실험실에서 피펫, 미량 주사기 등에 묻어 있는 용매를 비롯한 이물질을 닦아낼 경우에 티슈를 사용하게 되는데, 이때는 보푸라기가 일어나지 않고 왁스가 코팅되어 있지 않은 실험용 티슈를 사용하는 것이 바람직하고, 일반 화장 티슈를 사용하는 것은 금해야 한다.

1.4.3 부피 플라스크

부피 플라스크(volumetric flask)(그림 1.4)는 정확한 농도의 용액을 조제하는데 사용되며, 플라스크에 적혀진 온도에서 부피를 재는 것이 오차를 줄일 수 있는 방법이다. 묽히고자 하는 용매 일부가 채워진 부피 플라스크에 무게를 정확하게 잰 고체나 액체 용질을 옮긴 후 플라스크를 흔들어 주거나, vortex mixer를 이용하거나 초음파 세척기 등을 이용하여 용질을 완전히 녹인 다음 표시선까지 용매를 채우는 것이 바람직한 방법이다.

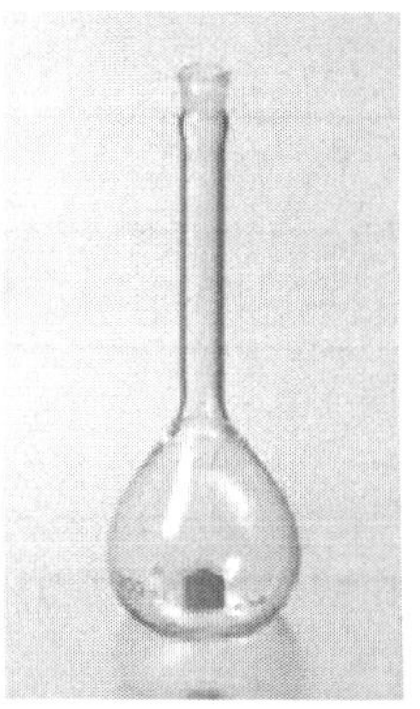

[그림 1.4] 부피 플라스크

1.4.4 회전 증발기

회전 증발기(rotary evaporator)(그림 1.5)는 시료 전처리 과정에서 추출 용매로 사용된 많은 양의 휘발성 용매 또는 비휘발성 용매를 신속하고 효율적으로 친환경적인 방법으로 제거하거나 농축시킬 때 사용되는 장비이다. 용매의 휘발 속도를 증가시키기 위하여, 1) 진공 펌프나 아스피레이터(aspirator) 장치를 이용하여 용매가 담겨 있는 시료 플라스크(둥근 바닥 플라스크)의 압력을 감소시켜서 용매의 끓는점을 낮추고, 2) 시료 플라스크를 회전시켜 용매의 표면적을 증가시키고, 3) 시료 플라스크를 가열하는 방법 등이 이용된다.

위와 같은 방법으로 휘발되는 용매는 냉각수가 회전되고 있는 응축기에서 응축되어 용매 수거 플라스크에 모아져서 재사용되거나 폐기된다.

회전 증발기를 사용할 때는 용매나 용매의 증기가 진공 펌프로 전달되어 펌프가 손상될 우려가 있기 때문에 진공 펌프와 회전 증발기 사이에 가둠 장치(trap)를 설치하는 것이 바람직하다. 또한 높은 진공 상태는 용매의 역류나 범핑(bumping)을 일으키게 할 수 있기 때문에 진공 상태를 조절할 수 있는 진공 조절 밸브를 사용하는 것이 좋다.

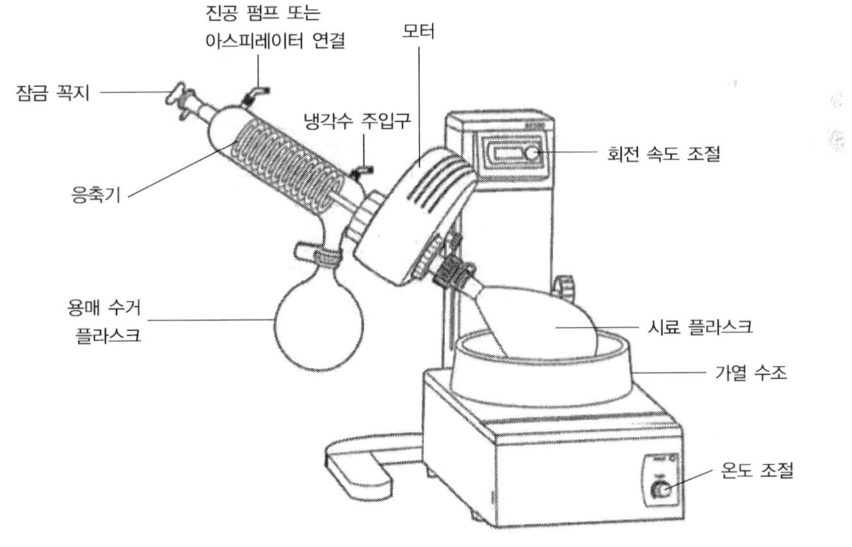

[그림 1.5] 회전 증발기

1.4.5 질소 증발기

질소 증발기(nitrogen evaporator)는 시료 전처리에 있어서 시료의 농축 또는 건조를 위해서 용매를 휘발시켜야 하는 경우에 회전 증발기와 더불어 많이 사용되는 실험 장비이다. 보통 회전 증발기는 많은 양의 용매를 휘발시킬 때 사용되며, 질소 농축 방법은 적은 양의 용매를 휘발시키는 데 사용된다. 유기 용매에 용해되어 있는 액체 시료에 비활성 기체인 질소를 가는 바늘을 통해서 불어넣어 주면 질소 기체의 흐름으로 인하여 액체 표면 위에 용매의 증기가 생성되고, 증기상과 액체상 사이에 평형은 증기상을 선호하는 방향으로 바뀌게 되어 용매는 계속해서 증기상이 되어 날아감으로써 시료가 농축된다. 이때 시료를 가열하면 증발 속도가 빨라진다. 이런 증발 방법은 상업용으로 제작하여 판매하는 질소 증발기(그림 1.6)가 있으며, 질소 증발기가 없는 실험실에서는 가는 바늘을 질소통에 연결해서 질소가 시료 용매 위로 흐르게 만들어 용매를 증발시키는 수작업 방법도 있다.

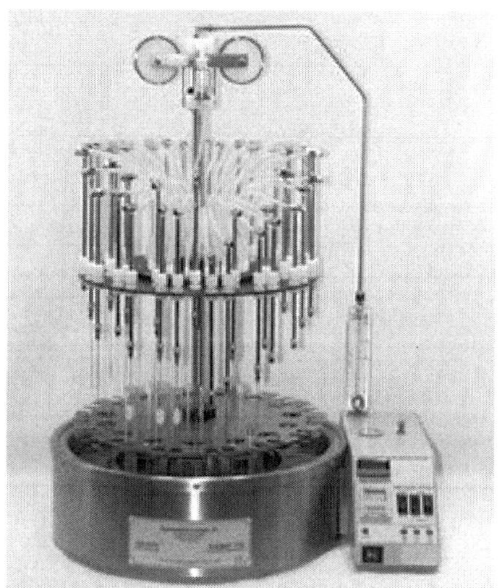

[그림 1.6] 질소 증발기

1.4.6 원심분리기

원심분리는 서로 섞이지 않은 액체-액체, 액체-고체 혼합 시료에 원심력을 가해서 성분들로 분리하는 방법으로, 섞이지 않고 밀도가 다른 두 액체를 분리하거나, 현탁액 상태에 있는 용액에서 액체로부터 고체를 분리하는 데 사용되는 장비가 **원심분리기(centrifuge)**이다(그림 1.7). 원심분리한 후에 위에 떠 있는 액체를 "부유물(supernatant)"이라 하며, 시험관 바닥에 가라앉은 고체를 "펠렛(pellet)"이라고 한다. 주로 액체-액체 추출법(LLE)에서 액체 시료와 추출 용매를 분리하거나, 세포가 없는 혈청이나 혈장을 분리하는 데 사용한다.

시료를 bucket에 넣을 때 무게 대칭이 필요하며 이 점을 유의해야 한다. 원심분리의 조건을 표시할 때 속도를 나타내는 'RPM (revolutions per minute)', 또는 중력(gravity)의 단위로 표시하는 '상대 원심력(relative centrifugal force, RCF)', 즉 '×g'의 두 가지 방법이 있는데, 이들 사이는 다음과 같은 관계가 있다:

$$g = (1.118 \times 10^{-5}) \cdot R \cdot S^2$$

[g: 상대 원심력(RCF), R: rotor의 반경(cm), S: 원심분리 속도(RPM)]

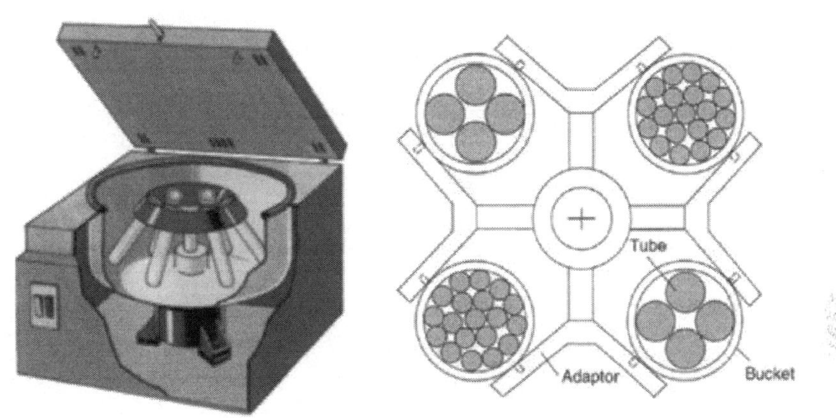

[그림 1.7] 원심분리기와 부분 명칭

1.4.7 교반기

교반기(shaker)는 액체-액체 추출법(LLE)에서 추출 용매와 시료 액체 간의 접촉 표면적을 넓혀주기 위해서 사용되는 실험 장비로, 수동으로 하기에는 매우 지루하고 힘든 작업이므로 전기 모터를 사용하여 정해진 속도로 수직 또는 수평으로 진동하는 판 위에 비커, 시험관, 삼각 플라스크 등이 담긴 시료를 고정시켜서 교반시키는 장치이다. 분별 깔때기(separtory funnel)를 장착할 수 있는 수직 교반기[그림 1.8 (a)], 궤도 교반기(orbital shaker)[그림 1.8 (b)]도 있으며, 자석 젓개와 vortexing의 확장된 형태라고 할 수 있다.

Vortex mixer(또는 vortexer)[그림 1.8 (c)]는 적은 양의 액체 시료를 바이알이나 시험관에 넣은 후 액체를 혼합하거나 고체 시료를 용해시킬 때 사용하는 장치로서, 한 번에 몇 초에서 1~2분 이내로 사용된다.

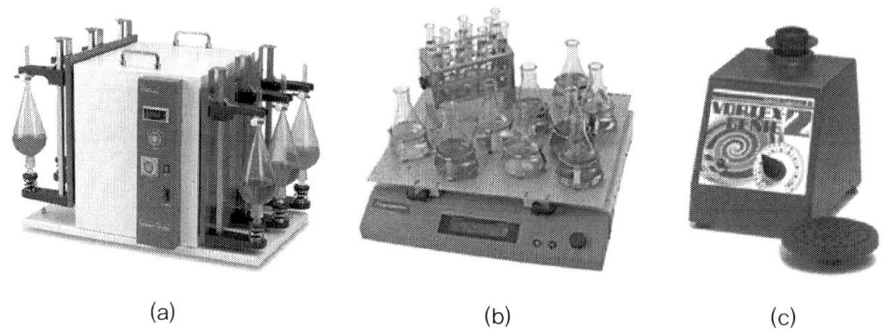

(a) (b) (c)

[그림 1.8] (a) 수직 교반기, (b) 수평 및 궤도 교반기 및 (c) vortexer

vortexing

논문이나 보고서 등에서 실험 절차에 "vortexing"이라고 표현되는 경우 vortexer를 사용하여 간단한 혼합 작업을 수행하는 것을 의미한다.

1.4.8 시료 및 시약의 건조

추출이 완료된 시료나 시약(특별히, 실릴 유도체화 시약)들은 공기 중의 수분으로부터 보호하고 먼지들로부터 보호하기 위해서 건조제가 들어 있는 밀폐된 건조 용기(desiccator)에 보관하는 것이 바람직하다(그림 1.9). 건조제를 바닥에 넣은 일반적인 건조 용기[그림 1.9 (a)]와, 낮은 압력에서 수분이 적게 포함된 상태에서 건조제를 넣은 후 보관시키는 진공 건조 용기[그림 1.9 (b)]가 사용될 수 있다. 진공 건조 용기는 건조 속도가 빠르다는 장점이 있다. 한편, 건조 용기에 사용되는 건조제는 여러 가지가 있는데, 실험실에서 많이 사용되는 건조제는 실리카 젤 또는 오산화 인이다(표 1.2).[1]

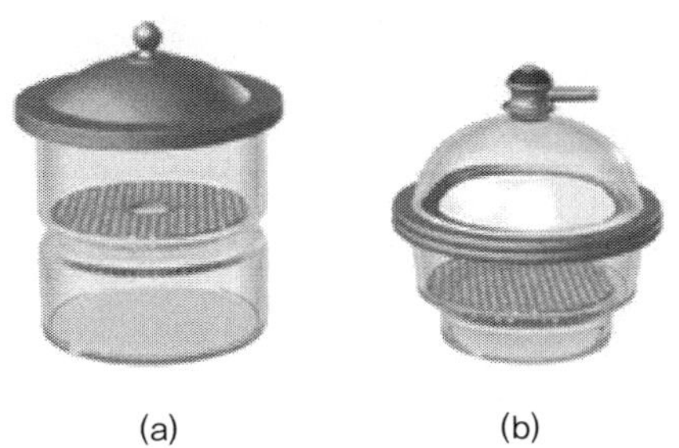

[그림 1.9] (a) 일반 건조 용기와 (b) 진공 건조 용기

[표 1.2] 여러 가지 건조제의 성능

시약	화학식	대기 중에 남아 있는 수분 함량 (μg H_2O/L)
과염소산 마그네슘, 무수	$Mg(ClO_4)_2$	0.2
'Anhydrone'	$Mg(ClO_4)_2 \cdot 1\text{-}1.5\ H_2O$	1.5
산화 바륨	BaO	2.8
알루미나	Al_2O_3	2.9
오산화 인	P_4O_{10}	3.6
황산 칼슘	$CaSO_4$	67
실리카 젤	SiO_2	70

1.5 유리 기구의 세척과 건조

시료 전처리에 사용되는 유리 기구의 세척은 실험 절차 중에서 가장 중요한 단계라고 할 수 있다. 실험실에서는 종종 교차 오염이 발생하는 경우가 있는데, 이는 표준 용액을 조제할 때 또는 매우 높은 농도의 시료를 분석했을 때 사용했던 유리 기구로부터 오염이 발생한 것이며, 오염 물질의 종류에 따라 세척 방법과 절차가 달라지기도 한다.

오염된 유리 기구를 사용하면 화학 측정에 있어서 정확한 결과를 얻는 것이 불가능하다. 따라서 유리 기구는 육안으로 보아 물리적으로 깨끗하여야 하며, 화학적으로도 깨끗하여야 하고 소독이 되어 있어야 한다. 모든 유리 기구는 완전히 그리스(grease)가 없는 상태여야 한다. 가장 안전한 청결의 척도는 정제수에 의해서 유리 표면이 일정하게 적셔 있는 상태이다. 특별히, 액체의 부피를 측정하는 데 사용되는 유리 기구에서는 더욱더 중요하다. 그리스를 비롯한 다른 오염 물질은 유리를 일정하게 적시는 것을 방해한다. 따라서 유리 용기의 벽에 붙어 있는 이물질은 측정 부피에 영향을 미치게 된다. 피펫과 뷰렛 등에서는 매니스커스가 뒤틀리게 되어 정확한 측정을 하기가 힘들게 된다.

시험자의 안전을 위해서 유리 기기를 세척할 때는 보안경을 착용하고, 미끄럼이 방지되고 화학적으로 저항이 있는 장갑을 착용하여야 한다. 사용되는 세제와 세척 용액에 따라서 일반적인 실험복 이외에 추가로 착용하는 앞치마의 종류가 달라져야 하며, 흄 후드(fume hood) 안에서 세척을 하여야 하는 경우도 있다.

유리 기구를 사용한 후에는 가능한 한 빨리 세척하는 것이 좋은데, 이는 세척이 안 된 상태로 오랫동안 방치할수록 세척이 힘들어지기 때문이다. 유리 stopcock과 stopper의 경우는 분리하여 물에 담가 두면 더 깨끗하게 세척할 수 있다. 대부분의 새로운 유리 기구는 약한 알칼리성이기 때문에 세척 전에 산성 수용액(1% 정도의 염산이나 질산)에 몇 시간 동안 담가 두는 것이 좋다.

초기 세척에 있어서 비누, 세척제, 가루 세척제 등이 사용될 수 있으며 뜨거운 물을 함께 사용하면 효과적이다. 유리 기구의 모든 부분들을 브러시로 문질러서 오염 물질들을 제거시킨다. 사용하는 브러시의 크기와 모양도 유리 기구의 크기와 모양에 따라 구분하여 사용하면 효과적인 세척이 될 수 있다. 유리 표면의 흠집이나 마모를 방지하기 위해서는 손잡이가 나무나 플라스틱 재질인 브러시를 사용하는 것이 바람직하다.

세척 절차로는 1) 일반 식기 세척제를 사용하여 브러시 또는 세척 용액(예 Decon 90)을 사용하여 세척, 2) 수돗물로 헹굼, 3) 고순도 메탄올 및 아세톤 세척, 4) 정제수로 헹굼, 5) 자연 건조 등의 순서로 세척하는 방법이 일반적인데, 오염물의 종류에 따라 세척 방법과 건조 방법 등이 달라지기도 한다.

흠집이 있는 유리 기구는 실험하는 동안에 깨지기 쉬우며 유리 표면에 생긴 자국은 깨지는 시발점이 될 수 있으며, 가열하거나 진공에서 사용되는 유리 기구인 경우에는 더욱 주의해야 한다. 세제나 비누가 완전히 제거되기 전에는 산(acid)이 유리 기구에 접촉하는 것은 피해야 하는데, 이는 얇은 그리스 막이 생성될 수도 있기 때문이다.

유리 기구가 지나치게 뿌옇거나 지저분하거나 유기 물질들이 응고되어 있다면 진한 산이나 염기를 사용한 강력한 세척 용액을 사용하여야 하는데, 이 경우에는 시험자의 신체에 위험성이 있으므로 매우 주의해야 한다. 침전된 물질은 질산이나 황산, 왕수(진한 염산과 진한 질산을 3 : 1로 섞은 용액) 등을 사용하여 제거하기도 하는데, 이들은 유리 기구를 부식시키는 물질이므로 꼭 필요한 경우에만 사용하도록 한다.

진한 황산 용액에 녹인 크로뮴산도 매우 강력한 세정제이다. 하지만 크로뮴 이온은 환경에 매우 독성이 있고, 적은 양이더라도 폐기 처리에 문제가 있기 때문에 현재는 실험실에서 잘 사용하지 않으며, 대신에 황산에 과산화 수소가 함유된 세정 용액을 사용하는 추세이다. 크로뮴산이 들어 있지 않은 세정액을 사용할 경우에는 유리 기구를 몇 분 정도 세정액에 담가 두는 것이 좋으며, 혈액 응고물과 같은 잔류물이 있는 경우는 밤새 담가 두는 것이 좋다.

그리스는 약한 탄산 소듐 용액에서 끓여 줌으로써 제거하는 것이 효과적이며 아세톤을 사용해도 좋으나, 강알칼리는 사용하지 않아야 한다. 실리콘 그리스는 따뜻한 나프탈렌(decahydronaphthalene)에서 두 시간 정도 담가 둠으로써 제거할 수 있으며, 아세톤을 적신 페이퍼 타올로 문질러서 제거하기도 한다. 그리스를 세척한 후에는 세척 용제를 깨끗하게 씻어내야 한다.

비누, 세척제 등도 유리 기구로부터 완전히 제거하여야 하는데 수돗물로 세정이 가능하다. 흐르는 수돗물로 세정한 후에 얼마 동안 담가 놓기도 하며 수돗물로 세정할 때는 최소한 5~6회 정도는 씻어 주어야 한다. 수돗물은 매우 경도가 높기 때문에 마지막 세정은 탈이온수와 같은 정제수에서 해주는 것이 좋다.

플라스틱 기구의 경우는 비알칼리성 세제를 사용하여 세척한 후 정제수로 헹구는 방법이 일반적인 방법이며, 브러시를 사용하지 않아야 한다.

세척된 유리 기구는 건조대에서 자연 건조시키는 것이 일반적이며, 급하게 실험이 진행되는 경우에는 건조기 등을 사용하여 열풍 건조(40~50°C)를 시키기도 하는데, 이때는 대기 오염 물질에 의한 오염을 주의해야 한다. 오븐에서 건조시킬 경우에도 90°C를 넘지 않아야 하며, 눈금이 있는 뷰렛, 피펫 등 부피를 측정하는 유리 기구를 건조시킬 경우에는 열에 의한 열팽창을 주의해야 한다.

1.6 정제수

화학 분석에서는 증류수(distilled water) 또는 탈이온수(deionized water) 등 **정제수**(purified water)가 표준 용액의 조제, 희석, 바탕 시료, 세척 등에 사용되기 때문에 매우 중요하다. 정제수 조제 방법으로는 역삼투 방법, 증류 방법, 탈이온화 방법, 초미세 여과 방법, 자외선 처리 방법 등이 있으나, 일반적인 실험실에서는 이온 교환 방법 또는/및 역삼투 방법에 의한 정제수 조제 장치를 사용하여 정제수를 보유하고 있다.

ASTM(American Society for Testing and Materials)에서 제시하는 정제수(유형 I)는 25°C에서 18.2 MΩ·cm의 전기 저항(비저항)과 총유기 탄소(total organic carbon, TOC)가 10 ppb(ng/mL), 소듐이 1 ppb, 총 실리카가 3 ppb, 염소가 1 ppb 이하인 물을 의미한다. 이 유형 I은 증류 또는 동등한 과정을 거쳐서 혼합 이온 교환 수지와 0.2 ㎛ 얇은 막 필터를 통과한 것을 일컫는다.

정제수 제조 장치에서 제조되는 정제수의 순도를 확인할 때 장치에 실시간으로 표시되는 비저항치를 확인해야 한다. **비저항치**는 표준 상태의 도체가 갖는 전기 저항을 말하는 것으로, 물질이 얼마나 전류를 잘 흐르게 하는 가에 대한 양인 전도율과 역수 관계(비저항=1/전도율)에 있다. 보통 단위 면적(1 cm^2), 단위 길이(1 m)당 전기 저항, 즉 부피 고유 저항률로 표시되며, 일반적으로 단위는 옴·센티미터(Ω·cm)인데 기준치는 18.2 M Ω·cm이며, 이보다 낮은 비저항 값을 나타내면 제조되고 있는 정제수의 순도가 낮다는 의미이므로 필터를 교환하는 등의 조치가 필요하다.

이온 교환 시스템 정제수 장치는 단시간 내에 많은 양의 정제수를 생산해 낼 수 있다는 장점이 있지만, 역삼투 방식이나 활성 탄소 방식을 사용하면 보다 순도 높은 정제수를 얻을 수 있다. 이 장치에는 비저항을 측정할 수 있는 장치가 부착되어 있어야 하며, 비저항치의 수준에 따라서 이온 교환 수지나 역삼투압 막 등의 교체 시기를 잘 관리해야 한다.

■ 참고문헌 ■

1 Daniel C. Harris, 분석 화학 8 ed, **2012**.
2 국립환경과학원, 환경시험 · 검사 QA/QC 핸드북, 제2판, **2011**.

제2장

액체-액체 추출법

2.1 액체-액체 추출법의 원리

기체 크로마토그래프(GC)나 액체 크로마토그래프(HPLC)를 이용하여 시료를 분석하고자 할 때 시료 자체를 GC나 HPLC에 직접 주입하는 경우는 매우 드문데, 이는 다음과 같은 몇 가지 이유 때문이다.

첫째, 실험실에서 보유하고 있는 GC, HPLC 등 크로마토그래프 분석 장비의 절대 감도가 낮아서 시료를 기기에 직접 주입하여 분석하기 어려운 경우가 있다. 이때는 용질(분석 물질)의 양은 그대로 유지한 채 용매의 양을 감소시킴으로써 분석 물질의 농도를 증가시키는 **농축**(concentration) 과정을 통해서 해당 분석 기기에서 분석하기에 적합한 시료로 만들 수 있다. 이 과정에서는 용매를 휘발시켜서 농축해야 하기 때문에 분석 물질이 휘발성 화합물이면 용매와 함께 휘발되어 양이 변화될 수 있으므로 주의해야 한다.

둘째, 분석 물질의 머무름 시간이 매트릭스 성분과 겹치거나 크로마토그램의 바탕선(base line)이 높게 나타남으로써 정량 분석이나 정성 분석이 곤란한 경우가 있다. 이 경우는 **정제**(clean-up) 과정을 통해서 바탕선을 깨끗하게 함으로써 분석 물질이 매트릭스 성분과 구분이 가능하게 되어 크로마토그래피 분석이 가능해진다.

셋째, GC/MS나 LC/MS에서 분석하고자 하는 경우에 질량 분석기(Mass spectrometer)의 이온화원(ionization source)에서 분석 물질의 이온화가 일어나야 하는데, 염(salt)이나 완충 용액 등에 의해 방해를 받아 분석 물질의 이온화가 잘 되지 않아(**이온 억제**, ion suppression) 분석이 곤란한 경우가 생기기도 한다. 이때는 비휘발성 염이나 완충 용액을 만들었던 화합물을 정제 과정을 통해 제거할 수 있다.

넷째, 사용하는 크로마토그래프의 검출기에서 검출이 안 되거나 감응이 약한 경우에 분석 감도를 증가시키기 위해서 시료 전처리가 필요한 경우가 있다. 예를 들어, 실험실에 보유하고 있는 장비가 HPLC/UV-Vis 시스템인데, 분석하고자 하는 물질에 **발색단**(chromophore)이 없어서 UV-Vis 검출기가 장착된 이 장비로는 분석이 곤란할 경우가 있다. 이때는 분석 물질에 선택적으로 발색단을 붙여서 분석이 가능하게 하거나, GC로 분석하기에는 분석 물질의 극성도가 크고 비휘발성 물질인 경우에는 극성 작용기에 휘발성 작용기인 TMS(trimethylsilyl) 등을 붙여서 극성도를 줄이고 휘발성 있는 물질로 만들어서 분석을 용이하게 하는 경우가 있는데, 이를 **유도체화**(derivatization)라고 한다.

다섯째, 크로마토그래프의 종류에 따라 시료를 주입할 때 사용되는 용매에 제한이 있기 때문에 시료 전처리가 필요한 경우가 있다. 예를 들면, GC의 경우는 고온에서 작동되므로 컬럼에 수분(물)이 포함되면 컬럼 정지상을 손상시킨다. 이 때문에 수용액 시료나 수분이 미량이라도 포함된 시료를 곧바로 GC에 주입해서 분석하면 안 된다. 또한 실험실에서 일반적으로 사용하는 HPLC 시스템은 **역상**(reverse phase) **크로마토그래피** 시스템이다. 즉 정지상은 무극성이며 이동상은 극성인 용매 시스템을 사용해서 이동상의 극성도를 변화시켜 화합물들을 분리시키거나 머무름 시간을 조절하게 되는데, 물과 유기 용매인 메탄올 또는 아세토나이트릴이 이동상으로 가장 많이 사용된다. 메탄올과 아세토나이트릴은 물과 완전히 섞여서 이동상으로 작용하게 되는데, 물과 섞이지 않는 헥세인이나 다이에틸 에터 등을 유기 용매로 사용하면 이동상의 역할을 하지 못하므로 HPLC에는 적합하지 않는 용매이다. 따라서 수용액 중에 있는 분석 물질을 GC로 분석하고자 할 경우에는 유기 용매 상(phase)으로 분석 물질을 이동(추출)시켜서 분석해야 하며, 헥세인을 비롯한, 물과 섞이지 않는 유기 용매에 녹아 있는 분석 물질을 HPLC로 분석할 경우에는 물이나 메탄올 등 HPLC의 이동상과 잘 섞이는 용매 속으로 분석 물질을 이동(추출)시킬 필요가 있다.

이와 같이 시료 전처리 과정은 다양한 목적을 가지고 있으며 그 목적에 따라 절차, 시간, 방법 등이 매우 다양하다.

위에서 기술된 시료 전처리 과정 중에서 농축과 정제를 위해서는 분석 물질을 다른 물질로부터 분리시키거나 다른 상으로 옮겨야 하는데, 어떤 물질을 한 상에서 다른 상으로 옮기는 것을 **추출**(extraction)이라고 한다. 액체-액체 추출법(liquid-liquid extraction, LLE)은 두 개의 상이 액체(시료 수용액과 추출 유기 용매)인 경우이며, 고체상 추출법(solid phase extraction, SPE)은 한 개의 상은 고체이며 다른 한 개의 상은 액체인 경우이다.

액체-액체 추출법은 **용매 추출법**(solvent extraction)이라고도 하며, 수용액으로부터 유기 화합물들을 추출하는 데 사용되는 가장 일반적인 방법이면서 전통적인 방법이라고 할 수 있다. LLE는 분석 화학 분야에 국한되지 않고 유기 합성 분야에서 합성 과정이나 최종 생성물을 분리하는 데도 사용되며, 천연물 중에서 유효 성분들을 분리해 내는 데 널리 사용되고 있다.

따라서 효율적인 추출을 위해서는 다음과 같은 물리·화학적 성질에 대한 이해가 필요하다. 즉 증기 압력(vapor pressure), 용해도(solubility), 분자량(molecular weight), 소수성(hydrophobicity), 산 해리(acid dissociation)는 추출에 있어서 기본적인 성질에 해당하며, 이들은 인체에서 화학 물질의 이동, 공기-물-토양의 환경에서 화학 물질의 이동, 화학 분석에서 추출하는 동안에 섞이지 않은 상 간의 이동을 결정하기도 한다.[1]

액체-액체 추출법은 두 액체상에 대한 분석 물질의 용해도 차이로 인해 분석 물질이 두 액체상에 다르게 분배(partition)되는 현상을 이용하는 것이다. 분석 물질이 유기 용매상(org)과 수용액상(aq)에 분배되었을 때 **분배 계수(partition coefficient)** K는 다음과 같이 표현할 수 있다.

$$A(aq) \rightleftharpoons A(org) \qquad \text{식 (2.1)}$$

$$K = \frac{[A]_{org}}{[A]_{aq}} \qquad \text{식 (2.2)}$$

여기에서 $[A]_{aq}$는 수용액 상에 녹아 있는 분석 물질의 농도이고, $[A]_{org}$는 유기 용매상에 녹아 있는 분석 물질의 농도이다. 따라서 분배 계수가 크다는 것은 분석 물질이 유기 용매에 더 많이 포함되어 있다는 것을 의미한다. 액체-액체 추출법에서 수용액 중에 함유된 분석 물질을 유기 용매로 추출한다는 것은 분배 계수 K를 높여서 유기 용매상으로 분석 물질을 옮긴다는 것이다. 분배 계수는 분석 물질이 분배될 때의 평형 상수에 해당되며, 두 상 간의 접촉 표면적을 증가시키면 평형에 도달하는 시간은 빨라지기 때문에 교반(shaking)을 시켜주는 경우가 많이 있다.

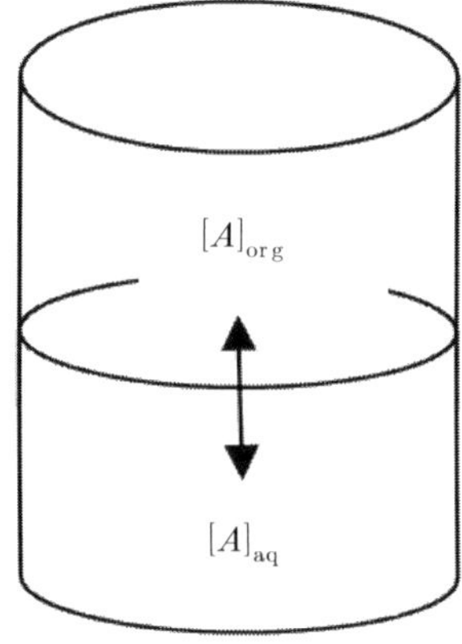

[그림 2.1] 분석 물질의 두 액체상 사이의 분배

한편 수용액 중에 함유된 분석 물질을 유기 용매를 사용하여 추출한다고 하였을 때 수용액의 부피를 V_{aq} mL, 유기 용매의 부피를 V_{org} mL라고 하고, 분석 물질 A의 몰수를 m, 평형 상태에서 추출되지 않고 수용액에 남아 있는 분율을 q라 하면, 유기 용매로 추출된 분율은 $(1-q)$가 된다. 수용액에 분배된 분석 물질의 **몰농도**(molarity, M)는 용액 1 L에 들어 있는 용질의 몰수로, $M = \frac{\text{용질의 몰수(m)}}{\text{용액 1L}}$ 이므로 $\frac{q \cdot m}{V_{aq}}$ 이 되며, 유기 용매에 추출된 분석 물질의 몰농도는 $\frac{(1-q) \cdot m}{V_{org}}$ 이 된다. 따라서 식 (2.2)에서 분배 계수는 $K = \frac{(1-q) \cdot m / V_{org}}{q \cdot m / V_{aq}}$ 가 된다. 그러므로 1회 추출 시 분석 물질이 유기 용매로 추출된 후 수용액에 남아 있는 분석 물질의 분율은 다음과 같다.[2]

$$q = \frac{V_{aq}}{V_{aq} + K \cdot V_{org}} \qquad \text{식 (2.3)}$$

추출되지 않고 수용액에 남아 있는 분율은 식 (2.3)과 같으므로 유기 용매로 추출된 분석 물질의 양은 $(1-q)$이 된다.

$$\text{유기 용매로 추출된 분율: } 1-q = 1 - \frac{V_{aq}}{V_{aq} + K \cdot V_{org}} \qquad \text{식 (2.4)}$$

위 식으로부터 유기 용매로 추출되는 양은 **분배 계수** K와 분석 물질이 최초에 용해되어 있는 수용액의 부피 V_{aq}, 추출 유기 용매의 부피 V_{org}에 의존함을 알 수 있다. 분배 계수는 두 액체 상간의 분석 물질의 용해도에 따라 달라지는 값이며, 수용액(시료)과 유기 용매(추출 용매)의 부피에 따라 추출률이 달라진다는 의미이므로 추출 시에는 이에 대한 고려가 있어야 한다.

공인된 시험 방법은 물론이고 논문이나 보고서 등에 발표된 시료 전처리 과정을 살펴보면 추출을 한 번에 그치지 않고 두 번 또는 세 번에 걸쳐서 동일한 절차를 반복해서 추출하는 경우가 있는데 그 이유는 다음과 같다.

식 (2.3)은 1회 추출했을 때 추출되지 않고 수용액 중에 남아 있는 분율이며, 1회 추출한 후 수용액 중에 남아 있는 분석 물질을 다시 추출하게 된다. 2회 추출 시에는 $q \cdot q = q^2 = \left(\frac{V_{aq}}{V_{aq} + K \cdot V_{org}}\right)^2$ 이 수용액 중에 남아 있게 된다.

예를 들어, 소변 10 mL 중에 함유된 카페인을 GC를 사용하여 정량하고자 할 때 추출 용매인 다이에틸 에터(diethyl ether) 20 mL를 사용하여 추출하였을 경우 분배 계수 K가 3이라고 하자. K가 3이라는 것은 카페인이 물(소변)보다는 다이에틸 에터(유기 용매)에 3배 더 분배되어 있다는 의미이다. 우선 유기 용매를 20 mL를 사용하여 추출할 경우, 이를 식 (2.2)에 대입하여 추출되지 않고 소변 중에 남아 있는 분율을 계산하면

$$q = \frac{V_{aq}}{V_{aq} + K \cdot V_{org}} = \frac{10}{10 + 3 \times 20} = 0.143$$

이다. 즉 카페인 14.3%는 추출되지 않고 소변에 남아 있고 85.7%가 유기 용매로 추출되었다는 것이다. 한편, 시험 방법이 확립된 후에는 시험 방법에 대한 평가로 **방법의 유효화**(method validation) 시험을 하면서 **절대 회수율**(absolute recovery)에 대한 평가를 하게 된다. 이때 절대 회수율은 원래 시료 중에 포함되어 있는 분석 물질의 몰수와 추출 용매로 추출된 분석 물질의 몰수(절대 회수율(%)= $\frac{\text{추출 용매에 추출된 분석 물질의 몰수}}{\text{원래 시료 중에 포함된 분석 물질의 몰수}} \times 100$)로 나타내는데, 위의 경우는 절대 회수율이 85.7%가 된다.

반면 이번에는 동일한 양(20 mL)의 추출 용매를 10 mL씩 나누어 2회 추출할 경우는

$$q^2 = \left(\frac{V_{aq}}{V_{aq} + K \cdot V_{org}}\right)^2 = \left(\frac{10}{10 + 3 \times 10}\right)^2 = 0.0625$$

이다. 즉 6.25%가 수용액(소변)에 남아 있고 93.75%가 유기 용매(다이에틸 에터)로 추출되었다. 따라서 많은 양의 추출 용매로 1회 추출하는 것보다 작은 양으로 2회 추출하는 것이 추출률(절대 회수율) 측면에서는 유리함을 알 수 있다. 추출률이 낮은 경우에는 동일한 추출 용매의 양을 사용하더라도 1회에 추출하는 것보다는 번거롭지만 추출 횟수를 늘려서 2회 또는 3회에 걸쳐 추출하면 절대 회수율이 높아질 수 있다.

이제 시험자가 할 일은 식 (2.1)에서 분석 물질이 오른쪽으로 유리하게 진행되도록, 즉 식 (2.1)에서 $[A]_{org}$를 증가시킴으로 유기 용매상으로 분석 물질이 많이 분배되도록 추출 조건을 최적화하는 것이다.

힌트 단백질 침전

- GC나 HPLC 주입용 시료 중에 단백질이 함유되어 있으면 단백질이 용리되지 않고 GC 컬럼에 그대로 남아 있을 수도 있고, HPLC의 컬럼이 막힐 염려가 있으며 이는 크로마토그래피 분석에서 커다란 장애가 된다. 따라서 시료 전처리 시에 우선적으로 단백질을 제거할 필요가 있다. 혈장이나 혈청은 약 8%(w/w)의 단백질을 포함하고 있기 때문에 단백질 침전이 필요하며, 소변에는 단백질이 거의 없으므로 단백질 침전이 필요 없으며 단백질을 제거하는 방법은 다음과 같다:
- 시료에 아세토나이트릴(ACN)을 가해서 혼합한다: 시료 1 mL에 0.2 mL의 ACN을 가하면 13.4%가 침전되고, 1 mL를 가하면 97.2%, 2 mL를 가하면 99.7%가 침전된다.
- 원심분리한 후 상층액을 취해서 시료 전처리하거나 직접 분석할 수도 있다.

앞에서 설명했듯이 액체-액체 추출법에서는 두 상 혹은 세 상으로 물질들을 분배시킴으로써 추출이나 정제를 할 수 있다. 이를 위해서는 사용되는 유기 용매들과 수용액이 섞이지 않아야 한다.

여기서는 두 상을 중심으로 설명하고자 하는데, 수용액이 한 개의 상이고 다른 상은 유기 용매인 경우이다. 유기 용매들은 물보다 가벼운 것들이 있는 반면에, 물보다 무거워서 상이 분리되면서 유기 용매 층이 아래로 가라앉게 되는 것들도 있다. 물보다 가벼운 용매로는 다이에틸 에터(diethyl ether), 헥세인(hexane), 톨루엔(toluene) 등이 있으며, 물보다 무거운 용매로는 다이클로로메테인(dichloromethane), 클로로폼(chloroform) 등이 있다. 따라서 사용되는 추출 용매에 따라 추출 도구가 달라져야 한다.

예를 들어 물보다 가벼운 추출 용매를 사용할 경우에는 일반적인 시험관에서 추출한 후 위층에 있는 유기 용매를 스포이트 등을 사용하여 새로운 시험관으로 옮긴다. 또는 원심분리 후에 −20°C 이하의 저온에 시험관을 몇 분 정도 방치하면 어는점의 차이로 인하여 아래층에 있는 수용액은 얼게 되고, 위층에 있는 유기 용매는 얼지 않기 때문에 시험관을 기울여서 다른 시험관으로 추출 용매를 옮기는 방법 등을 사용하기도 한다. 하지만 물보다 무거운 추출 용매를 사용할 경우는 유기 용매가 아래층으로 가라앉게 되므로 분별 깔때기(separate funnel)를 사용하여 아래층에 있는 유기 용매를 따라내는 방법을 택하는 것이 편리하다.

한편, 그림 2.2는 액체-액체 추출 시 사용되는 추출 용매와 수용액 시료가 섞이는지, 분리되는지의 여부를 나타낸 것으로, 이를 이용하면 실제로 실험을 해보지 않더라도 용매 선택에 있어 도움이 된다. 그리고 화합물의 밀도를 살펴봄으로써 상 분리 시에 추출 용매가 위층에 있는지, 아래층에 있는지를 알 수 있다.

예를 들어, 소변 중에 함유된 카페인을 추출하고자 할 때 다이에틸 에터를 사용할 경우에 그림 2.2에서 물(소변)과 다이에틸 에터는 섞이지 않은 것으로 나타나 있기 때문에 층 분리가 가능하다. 표 2.1에서 물의 밀도는 0.998 g/mL이며, 다이에틸 에터는 0.713 g/mL이므로 물이 아래층에 있고 다이에틸 에터가 위층에 있게 된다. 한편, 그림 2.2로부터 용매들 간에 서로 섞이지 않고 층 분리가 이루어진다 하더라도 용매들 간에 다소 용해될 수도 있으므로 GC나 HPLC에 주입할 경우 유도체화 반응 시에 영향을 미칠 수 있으므로 이에 대한 고려도 해야 한다. 이와 관련해서 용매들의 물에 대한 용해도를 표 2.1에 나타내었다.

 **액체-액체 추출법에서 추출 유기 용매 선택시 유의사항**

- 수용액에 대한 용해도가 낮아야 한다(10% 이하).
- 분석 물질과 반응성이 없어야 하며, 분석 물질을 잘 용해시켜야 한다.
- 농축 과정을 고려한다면 농축이 쉽도록 휘발성이 커야 한다(끓는점이 낮아야 한다).
- 상 분리가 뚜렷하게 일어날 정도로 물과 밀도 차가 있어야 한다.
- 순도가 높아야 한다.
- 크로마토그래피 분석 기기와의 호환성을 고려해야 한다
  (예 GC-ECD로 분석하고자 할 때 dichloromethane과 같은 염소 용매를 사용하면 안 되며, HPLC/UV를 사용하고자 할 때 UV 흡수가 큰 용매를 사용하면 안 된다).
- 극성도를 고려해야 한다.
- 취급과 저장이 쉽도록 녹는점/어는점과 증기 압력이 낮아야 한다.
- 독성이 덜하고 구하기 쉬워야 하고 경제적이어야 한다.

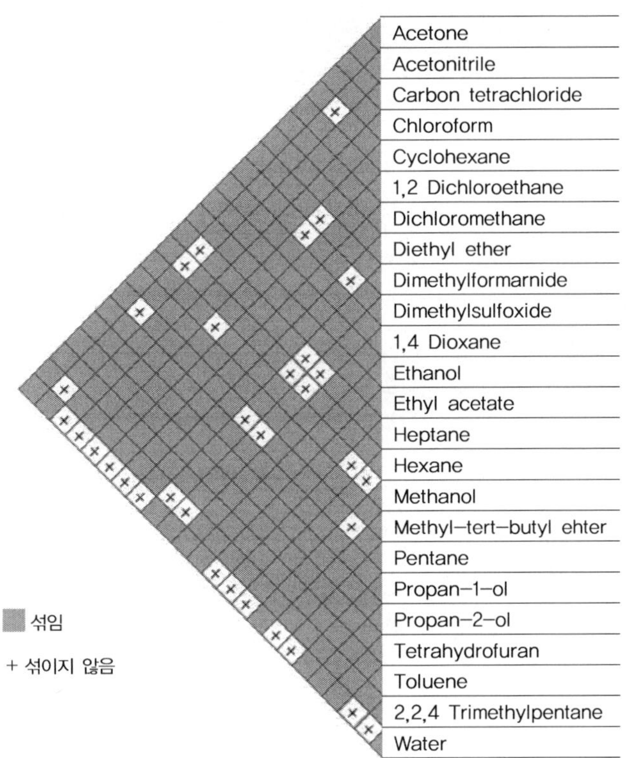

[그림 2.2] 용매 섞임 표[3]

[표 2.1] 유기 용매의 성질[4]

용매	극성도	끓는점 (°C)	점성도 (cPoise)	물에 대한 용해도 (% w/w)	밀도 (g/mL)
무극성 용매					
n-Hexane	0.1	69	0.30	0.014	0.655
Cyclohexane	0.2	81	1.0	<0.1	0.779
n-Heptane	0.1	98	0.42	0.01	0.684
방향족 용매					
Toluene	2.4	111	0.59	0.05	0.867
p-Xylene	2.5	138	0.81	용해 안 됨	0.861
쌍극자 용매					
Dichloromethane	3.1	40	0.44	0.9	1.327
Ethyl acetate	4.4	77	0.43	8.7	0.894
양성자 주개 용매					
Chloroform	4.1	61	0.53	0.8	1.498
양성자 받개 용매					
Methyl-tertbutyl ether	2.5	55	0.27	5.1	0.741
Diethyl ether	2.9	35	0.24	7.5	0.713

2.2 액체–액체 추출법과 관련된 요소들

2.2.1 용해도

용해도(solubility)는 주어진 온도에서 화합물이 다른 화합물로 용해될 수 있는 최대량으로서, 실험적으로 구할 수도 있고 분자 구조로부터 예측할 수도 있다. 물에 대한 용해도가 10 ppm 이하이면 용해도가 낮다고 하며, 10~1000 ppm이면 중간 정도, 1000 ppm 이상이면 용해도가 높다고 분류하기도 한다.[5]

물질의 용해도는 다음과 같이 측정할 수 있다. 특정 온도에서 알고 있는 양의 용매를 용기에 넣은 후 화합물이 더 이상 용해되지 않을 때까지 저어주면서 가하고, 더 이상 녹지 않게 되면 이 용액을 포화 용액이라 하며 이때까지 가해진 화합물의 양으로부터 용해도를 구한다. 예를 들어 20°C에서 물 100 mL에는 염화 소듐(소금)이 35.7 g 용해되는데, 20°C에서 염화 소듐의 용해도는 35.7 g/100 mL이 된다.

포화 용액은 용해된 물질이 용해되지 않은 물질과 평형 상태에 있다. 공유 결합 물질인 수크로스(자당) 포화 용액을 예로 들면 포화 용액은 시료 용기의 상층에 있고 용해가 되지 않은 약간의 수크로스는 용기의 바닥에 있다. 이 경우에 수크로스 분자들 중에 일부는 바닥에 있는 고체 결정들은 녹기 위해서 고체로부터 용액으로 이동이 이루어지고, 동시에 용액 내에 있던 동일한 분자 수의 수크로스가 녹지 않은 고체 수크로스의 일부가 된다. 이러한 용해와 침전이 동일한 속도로 일어나면서 동력학적인 평형을 위한 요구사항들을 만족시키게 된다. 수크로스 포화 용액에 대한 평형식은 다음과 같이 표현할 수 있다:

$$\text{Sucrose(s)} \rightleftarrows \text{Sucrose(aq)}$$

위 식에서 용해와 침전 과정이 동시에 진행되며 용액 내에 있는 분자의 수는 일정하다.

한편, 수크로스와 같은 공유 결합 화합물들은 용액 내에서 분자로 존재하지만, 이온성 포화 용액의 경우는 이온성 화합물이 녹으면 용액에서는 이온 형태로 존재한다. 이온 결합을 하고 있는 염화 소듐 포화 용액의 경우는 다음과 같이 평형을 표시한다:

$$\text{NaCl(s)} \rightleftarrows \text{Na}^+\text{(aq)} + \text{Cl}^-\text{(aq)}$$

물질이 용해되기 위해서는 용매 분자와 용질 분자(혹은 이온) 간의 상호작용이 필요하다. 잘게 나누어진 물질들은 큰 덩어리 물질들에 비해서 더 빨리 용해되는데 이는 용매와 용질간의 접촉이 더 많이 이루어지기 때문이다. 따라서 일정하게 저어주면 용해되지 않은 용질과 용매 분자 간의 접촉이 빈번해지기 때문에 용해 속도가 빨라진다. 고체와 액체의 용해도는 온도가 증가함에 따라서 일반적으로 증가한다.

용해도에 영향을 미치는 주요 요소로는 입자들 간에 작용하는 힘, 온도, 압력이 있다.

용해도에 영향을 미치는 요소 중에는 용질과 용매 둘 간에 작용하는 상호 분자 힘 혹은 상호 이온 간의 힘이 있다.

한 물질이 다른 물질에 용해될 때는 둘 간에 인력이 극복되어야 한다. 용해되는 용질은 용매 내에서 분자들의 집합(즉, 분자들 간의 수소 결합이나 분자들 간의 분산력)이 끊어져야 하며, 용매 분자들은 녹지 않은 용질들 내에서 각 용질들을 이웃하는 용질들로부터 빼내기에 충분한 용질들에 대한 인력을 가지고 있어야 한다. 용질이 이온성이면 물과 같은 극성이 큰 용매는 이들을 용해할 수 있기에 충분한 상호 작용을 제공한다. 용질이 극성 분자이면 알코올과 같은 극성 용매가 용해에 사용되며, 용질이 무극성이면 무극성 용매에만 용해된다. 이는 극성 용매 분자들은 용질 분자들 간의 약한 분산력을 극복할 수 없을 뿐만 아니라 분산력이 너무 약해서 용매 분자들 간의 쌍극자-쌍극자 상호작용을 극복할 수 없기 때문이다. 따라서 용해도와 관련해서는 “유사한 것끼리 잘 녹인다(Like dissolves like)”라는 규칙이 적용된다. 즉, 이온성이며 극성인 화합물은 물과 같은 극성 용매에 잘 녹으며, 무극성 화합물들은 사염화 탄소와 탄화수소 화합물 등 무극성 용매에 잘 녹는다(표 2.2).

[표 2.2] 화합물의 결합과 용해도

화합물의 결합 형태	예	용매		
		물	알코올	벤젠
이온성 결합	염화 소듐	매우 잘 녹음	약간 녹음	안 녹음
극성 공유 결합	설탕	매우 잘 녹음	녹음	안 녹음
무극성 공유 결합	나프탈렌	안 녹음	녹음	매우 잘 녹음

표 2.3은 20°C와 100°C에서 여러 물질들의 물에 대한 용해도를 나타내고 있다. 고체와 액체의 용해도는 온도가 증가함에 따라서 증가하지만 기체의 용해

도는 온도가 증가함에 따라서 감소한다. 이는 수온이 증가하면 기체의 용해도 감소하여 물속의 산소가 희박해지기 때문에 연못이나 강 등에서 살고 있는 물고기가 생명의 위협을 느끼게 되는 것이다.

[표 2.3] 온도와 용해도의 관계

화합물	결합 형태	용해도(g/물 100 mL)	
		20°C	100°C
염화 소듐	이온 결합	35.7	39.1
황산 바륨	이온 결합	2.3×10^{-4}	4.1×10^{-4}
수크로스	극성 공유 결합	179	487
암모니아	극성 공유 결합	89.9	7.4
염산	극성 공유 결합	82.3	56.1
산소	무극성 공유 결합	4.5×10^{-3}	3.3×10^{-3}

용액 표면에서의 압력도 매우 작지만 고체와 액체의 용해도에 영향을 미친다. 하지만 기체의 경우는 매우 크게 영향을 미친다. 즉, 용액 표면 위의 기체의 부분 압력이 증가함에 따라 기체의 용해도는 증가한다. 이는 이산화 탄소가 많이 녹게 하기 위해서 탄산음료의 뚜껑을 닫아놓는 이유이다.

2.2.2 휘발

액체 표면으로부터 화합물이 휘발(volatilization)되는 현상은 화합물이 액체와 액체 위에 있는 기체상으로 분포(distribution)되는 분배(partition) 과정이다. 유기 화합물의 '휘발성'이라는 것은 액체-기체 경계면을 넘나들면서 움직이는 경향이 매우 크다는 것을 나타내는데, 준휘발성(semivolatile)과 비휘발성(nonvolatile) 화합물은 그들이 용해되어 있는 액체를 빠져나와 액체 위의 공기로 올라가기 힘들다는 것을 의미한다.

화합물의 휘발하는 경향[퓨가시티(fugacity)라고 함]은 기체와 액체에 대한 분배비, 즉 Henry 상수로 예측될 수 있는데, Henry 상수가 클수록 액체 용액으로부터 기체상으로 휘발하는 경향이 더 크다. Henry 상수는 평형에서 기체상과 액체상에 존재하는 화합물의 농도를 측정함으로써 얻어질 수 있다. 따라서 묽은 중성 화합물의 경우에는 증기 압력과 용해도의 비가 관련이 있으며, 증기 압력은 기압(atm), 용해도는 mol/m^3이므로 Henry 상수의 단위는 $atm \cdot m^3/mol$이다.

2.2.3 증기 압력

액체나 고체의 증기 압력(vapor pressure)은 주어진 온도에서 순수하고 농축된 액체나 고체 상 화합물과 평형 상태에 있는 화합물의 증기(기체)의 압력이다. 증기 압력은 온도가 증가함에 따라 증가하며, 화합물의 증기 압력은 동일 분자들간의 인력의 정도에 따라 크게 다르며, 분자간 인력이 클수록 증기 압력의 크기는 작아진다. 증기 압력과 Henry 상수는 혼동하지 말아야 하는데, 증기 압력은 순수한 물질로부터 대기로 휘발되는 정도에 관한 것이며, Henry 상수는 화합물이 액체 용액으로부터 공기로 휘발되는 정도에 관한 것이다. 따라서 증기 압력은 Henry 상수를 측정하는 데 사용되며, 증기 압력이 낮은 화합물은 1×10^{-6} mmHg, 중간은 1×10^{-6}~1×10^{-2} mmHg, 높은 화합물은 1×10^{-2} mmHg 이상인 것으로 분류된다.[5]

낮은 증기 압력과 높은 용해도를 가진 화합물은 액체 용액에서 낮은 휘발성을 나타내고, 높은 증기 압력과 낮은 용해도를 가진 화합물은 액체 용액에서 높은 휘발성을 나타낸다. 중간 정도의 휘발성은 증기 압력과 용해도의 조합에 의한 결과이다. 따라서 낮은 증기 압력과 낮은 용해도, 중간 증기 압력과 중간 용해도, 높은 증기 압력과 높은 용해도가 조합된 화합물은 거의 비슷한 정도의 휘발성을 나타낸다.

일반적으로 증기 압력과 용해도는 분자 크기가 증가함에 따라 감소하는 경향을 보인다.

2.2.4 소수성

소수성(hydrophobicity)은 수용액 중에 있는 무극성 작용기들이 결합할 때 생성되는 것으로 주변에 있는 물 분자들과의 상호 작용이 감소하고 원래 용질들과 결합되어 있던 물이 풀려나게 된다.[6] 수용액에 녹아 있는 용질이 추출되는 동안 두 개의 섞이지 않는 상 간에 분포될 때 소수성이 영향을 미치게 되므로 이에 대한 고려가 있어야 한다. 뿐만 아니라 고체상 추출이나 물과 소수성 수착제와의 관계에서도 동일하게 적용된다.

일반적으로, 화합물의 소수성의 정도를 나타내는 데는 옥탄올(n-octanol)이 기준 용매로 사용되며, 물(w)과 옥탄올(o) 간의 용질의 분포, 즉 $K_{\text{ow}} = K_{\text{D}} = \frac{[\text{X}]_{\text{o}}}{[\text{X}]_{\text{w}}}$ 로 표현되며, 이때 K_{ow}를 **옥탄올/물 분배 계수**라고 한다. 용질이 수용

액에서 유기 용매로 이동하는 양은 옥탄올/물 계에서 관찰되는 질량 이동과 동일하지는 않지만, K_{ow}는 물과 여러 가지 소수성 상 간의 용질의 분배와 비례 관계가 있는 경우가 많다.[1] 즉 K_{ow} 값이 클수록 용질은 수용액층으로부터 추출 유기 용매층으로 이동하는 경향이 크다는 것이다. 두 용질 중에서 K_{ow}값이 큰 물질이 더 소수성이며, 유기 용매로 추출이 더 잘 된다고 할 수 있다. 일반적으로 옥탄올/물 분배 계수는 분자량이 클수록 크고, 보통은 log K_{ow} 또는 log P로 나타내며 −4.0~+6.0 사이의 값을 가진다. 따라서 수용액에 함유되어 있는 분석 물질을 유기 용매를 사용하여 추출할 경우 용질들의 소수성을 고려하는 것이 편리하다. 보통, log K_{ow}는 2.7 이하인 것으로 낮은 옥탄올/물 분배 계수, 중간은 $2.7 < \log K_{ow} < 3.0$, 높은 log K_{ow}는 3.0 이상인 것으로 구분된다.[1] log K_{ow}가 1 이하이면 **친수성(hydrophilic)**이 큰 물질로 구분되며, 3~4는 **소수성(hydrophobic)**이 큰 화합물에 해당한다.

한편, 몇몇 화합물에 대한 log K_{ow} 값은 다음과 같다:

acetamide −1.16; methanol −0.82; formic acid −0.41;
diethylether 0.83; p-dichlorobenzene 3.37; hexamethylbenzene 4.61;
2,2′,4,4′,5-pentachlorobiphenyl 6.41

한편, 소수성은 물에 대한 용해도와 관계가 있어서 물에서의 용해도가 큰 물질은 소수성이 작으며, 용해도가 작은 화합물은 소수성이 크다는 것이 일반적인 성질이다.

2.2.5 용액 내에서 주 화학종

수용액에 용해되어 있는 산성이나 염기성 화합물은 용액 내에서 중성 형태로 존재할 수도 있고, 해리되어 이온 형태로 존재할 수도 있고, 때로는 상대 이온(counter ion)과 짝을 지은 **이온쌍(ion pair)**으로 존재할 수도 있다.

화학 평형에서 산성 물질의 경우는 $HA \overset{K_a}{\rightleftarrows} H + A^-$로 표현하고, 염기성 물질의 경우는 $B + H_2O \overset{K_b}{\rightleftarrows} BH^+ + OH^-$로 표현하는 것이 일반적인 방법이다. 강산이나 강염기 화합물은 수용액 중에서 오른쪽으로 반응이 많이 진행되어 중성 형태(HA, B)보다는 주로 이온 형태(A^-, BH^+)로 존재하게 된다. 한편, 추출 시험에서 추출률에 가장 크게 영향을 미치는 요소 중의 하나가 시료(수용액)의 pH인데, 이는 위 반응에서 pH에 따라 오른쪽이나 왼쪽으로 진행되어 결국은 중성 형태나 이온 형태로 존재하는 양을 조절하는 것이다.

일반적으로 화합물의 중성 형태는 유기 용매에 잘 용해되고, 이온성 형태(하전된 물질)는 수용액에 잘 용해되는 성질이 있다. 즉 수용액 중에 녹아 있는 산성 물질은 수용액에서 중성 형태(HA)와 이온 형태(A^-)로 존재하게 되는데, 추출 유기 용매를 넣게 되면 중성 형태는 유기 용매에 잘 용해되기 때문에 유기 용매층으로 옮겨지고, 이온 형태는 극성이 크기 때문에 수용액에 그대로 남아 있게 된다. 따라서 분석 물질을 유기 용매로 옮겨지게 하기 위하여 분석 물질이 중성 형태로 존재할 수 있도록 수용액의 조건을 조절하면 유기 용매로 추출되는 양이 많아지게 된다. 이때 영향을 미치는 중요한 요소가 수용액의 pH이다.

- 시료 매트릭스로부터 유기 화합물들을 추출할 때 화합물의 물리적·화학적 성질인 녹는점, 끓는점, 분자량, 유전 상수(dielectric constant), 옥탄올/물 분배 계수(K_{ow} 혹은 log P), pK_a 등을 알면 효과적인 추출이 가능하다.
- 황산 마그네슘($MgSO_4$)은 프탈레이트 오염의 근원이 되므로 프탈레이트를 제거하기 위해서는 500°C 전기로에서 5시간 정도 구워주는 것이 좋다.

다음 장에서 다루게 될 고체상 추출법(SPE)에서도 마찬가지인데, 앞에서 살펴본 바와 같이 액체-액체 추출법의 추출률을 높이기 위해서는 주어진 조건에서 분석 물질이 중성 형태와 이온성 형태 중 어느 것이 우세한 화학종인지를 확인하는 것이 중요하다.

용액 내에서의 주된 화학종은 다음과 같이 설명될 수 있다. 예를 들어 산성 형태의 화합물인 경우 화학 평형 반응은 $HA \overset{K_a}{\rightleftarrows} A^- + H^+$로 나타낼 수 있는데, 이 반응에 대한 Henderson-Hasselbalch 식은 다음과 같다.

$$pH = pK_a + \log(\frac{[A^-]}{[HA]}) \qquad \text{식 } (2.5)$$

식 (2.5)는 분석 물질의 pK_a와 짝산(HA)과 짝염기(A^-)의 농도비를 알면 수용액의 pH를 알 수 있는 식으로, 수용액의 pH와 분석 물질의 pK_a를 알면 수용액내에서 존재하는 짝산과 짝염기의 농도비, 즉 중성 형태(HA)와 이온 형태(A^-)로 존재하는 화학종의 비가 얼마인지를 알 수 있다는 것이다.

화합물의 작용기들의 일반적인 pK_a

- R-COOH(카복실산): pK_a 4~5
- $R-NH_2$, R-NH, R-N(아민): pK_a 8~10
- Ar-OH(페놀): pK_a 8-10
- R-OH(알코올): pK_a 14 이상
- $R-SO_2OH$(설폰산): ~pK_a 1

예를 들어 pK_a가 4.20인 벤조산의 경우, 수용액의 pH에 따른 주된 화학종이 무엇인지를 알아보자. 식 (2.5)로부터 pH 4.20에서는 log항이 0이므로 $\frac{[A^-]}{[HA]}=1$로, pH 4.2인 수용액에서는 중성형 벤조산(HA)과 이온 형태인 벤조산 음이온(A^-)이 1 : 1로 존재함을 뜻한다. pH 5.20에서는 $5.20 = 4.20 + \log([A^-]/[HA])$이므로 log항이 1이고, 따라서 $[A^-]/[HA] = 10$, 즉 $[A^-]$와 [HA]의 비는 10 : 1이다. 이것은 수용액의 pH가 분석 물질(벤조산)의 pK_a보다 높을 경우에 벤조산은 벤조산 이온 형태(A^-)가 벤조산 중성 형태(HA)보다 10배 더 많이 존재한다는 것이다. 반대로, pH 3.20에서는 $3.20 = 4.20 + \log([A^-]/[HA])$이므로 log항이 −1이고, 따라서 $[A^-]/[HA] = 0.1$이 되어 $[A^-]$와 [HA]의 비는 1 : 10이다. 이 경우에는 벤조산이 주로 중성 형태(HA)로 존재한다는 것을 의미한다. 위의 결과를 정리하면 산성 물질의 경우에 (수용액의 pH) > (분석 물질의 pK_a)일 때는 이온 형태 화학종인 A^-가 주종을 이루고, (수용액의 pH) < (분석 물질의 pK_a)이면 중성 형태 화학종인 HA가 주요 화학종이라고 말할 수 있으며, 염기성 화합물의 경우는 그 반대가 된다.

따라서 분석 물질이 수용액 시료상과 추출 유기 용매 사이에 어떻게 분포되는가를 결정하는 주요 인자는 분석 물질의 극성도와 분석 물질이 용해되어 있는 수용액의 pH 및 추출 용매의 극성도이며, 이온화 정도, 수소 결합, 그리고 다른 정전기적 상호 작용도 어느 정도 분포에 영향을 미친다. 대부분의 액체-액체 추출 과정은 수용액으로부터 헥세인, 메틸벤젠, 트라이클로로메테인, 다이에틸 에터 같은 무극성 또는 약한 극성의 유기 용매로 분석 물질을 추출한다. 그러므로 극성이 작고, 이온화하지 않는 치환체를 가지는 공유성 중성 분자의 형태를 하고 있는 물질들은 쉽게 유기 용매로 추출할 수 있으나, 극성이 크거나 이온화된 물질 및 이온성 화학종은 **친수성** 물질에 해당하므로 추출되지 않고 수용액에 남아 있을 것이다. 후자의 경우는 앞에서 언급된 바와 같이 분석 물질의 pK_a 값을 고려하여 용액의 pH를 조절해서 주 화학종이 유기 용매에 잘 용해되는 중성형이 되도록 만든 후에 유기 용매로 추출한다.

앞에서 pH에 따른 화합물의 주 화학종이 어떤 것인가에 대해서 살펴보았는데, 이제는 pH가 추출에 영향을 미치는 현상을 분포 계수를 도입하여 설명하도록 한다.

보통 중성 형태의 화학종은 유기 용매에 잘 녹고, 전하를 띤 이온 형태의 화학종은 수용액에 잘 녹는다. 염기성인 분석 물질의 중성 형태 B는 수용액과 유기 용매 사이에 분배 계수 K를 가진다고 하고, 짝산인 BH^+는 수용액상에만 녹는다고 하며 BH^+의 해리 상수를 K_a라고 하자.

두 가지 이상의 화학종(중성 형태, 이온 형태 등)을 가지는 용질을 다룰 때는 분배 계수 K 대신에 **분포 계수**(distribution) D를 사용하는 것이 일반적이며,[2] 다음과 같이 정의된다.

한 화합물의 분포 계수

$$D = \frac{\text{유기 용매상에 있는 모든 화학종 형태의 농도}}{\text{수용액상에 있는 모든 화학종 형태의 농도}}$$ 에서,

$D = \dfrac{[B]_{org}}{[B]_{aq} + [BH^+]_{aq}}$ 로 나타내며, $K = \dfrac{[B]_{org}}{[B]_{aq}}$ 와 $K_a = \dfrac{[H^+][B]_{aq}}{[BH^+]_{aq}}$ 를 대입하면, 염기성(B)의 경우 두 상, 즉 수용액과 추출 유기 용매 간의 분포인 D는 $D = \dfrac{KK_a}{K_a + [H^+]}$ 이다. 이때 K_a는 짝산의 해리 상수이다. 이 식에서 볼 수 있듯이 화학종의 분포는 $[H^+]$, 즉 $pH(=-\log[H^+])$에 의존함을 알 수 있다.

식 $D = \dfrac{[A^-]}{K_a + [H^+]}$ 로부터 $pK_a = 9.0$이며, $K = 3.0$일 때 pH, 즉 $[H^+]$ 대 분포 계수 D의 관계를 그림으로 나타내면 그림 2.3과 같이 pH 9.0 이상에서는 염기는 중성형인 B가 주 화학종이며, pH 9.0 이하에서는 BH^+가 주 화학종임을 알 수 있다.

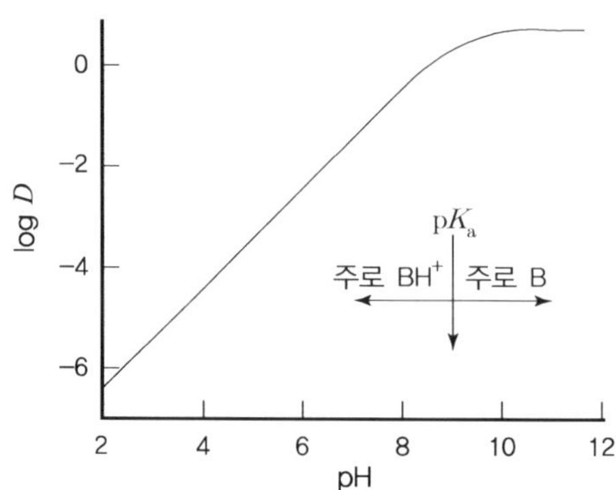

[그림 2.3] 염기성 화합물을 유기 용매로 추출할 때 분포 계수에 미치는 pH의 영향(K= 3.0, BH^+의 pK_a는 9.00)[2]

중성 화학종은 수용액보다는 유기 용매에 더 잘 녹는 경향이 있다는 것을 상기하면, 염기성 화합물을 유기 용매로 추출하기 위해서는 B가 주요 화학종이 되도록 수용액의 pH를 충분히 높여 주어야 한다. 반대로 염기성 화합물을 물로 추출하기 위해서는 pH를 충분히 낮춰서 주성분이 BH^+가 되어 수용액에 잘 용해되도록 해야 할 것이다. 따라서 산성 분석 물질($HA \rightleftarrows H^+ + A^-$)을 유기 용매로 추출하기 위해서는 산의 주 화학종이 HA가 되도록 수용액의 pH가 충분히 낮아야 한다.

위 설명을 근거로 다른 산 해리 상수(K_a 또는 pK_a)를 갖는 두 가지 약산 (곡선 1과 2)에 대하여 pH 대 E(추출률%)를 도시하여 그래프로 나타낸 그림 2.4를 보면, 곡선 1이 곡선 2보다 더 강산이라는 것을 알 수 있다. 아민과 같은 약한 염기성 화합물의 경우에 낮은 pH에서 양성자 첨가가 일어나므로($RNH_2 + H^+ \rightleftarrows RNH_3^+$), 약염기(곡선 3)에서 pH와 분포비 사이의 관계는 약산과 반대의 경향을 나타낸다. 따라서 산과 염기 화합물이 섞인 혼합물에서는 높은 pH에서 염기를 추출함으로써 산과 염기 화합물을 분리하는 것이 가능함을 알 수 있다.

정리하면, 산성 물질들은 낮은 pH 조건에서는 이온 형태의 화학종보다는 주로 중성 형태의 화학종으로 존재하기 때문에 산성 물질의 분포 계수 D가 높아지고, 높은 pH 조건에서는 염기성 화합물이 중성 형태를 띠게 되고 산성 화합물은 이온성을 띠게 되므로 염기성 화합물의 분포 계수가 커지게 된다.

위와 같은 원리에 따라 여러 부류의 유기 화합물이 혼합되어 있는 시료로부터 추출 과정을 통하여 서로를 분리할 수가 있다. 매트릭스가 복잡한 물 환경 시료 중에 잔류하는 의약 물질의 분석, 식품 중에 함유된 농약이나 잔류 의약 물질 분석, 천연물 분리 등에서 물질들을 분리하기 위해서는 pH 조절이 기초가 된다.

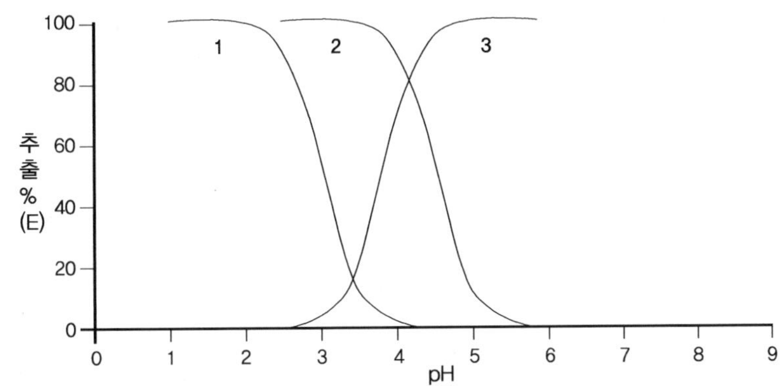

[그림 2.4] 다른 pK_a 값을 갖는 두 가지 유기산(곡선 1과 2)과 하나의 염기(곡선 3)에 대한 용매 추출 곡선

예를 들어 염기성, 약산성, 강산성, 중성 유기 화합물과 무기 물질이 포함된 수용액으로부터 pH를 조절해서 화학종을 유기 용매로 추출하여 분리하는 과정을 살펴보자(그림 2.5).[1]

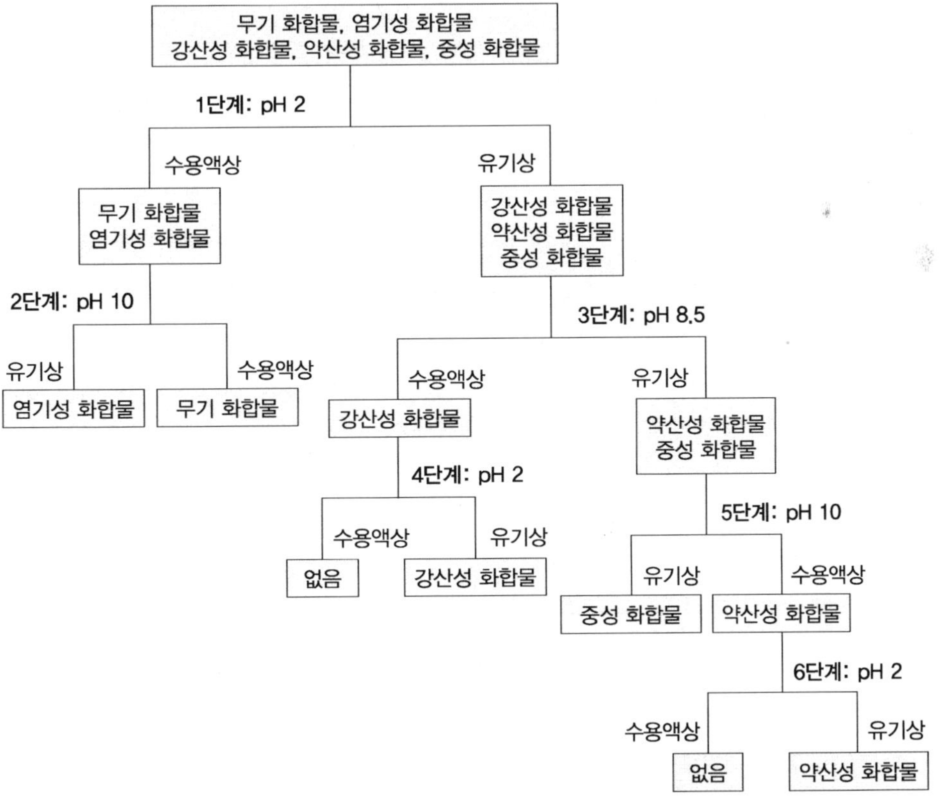

[그림 2.5] 여러 종류의 화합물을 pH를 조절함으로써 체계적으로 분리하는 도표

- **1단계:** 수용액의 pH를 산성(pH 2)으로 조절하여 유기 용매로 추출할 경우에 염기성 화합물과 무기 물질은 유기 용매에 추출되지 않고 수용액에 그대로 남아 있게 된다. 이는 이온 결합 상태에 있던 무기 화합물은 수용액에서 전하 분리가 이루어져서 수용액을 선호하기 때문이며, 이온성 염기 화합물은 pH 2에서 양전하를 띠게 되어 수용액을 선호하기 때문이다.[1] 이 조건에서 중성 물질과 강산성 물질, 약산성 물질은 수용액으로부터 유기 용매로 이동되어 추출된다.
- **2단계:** 1단계 층 분리에 의해서 남아 있는 수용액 상의 pH를 10으로 조절한 후 유기 용매로 추출할 경우, 이온화되지 않은 염기성 화합물은 유기 용매층으로 분배되고, 무기 화합물은 수용액층에 그대로 남아 있게 되어 염기성 유기 화합물이 유기 용매에 1차적으로 추출된다.
- **3단계:** 1단계에서 분리된 유기 용매층에는 강산성 화합물과 약산성 화합물, 그리고 중성 화합물이 섞여 있다. 이 유기 용매에 pH 8.5로 조절된 탄산수소 소듐($NaHCO_3$) 용액을 가해 주면 층이 분리되면서 수용액층에는 이온 형태로 존재하는 강산성 화합물이 녹아 있게 되며, 유기 용매층에는 이온을 띠지 않고 중성 형태로 존재하는 약산성 화합물과 중성 화합물이 존재하게 된다. 이 단계는 수용액에 녹아 있던 화합물(강산성 화합물)을 유기 용매로 추출한 후 다시 수용액층으로 보낸다고 해서 '**역추출**(back extraction)'이라고 한다. 이 역추출 방법은 시료를 정제할 때 빈번하게 사용되는 방법이기도 하다.
- **4단계:** 3단계에서 역추출 방법에 의해서 수용액 층에 녹아 있는 강산성 화합물을 그대로 GC, GC/MS, HPLC, LC/MS에 주입하여 분석하는 것은 곤란하다. 이는 GC에서 기기의 특성상, 수분이 함유된 용액을 주입할 경우에 컬럼의 손상이 나타나는 등 수용액에 녹아 있는 물질을 분석할 수 없기 때문이다. HPLC나 LC/MS에서는 농도가 매우 묽어서 분석 물질이 검출이 안 될 염려도 있고, 탄산수소 소듐이 비휘발성 물질이기 때문에 LC/MS에서는 이온화원(ion source) 등에 고체 석출이 일어나며, **이온 억제**(ion suppression) 효과가 있어서 이온화가 둔화되어 좋은 데이터를 얻을 수 없게 된다. 따라서 유기 용매로 추출해서 농축을 하거나 다른 용매로 용해시켜 크로마토그래피 기기로 분석해야 한다. 이를 위해서는 강산성 화합물이 녹아 있는 수용액의 pH를 2로 조절한 후 유기 용매를 넣어 주면 중성 형태로 존재하는 강산성 화합물은 유기 용매층으로 옮겨지게 된다.

- **5단계:** 3단계에서 유기 용매 층에 추출된 약산성 화합물과 중성 화합물을 분리하기 위해서 pH 10으로 조절된 수산화 소듐(NaOH) 용액을 유기 용매에 가해 주면, 중성 화합물은 유기 용매 층에 남아 있고 약산성 화합물은 이온 형태로 존재하므로 수용액층으로 역추출이 일어나게 된다.
- **6단계:** 5단계의 수용액 층에 이온 형태로 존재하고 있는 약산성 물질을 유기 용매로 추출하기 위해서는 pH를 2로 조절하면 이 화합물은 중성 형태를 띠게 되므로 유기 용매 층으로 옮겨지게 되어 추출된다.

이와 같은 방법은 수용액 시료의 pH를 조절함으로써 여러 종류의 혼합물을 효과적으로 추출하거나 분리할 수 있기 때문에 크로마토그래피 분석을 위한 시료 전처리는 물론이며 유기 합성, 천연물 화학 등에서 많이 사용되고 있다.

2.3 추출 방법

액체-액체 추출법에는 **비연속 추출법**과 **연속 추출법**이 있다. 먼저, 비연속 추출법은 가장 일반적인 추출법으로서 분석 물질이 두 개의 섞이지 않는 상을 평형에 도달하게 함으로써 추출이 이루어지는 방법으로, 1) 산성 또는 염기성 화합물은 수용액에서 이온화가 되는데 수용액의 pH를 조절하여 이들의 이온화를 억제시킴으로써 유기 용매로 추출되게 하고, 2) 이온화가 쉽게 되는 화합물에 대해서는 이온쌍을 만들어서 추출하고, 3) 금속 이온과 소수성 착물(hydrophobic complex)을 형성시킴으로써 추출하거나, 4) 중성 염(salt)을 가하여 분석 물질의 수용액에 대한 용해도를 감소시켜서 유기 용매로 추출(**염석 효과**, salting-out effect)하는 등 여러 가지 요소가 화학 평형에 영향을 미치게 된다.[8,9,10]

비연속 추출법은 다음과 같은 절차에 따라 추출이 진행된다. 추출 유기 용매가 물보다 가벼운 경우에는 그림 2.6에서 보는 바와 같이 1) 분석 물질이 존재하는 수용액(상 2)에 추출 용매(상 1)를 가한 후, 2) 두 용액을 **교반**시켜서 접촉 표면적을 넓게 하여 수용액에 있는 분석 물질이 유기 용매로 이동하게 한 후, 3) 원심분리를 통해 두 상을 분리하는 과정이 포함되어 있다.

추출 유기 용매가 물보다 무거울 경우에는 그림 2.7과 같은 분별 깔때기를

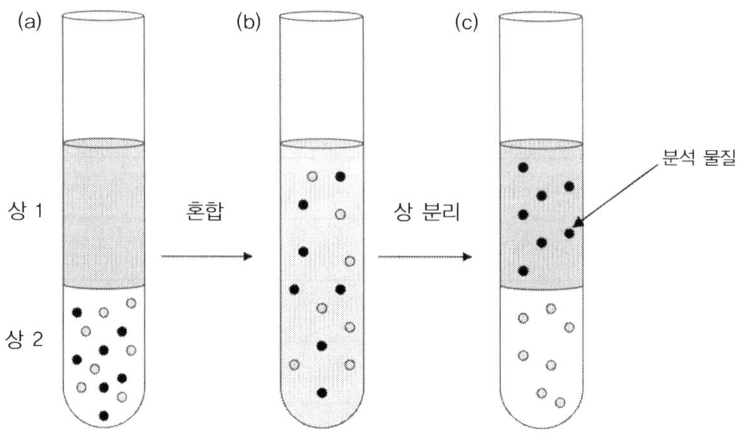

[그림 2.6] 액체-액체 추출법의 원리

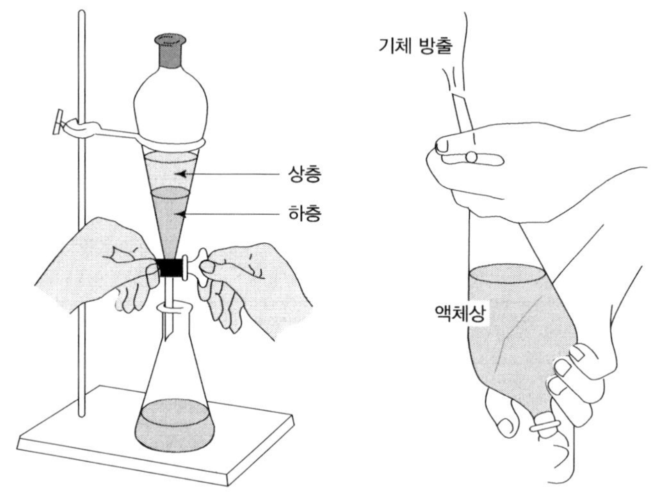

[그림 2.7] 분별 깔때기 [그림 2.8] 생성된 기체 방출 방법

사용하는 방법이 일반적이다. 분별 깔때기의 크기는 시료의 양에 따라 선택이 가능하며, 시료의 양이 작을 경우는 시험관을 사용하는 경우도 있다. 또한 분석 물질의 이동은 두 층간의 접촉이 최대한 많이 일어나게 함으로써 빨리 평형에 도달하게 할 수 있는데, 이를 위해서 분별 깔때기를 양손으로 잡고 흔들거나 교반 장치를 이용하여 교반시키는 방법이 있다. 교반하거나 흔들면 두 개의 층이 접촉하면서 기체가 발생하여 뚜껑이 튈 수 있는 염려가 있기 때문에 중간 중간에 콕 밸브를 열어서 기체를 방출시키고 다시 흔들어 준다(그림 2.8). 적절한

시간 동안 흔들어서 분석 물질의 층간 이동이 완료된 후에는 분별 깔때기를 세워서 정치시켜서 두 개의 층으로 분리되도록 한다. 적은 양을 추출하는 시험관을 사용할 경우에는 교반이 끝난 후 시험관 뚜껑을 열고 원심분리기에 시험관을 넣어서 원심분리로 층을 분리시킨다.

분석 물질이 용해되어 있는 유기 용매를 취할 때는 두 개의 섞이지 않는 층이 색깔로 구분이 된다면 다행이지만 유기 용매층과 수용액층이 구분이 되지 않는 경우가 종종 있는데, 이때는 사용한 유기 용매의 밀도(표 2.1)를 알아봄으로써 구분이 가능하다. 유기 용매가 위층에 있으면 스포이트를 사용하여 유기 용매를 다른 용기로 옮길 수 있으며 이때 수용액층과 섞이지 않도록 조심해야 한다. 유기 용매층이 아래에 있을 경우에는 분별 깔때기의 밸브를 열어서 유기 용매를 취할 수 있다.

비연속 추출법에서 지방(fatty)이나 계면활성제 등이 함유된 시료의 경우 에멀션이 형성되어 원심분리에 의해서도 층 분리가 이루어지지 않은 경우가 있는데, 이때는 유리 섬유에 통과시키는 방법, 냉장시키는 방법, 다른 유기 용매를 소량 첨가하는 방법, 염석 효과를 이용하는 방법 등이 있다.

연속 추출법은 분배 계수 K가 매우 작거나 시료의 부피가 많을 경우에 주로 사용된다. 이 경우는 그림 2.9와 같은 연속 추출 장치를 사용하는데 **속슬렛 추출법(Soxhlet extraction)**이라고도 하며, 사용되는 추출 유기 용매가 물보다 무거운 경우와 물보다 가벼운 경우가 있을 수 있다. 물보다 무거운 용매(예 다이클로로메테인)의 경우를 생각해 보자. 그림 2.9의 오른쪽에 있는 추출 유기 용매가 담긴 저장조를 가열하면 유기 용매가 휘발하여 응축기에서 응축된 후 수용액 시료가 담긴 곳으로 낙하한다. 수용액 시료를 통과하면서 추출이 이루어지고, 분석 물질을 추출한 유기 용매는 수용액 시료의 아래에 있는 유기 용매층으로 내려간다. 새롭게 응축되어 수용액 시료를 통과하면서 분석 물질을 추출한 유기 용매는 다시 유기 용매층에 쌓이게 되며, 이런 과정이 반복되면서 수용액 시료의 분석 물질은 감소하고 아래 있는 유기 용매층의 분석 물질은 증가한다. 유기 용매가 어느 수준의 양이 되면 넘쳐서 오른쪽에 있는 유기 용매가 담긴 플라스크로 넘어가도록 만들어져 있다. 유기 용매는 계속해서 순환되며 그 부피는 일정하다. 가열된 유기 용매가 휘발되어 다시 수용액 시료를 통과할 때는 비휘발성 또는 준휘발성 물질은 휘발되지 않고 유기 용매 저장조에 그대로 남아 있게 된다. 이 연속 추출법은 보통 밤새(18~24시간) 하는 경우가 많으며, 농축 인자(enrichment factor)가 10^5까지 된다.[8] 추출이 완료되면 충분한 시간 동안 냉각시킨 후 장치를 분리해야 한다. 연속 추출법은 비휘발성 화합물이나 준휘발성 화합물의 추출에 적합하며, 휘발성 화합물의 경우는 유기 용매가 가열될 때 함께 휘발되어 다시 수용액 시료로 넘어가기 때문에 부적합하다.

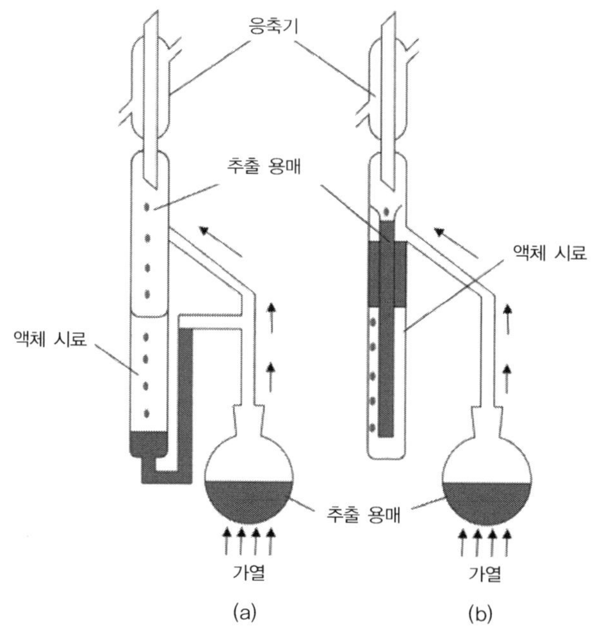

[그림 2.9] 연속 추출 장치: (a) 물보다 무거운 추출 용매 사용, (b) 물보다 가벼운 추출 용매 사용[8]

에멀션

- 계면활성제, 지방 물질이 포함된 수용액 시료에서 주로 발생한다.
- 수용액과 유기 용매 간의 뚜렷한 경계 없이 우윳 빛깔로 나타난다.
- 원심분리, 유리 섬유 등을 통한 필터, 가열 또는 냉각, 염화 소듐과 같은 염을 첨가, 다른 종류의 유기 용매 소량을 첨가함으로써 제거할 수 있다.

재용해(reconstitution)

- 화학 분석 관련 논문이나 보고서에서 종종 '재용해(reconstitution)', 'make up' 등의 용어가 나온다.

- LLE나 SPE 추출 후에 추출 용매를 휘발시킨 다음, 농도 조절 또는 분석 기기(GC, HPLC 등)로 분석하기에 적합한 상태의 분석 시료로 만들기 위해 적합한 용매로 다시 용해시키는 것을 "재용해"라고 한다.

응용

- **개요** 사람의 소변으로부터 도핑 금지 약물인 budesonide와 대사체를 액체-액체 추출법을 사용하여 추출한 후 GC/MS와 LC/MS로 분석[11]
- **시료** 소변
- **분석 물질** Budesonide 및 대사체
- **시료 전처리** 소변 2 mL에 200 μL ammonium chloride/ammonia 5 M 완충 용액(pH 9.5)을 가하고, 추출 용매로 ethyl acetate 6 mL를 가해서 1,400×g 속도로 5분 동안 원심분리한 후 유기층을 취해서 50°C에서 질소 증발기로 유기 용매를 휘발시켜 건조시킨다.
- **기타** LC/MS 분석을 위해서 건조된 잔류물을 물/아세토나이트릴(50 : 50) 혼합 용액에 용해시켜 주입하고, GC/MS 분석을 위해서는 budesonide에 존재하는 케톤기는 methoxylation시키고, 수산화기는 trimethylsilylation시켜서 분석한다.

- **개요** 과일이나 채소 중에 잔류하는 농약을 간편하고 빠르고 경제적으로 분석할 수 있는 방법으로 액체-액체 추출 후, 고체상 추출법으로 물을 비롯한 방해 물질을 정제한 다음, GC 또는 HPLC를 사용하여 잔류 농약을 분석하는 대표적인 농약 분석 방법으로 알려진 QuEChERS(quick, easy, cheap, effective, rugged, safe를 나타냄) 방법[12]
- **시료** 과일, 채소
- **분석 물질** Dichlorvos를 비롯한 농약
- **시료 전처리** 균질화된 시료 10 g에 추출 용매인 아세토나이트릴 10 mL를 넣어준 후 1분 동안 vortexing하고, 황산 마그네슘($MgSO_4$) 4 g과 염화 소듐(NaCl) 1 g을 넣어서 다시 vortex 혼합기에서 1분 동안 혼합하고 5000 rpm에서 5분 동안 원심분리한다. 원심분리한 아세토나이트릴 1 mL를 취해서 PSA (primary secondary amine) 수착제 25 mg과 무수 황산 마그네슘

150 mg이 함유된 마이크로 원심분리 바이알에 넣어서 30초 동안 vortexing 하고 6000 rpm에서 1분 동안 원심분리하여 정제한 후 추출물을 GC/MS로 분석한다.

- **기타** 본 논문은 잔류 농약 분석에 있어서 대표적인 방법인 QuEChERS 방법의 논문으로서 용매 비교, 시료/용매 비, shaking과 blending 비교, 염과 과당에 의한 상분리, 염석 효과, pH 영향, 정제를 위한 수착제 비교 등이 나타나 있어서 분석 방법 개발에 매우 유용하다.

프탈레이트 제거

황산 마그네슘($MgSO_4$)은 프탈레이트 오염의 근원이 되므로 프탈레이트를 제거하기 위해서는 500°C 전기로에서 5시간 정도 구워 주는 것이 좋다.

아세토나이트릴과 아세톤

- 아세토나이트릴과 아세톤은 물과 섞이는 유기 용매이지만 염을 넣게 되면 층분리가 일어나서 분석 물질들을 수용액층으로부터 유기 용매층으로 추출이 가능하다. 아세토나이트릴이 아세톤보다 더 효과적으로 층 분리가 일어난다.
- 유기 용매상의 극성도를 증가시키기 위해서 메탄올과 에탄올 등을 섞어서 사용할 수 있다.
- 아세트산 에틸이나 아세톤에 비해서 아세토나이트릴은 왁스(wax), 지방, 소수성 색소 등과 같은 소수성 물질들을 추출하지 못하므로 농약 추출에 유리하다.
- 아세토나이트릴은 헥세인과 같은 무극성 용매와 뚜렷한 상 분배를 형성할 수 있어서 동시에 용출되는 소수성 성분들을 정제하는 데 있어서 아세톤이나 아세트산 에틸보다 더 유리하다.
- 아세토나이트릴은 점성도가 낮고 중간 정도의 극성도를 가지고 있기 때문에 GC에 주입이 가능하며, HPLC의 용매로 사용이 가능하다.

PSA 흡착제

PSA 흡착제는 식품 추출물로부터 유기산, 극성 색소, 당 등 극성 매트릭스 성분을 효과적으로 제거해 준다.

 **분석 방법 개발에서 영향을 미치는 요소들**

- 시료 특성(pH, 물함량, 지질, 당 등)
- 추출 용매의 종류
- 시료/추출 용매의 비
- 추출 방법(blending이나 shaking)
- 추출 온도
- 상분배 원리(예 염이나 무극성 혼합 용매의 첨가 유무)
- 추출 시간
- 정제에 사용되는 고체상의 종류

 **분석 방법 개발에서 추출, 분배, 정제의 효율성을 판단하는 근거**

- 분석 물질의 회수율
- 동시에 용출되는 물질들의 양
- 추출물의 색깔
- 크로마토그램에 의한 매트릭스 바탕 비교
- 추출물 속에 함유된 물의 양
- 분석 물질의 방해 요소

- **개요** 하천수 중에 존재하는 pyrethroid와 phenylpyrazole 농약 11종을 액체-액체 추출법으로 추출한 후 GC-ECD로 분석하는 방법으로, 특별히 추출 과정에서 에멀션이 생성되어 분석을 방해하는데, 이 에멀션을 효과적으로 제거하는 방법을 기술[13]
- **시료** 하천수
- **분석 물질** pyrethroid와 phenylpyrazole 농약 11종
- **시료 전처리** 하천수 1 L를 2 L 분별 깔때기에 넣은 후 염화 메틸렌(methylene chloride) 60 mL를 넣어서 shaking한 후 정치시켜서 상 분리를 하고, 유기층을 새로운 플라스크에 모으고 에멀션은 다른 용기에 모은다. 이러한 추출 과정을 2회 반복한다. 주사기 필터 장치에 의한 에멀션 제거가 끝난 후 용기를 60°C 수조에 넣고 추출물이 완전히 건조될 때까지 염화 메틸렌을 휘발시킨다. MTBE 6 mL를 넣어 추출물을 용해시킨 후 Florisil 카트리지에 통과시

켜 새로운 시험관에 모은 후 MTBE를 1 mL까지 농축시킨 다음, GC에 주입하여 분석한다.

- **기타** 에멀션은 추출 용매인 염화 메틸렌 전체 양의 20~100% 정도 생성된다. 에멀션을 효과적으로 깨서 분석 물질의 손실 없이 추출이 이루어져야 하는데, 이를 위해서 에멀션에 1) 5000 rpm에서 30분간 원심분리, 2) NaCl을 3~5 g 첨가, 3) 황산 이암모늄($(NH_4)_2SO_4$) 3~5 g 첨가, 4) THF(tetrahydrofuran) 1 mL 첨가, 5) 진한 황산 3~5방울 첨가, 6) 4°C 냉장고에서 30분간 냉각, 7) 진공으로 걸러 내기, 8) 주사기로 압력을 주어 걸러 내기 등의 방법을 시도한 결과 에멀션을 주사기에 넣고 압력을 주어 filtering하는 방법이 가장 효과적인 에멀션 제거 방법이었다.

에멀션 생성과 분해

- 하천수 등을 액체-액체 추출법으로 추출이나 정제할 때 문제점 중의 하나는 에멀션이 생성되는 것이다.
- 에멀션은 계면활성제, 식물이나 동물의 분해에 의해 생성된 단백질, 천연적으로 생겨난 양극성 생체 분자, 수생 식물로부터 생겨난 삼출물(exudates) 등에 의해서 생겨난다.
- 에멀션을 제거하는 방법으로는 원심분리, 염 첨가, 냉각, 거름 등의 방법이 있다.

- **개요** 소의 우유(초유)에서 천연 스테로이드 호르몬을 추출하기 위하여 액체-액체 추출법을 사용하였으며 추출된 호르몬은 LC/MS로 분석[14]
- **시료** 소의 초유(colostrum)
- **분석 물질** 스테로이드 호르몬
- **시료 전처리** 초유 시료를 원심 분리하여 지방 부분(butter oil)과 지방 제거 우유(skimmed milk)로 분리시킨다. Butter oil은 냉동과 가열을 반복해서 얻는다. Skimmed milk 1 mL를 β-glucuronidase/aryl sulfatase를 사용하여 가수 분해시킨다. MTBE(methyl *tert*-butyl ether)/petroleum ether(30 : 70) 혼합 용매 3 mL를 시료에 가하고 20분간 균질화시킨 후 4000 rpm에서 15분 동안 원심분리한다. 추출 작업은 2회 반복하고, 모아진 추출물을 석유 에터(petroleum ether) 3 mL와 80% 메탄올에서 20분 동안 재현탁시키고, 원심분리 후 석유 에터 층은 버리고 남아 있는 80% 메탄올을 새로운 시험관

에 옮겨서 용매를 휘발시킨다. 잔류물을 1.5 mL 물에 재용해시키고 다시 MTBE 3 mL로 추출한다. 추출된 유기층을 새로운 용기에 모은 후 용매를 휘발시키고 물/메탄올(70 : 30) 용액 100 μL에 녹여서 LC/MS로 분석한다.

우유의 제단백

- 우유 제품을 분석할 때는 단백질을 제거하는 것이 필수이다.
- 단백질은 질량 분석기에서 ion suppression, HPLC 컬럼의 막힘, 오염 등의 원인이 된다.
- 단백질을 제거하는 방법으로는 유제품에 유기 용매를 가하거나, 산, 염, 금속 이온을 가하는 방법이 있다.

가수 분해(hydrolysis)

- 스테로이드 호르몬을 비롯한 성분은 생체 시료로 배출될 때 sulfate나 glucuronide와 결합한 conjugated 형태 또는 단백질과 결합된 형태로 존재하므로 free 형태의 성분을 검출하기 위해서는 가수 분해 과정이 필요하다.
- 가수 분해는 β-glucuronidase/aryl sulfatase와 같은 효소에 의한 방법, 산이나 염기를 사용하는 방법이 있다.
- 효소를 사용한 가수 분해는 시료의 양이 많을 경우 비경제적이며 비효율적이므로 산이나 염기 가수 분해가 더 효율적인 경우가 있다.

석유 에터(petroleum ether)

흔히 에터(ether)라고 하는 diethylether와는 상관이 없는 화합물로, 석유 정제에서 얻어지는 탄화수소의 혼합물이며 주로 pentane으로 구성되어 있으며 hexane, heptanes 등이 혼합되어 있다.

- **개요** 정신 분열증 치료제인 Iloperidone 및 주요 대사체 2종에 대한 약동력학 연구를 위하여 혈장으로부터 액체-액체 추출법으로 추출한 후 LC/MS/MS로 분석[15]
- **시료** 혈장(plasma)
- **분석 물질** Iloperidone 및 대사체

- **시료 전처리** 혈장 시료 500 μL에 추출 용매인 아세트산 에틸 3 mL를 넣고 1분 동안 vortexing한 후 14,000 rpm에서 10분 동안 원심분리한 다음, 유기 용매층을 취해서 질소로 휘발시켜 건조시킨 후 이동상 용매에 용해시켜서 LC/MS/MS에 주입한다.
- **기타** 모약물(parent drug) 및 대사체 성분에 대한 선택성, intra-day와 inter-day 정밀도 및 정확도, 검정 곡선, 정량 한계, 추출 회수율, 매트릭스 효과, 안정성 등에 대한 전형적인 method validation 실험이 이루어지고, 약동력학 파라미터들에 대한 결과치를 제시하고 있다.

방법의 유효화(method validation)
방법의 유효화는 실험 결과에 대한 신뢰성을 확보하기 위해서 선택성, 정밀도, 정확도, 검정 곡선, 검출 한계, 정량 한계, 안정성 등에 대한 데이터를 제공하는 것이다.

- **개요** 1세대 세파로스포린 계열 항생제인 cefazolin을 사람의 혈청에서 분석하는 방법으로서 액체-액체 추출법으로 추출한 후 HPLC로 분석[16]
- **시료** 혈청(serum)
- **분석 물질** cefzolin
- **시료 전처리** 혈청 200 μL에 단백질을 침전시키기 위해서 아세토나이트릴 400 μL를 넣은 후 30초 동안 vortexing하고, 10,000 rpm에서 10분 동안 원심분리하여 상층액 200 μL를 취해서 질소를 사용하여 휘발시키고, 물로 재용해시켜서 HPLC에 주입하여 분석한다.
- **기타** 아세토나이트릴이 단백질 침전 및 분석 물질의 추출에 효과적으로 사용되었다.

- **개요** 사람의 머리카락으로부터 액체-액체 추출법에 의해서 22종의 합성 cannabinoids를 추출한 후 LC/MS/MS로 분석[17]
- **시료** 머리카락
- **분석 물질** 합성 cannabinoids 22종
- **시료 전처리** 머리카락 시료를 물, 아세톤, petroleum ether로 4분씩 씻은 후 건조시킨다. 건조된 머리카락을 1~2 mm로 조각낸 후 추출 용매인 에탄올을 1.5 mL 첨가한 후 3시간 동안 초음파 용기에서 추출한다. 추출된 용매

1 mL를 취해서 유리 시험관에 넣고 질소로 용매를 휘발시킨 후 HPLC 이동상 100 μL에 용해시켜 LC/MS/MS에 주입하여 분석한다.

- **기타** 머리카락 취급에 있어서 Society of Hair Testing(SoHT) 지침을 따른다.

머리카락에 있는 약물 검사 방법 지침(Society of Hair Testing guidelines)

- Cooper, G. A.; Kronstrand, R.; Kintz, P. *Forensic Sci. Int.* **2012**, *218*, 20–24.
- 머리카락 분석을 위한 시료 채취, 보관 절차, 시료 전처리 방법 등에 대한 지침을 제시하고 있다.

- **개요** 물고기와 조개류에 함유된 2–naphthol과 1–hydroxypyrene을 액체–액체 추출법으로 추출하여 TFA 유도체화시킨 후 GC/MS로 분석[18]
- **시료** 물고기 및 조개류
- **분석 물질** 2–naphthol과 1–hydroxypyrene
- **시료 전처리** 시료 2 g에 2 M KOH 용액 5 mL를 넣어 균질기를 사용하여 균질화시킨 후 초음파 용기에서 10분 동안 용출한다. 시료 용액을 취하여 90°C에서 90분 동안 가열하여 가수 분해시킨 후 펜테인 10 mL로 두 번 추출하여 유기 용매는 버리고, 수용액층에 2 M HCl 5 mL를 가하여 pH를 산성으로 조절한 후 펜테인 10 mL로 두 번 추출한다. MTBDMSTFA 50 μL를 추출물에 넣고 질소를 사용하여 용매를 완전히 휘발시킨 다음, MTBDMSTFA 50 μL를 넣고 60°C에서 30분 동안 가열하여 유도체화시킨 후 GC/MS에 주입하여 분석한다.
- **기타** 염기(KOH)에 의한 가수 분해, 펜테인에 의한 정제

- **개요** 섬유 중에 함유된 알레르기를 유발하는 분산 염료를 액체–액체 추출법으로 추출한 후 LC/MS/MS로 분석[19]
- **시료** 염색된 폴리에스터 섬유
- **분석 물질** CI Disperse Blue 1을 비롯한 분산 염료
- **시료 전처리** 섬유 시료 0.5 g을 잘게 만든 후 추출 용매인 메탄올 20 mL를 넣고 70°C 수조에 담가 15분 동안 추출한다. 추출물을 실온까지 냉각시킨 후 얇은 막 필터로 거른 후에 LC/MS/MS에 주입하여 분석한다.

- **개요** 소의 근육에 잔류하는 기생충 약물인 avermectin과 milbemycin을 액

체-액체 추출법으로 추출/정제한 후 LC/MS/MS로 분석[20]

- **시료** 소의 근육
- **분석 물질** Avermectin, milbemycin
- **시료 전처리** 잘게 자른 소의 근육 시료 5 g에 정제수 2.5 mL를 넣어 균질화한 후, 물 2.5 mL를 넣고 10초 동안 vortexing, 다시 물 2.5 mL를 넣고 10초 동안 vortexing, 아세토나이트릴 2.5 mL를 넣고 vortexing한 후 혼합 용액을 20분 동안 shaking하고, NaCl 2 g을 넣고 5분 동안 균질화하고, 10분 동안 원심분리한다. 상층액을 취해서 질소로 휘발시키고 아세토나이트릴 1 mL로 용해시킨 후 LC/MS/MS로 분석한다.
- **기타** 근육 시료의 냉동(-20°C) 시간에 따른 방해 물질들의 영향을 살펴보았다.

냉동 시간과 정제

크로마토그래피를 이용하여 근육 시료를 분석할 경우, 냉동(-20°C)하는 시간에 따라 크로마토그래피에서 매트릭스에 의한 방해 물질이 달라지게 되므로 냉동 시간을 늘리면 방해 물질은 상대적으로 줄어들 수 있다.

- **개요** 화장품 중에 함유된 착색제를 액체-액체 추출법으로 추출한 후 LC/MS/MS로 분석[21]
- **시료** Eye shadow, lipstick, lip gloss
- **분석 물질** Tartrazine을 비롯한 착색제 11종
- **시료 전처리** Eye shadow 시료 0.2 g에 메탄올 2 mL를 넣고 초음파 수조에서 1분 동안 현탁시킨 후, 다시 물을 10 mL 가한다. 2분 동안 vortexing한 후 75°C에서 20분 동안 초음파 수조에서 추출한다. 수용액층 2 mL를 취해 15,000 rpm에서 5분 동안 원심분리한다. Lipstick과 lip gloss 시료는 0.2 g을 취하고 여기에 클로로폼 2 mL를 가해서 1분 동안 vortexing 한 후 시료가 완전히 용해될 때까지 초음파 수조에서 녹인다. 혼합물에 물 10 mL를 가해서 초음파 수조에서 1분 동안 추출하고 oscillator에 40분 동안 방치한 후 추출한 물을 15,000 rpm에서 5분 동안 원심분리한 후 상층을 취해서 syringe filter에서 필터한 후 LC/MS/MS에 주입한다.

화장품 시료 전처리 유의 사항

- Eye shadow 같은 화장품에서 염료를 추출하기 위해서는 메탄올로 시료를 현탁시킨 후에 물을 가하여 완전히 분산시켜서 추출한다.
- Lipstick이나 lip gloss와 같은 wax에 기초한 화장품은 지방이나 기름이 있기 때문에 유기상/수용액상 분포를 시키기 전에 완전히 시료를 용해시킬 필요가 있다. 이를 위해서는 tetrahydrofuran(THF), isooctane, chloroform과 같은 용매와 물을 혼합하여 추출 용매로 사용할 수 있다.
- Pearl powder와 talc와 같은 미세한 입자는 고속 원심분리(15,000 rpm)와 필터링에 의해 제거될 수 있다. 하지만 필터링에서는 염료가 흡착이 될 수 있으므로 이에 대한 모니터링이 필요하다.

- **개요** 작업장 공기 중에 존재하는 2,2′-dichloro-4,4′-methylenedianiline (MOCA)를 분석하기 위해서 공기를 황산 용액이 채워진 필터에 통과시켜서 채취한 후 액체-액체 추출법으로 추출하고 DNB 용액으로 유도체화시킨 후 HPLC로 분석[22]
- **시료** 작업장 공기
- **분석 물질** 2,2′-dichloro-4,4′-methylenedianiline(MOCA)
- **시료 전처리** 공기 시료를 황산 용액에 적신 두 개의 필터에 연속적으로 통과시킨 후, 필터를 증류수 2 mL에서 1시간 동안 두었다가 추출한다. 수산화 소듐 용액 2 mL와 톨루엔 1 mL를 첨가한 후 30분 동안 교반시킨다. 톨루엔 층을 0.5 mL 취해서 DNB(3,5-dinitrobenzoyl chloride) 용액 20 μL를 가하고 80°C에서 30분 동안 유도체화 반응을 시키고 톨루엔을 휘발시킨 후 아세토나이트릴 0.5 mL로 용해시켜서 HPLC로 분석한다.

아민(amines) 화합물 전처리

- 아민 화합물은 알칼리 성질을 가지고 있기 때문에 무기산과 쉽게 반응하여 염을 형성한다.
- 따라서 황산을 적신 필터에 아민 화합물을 흡착시킨 후 알칼리(수산화 소듐 용액) 조건으로 바꾸면 이들은 가역 반응이므로 회수가 된다.

■ 참고문헌 ■

1 Mitra, S., *Sample Preparation Techniques in Analytical Chemistry*, John Wiley & Sons, **2003**, Ch 2.

2 Harris, D. C. *Quantitative Chemical Analysis*, 8th ed, **2011**, Ch 23.

3 http://www.it.fishersci.com/home/products/index.php?action=other&page=technical_tools_solvent_misci&titre=Solvent%20Miscibility%20Chart&id_site=FIT&langue=IT

4 Hansen, S.; Pedersen-Bjergaard, S.; Rasmessen, K. *Introduction to Pharmaceutical Chemical Analysis*, Wiley, **2012**, Chapter 8.

5 Ney, R. E. *Where Did That Chemical Go? A Practical Guide to Chemical Fate and Transport in the Environment*, Van Nostrand Reinhold, New York, **1990**.

6 Sangster J. J. *Phys. Chem. Ref. Data*, **1989**, 18, 1111.

7 Tomlinson, E. J. *Chromatogr.*, **1975**, 113, 1.

8 Pawliszyn, J.; Lord, H.L. *Handbook of Sample Preparation*, John Wiley & Sons, **2010**, Ch 3.

9 Dean, J. R. *Extraction Methods for Environmental Analysis*, John Wiley & Sons, **1998**.

10 Dean, J. R. *Methods for Environmental Trace Analysis*, John Wiley & Sons, **2003**.

11 Matabosch, M.; Pozo, O. J.; Perez-Mana, C.; Farrre, M.; Marcos, J.; Segura, J.; Ventura, R. *Anal. Bioanal. Chem.* **2012**, *404*, 325.

12 Anastassiasdes, M.; Lehotay, S. J.; Stajnbaher, D.; Schenck, F. J. *J. AOAC Int.* **2003**, *86*, 413.

13 Wu, J.; Lu, J.; Wilson, C.; Lin, Y.; Lu, H. *J. Chromatogr. A* **2010**, *1217*, 6327.

14 Farke, C.; Rattenberger, E.; Roiger, S.; Meyer, H. H. D. *J. Agric. Food Chem.* **2011**, *59*, 1423.

15 Jia, M.; Li, J.; He, X.; Liu, M.; Zhou, Y.; Fan, Y.; Li, W. *J. Chromatogr. B*, **2013**, *928*, 52.

16 Kunicki, P. K.; Was, J. *J. Chromatogr.* B, **2012**, *911*, 133.

17 Hutter, M.; Kneisel, S.; Auwarter, V.; Neukamm, M. A. *J. Chromatogr.* B. **2012**, *903*, 95.

18 Lim, H-. H.; Shin, H-. S. *Food Chem.* **2013**, *138*, 791.

19 Garcia-Lavandeira, J.; Blanco, E.; Salgado, C.; Cela, R. *Talanta* **2010**, *82*, 261.

20 Rubensam, G.; Barreto, F.; Hoff, R. B.; Pizzolato, T. M. *Food Control* **2013**, *29*, 55.

21 Xian, Y.; Wu, Y.; Guo, X.; Lu, Y.; Luo, H.; Luo, D.; Chen, Y. *Anal. Methods* **2013**, *5*, 1965.

22 Jezewska, A.; Buszewki, B. *Toxicol. Mech. Method* **2011**, *21*, 554.

제 3 장

고체상 추출법

고체상 추출법(solid-phase extraction, SPE)은 액체-액체 추출법(LLE)과 추출 원리는 동일하되 액체-액체 추출법에서는 시료와 추출 매체 모두가 액체상이지만, 고체상 추출법에서는 시료는 주로 액체(주로 수용액이며, 수용액이 아닌 액체 시료도 있으며 때로는 기체(공기) 시료인 경우도 있다)이며, 액체-액체 추출법에서 사용된 액체상 추출 용매 대신에 고체상 추출 매체로 대치된 것이 다른 점이다. 따라서 본 장에서는 추출 원리에 대해서 반복하여 설명하지 않도록 한다.

고체상 추출법은 액체 크로마토그래피(HPLC)와 비슷한 원리이며, 분석 물질을 선택적으로 수착(sorption)시켜서 농축시키거나 추출한 후 복잡한 매트릭스로부터 방해 물질을 제거하는 데 사용된다.

 SPE 방법은 LLE 방법과 비교해서 다음과 같은 장점이 있다.
1) 분석 물질을 더 완벽하게 추출할 수 있으며, 2) 분석 물질로부터 방해 물질을 더 효과적으로 분리가 가능하고, 3) 유기 용매의 소비가 줄어들고, 4) 에멀션 형성이 없고, 5) 분석 물질을 더 쉽게 모을 수 있고, 6) 절차가 더 간편하고, 7) 입자들을 제거하기가 쉽고, 8) 쉽게 자동화할 수 있다.

SPE는 LLE보다 분리 과정이 더 효율적이어서 분석 물질의 회수율을 증가시키기에 유리하며, 분석 물질로부터 방해 물질들을 거의 완전히 제거시킬 수도 있다. SPE에서는 **역상(reverse phase)-SPE** 절차를 따르는 것이 일반적인데, 역상은 정지상(고체 정지상)이 무극성이고, 이동상(추출 용매)이 극성인 시스템으로, 소량의 유기 용매를 사용하기 때문에 분석 물질의 농도를 높게 얻을 수 있어서 용매 휘발에 의한 농축 과정을 생략할 수 있다는 장점이 있다. LLE에서는 많은 양의 유기 용매로 추출한 후에 분석 물질(용질)의 양은 그대로 유지한 채 유기 용매를 휘발시킴으로써 농축시키는 것이 보통인데, 이런 농축 과정을 거치게 되면 추출 유기 용매 중에 적은 양으로 존재했던 불순물도 동시에 농축되어 높은 농도로 나타날 수 있는 반면에, SPE에서는 농축을 덜 시켜도 되므로 높은 순도의 추출물을 얻을 수 있는 장점도 있다.

SPE의 단점으로는 분석 물질이 SPE의 충전 물질이나 frit 등에 회수가 불가능한 흡착이 일어날 수도 있다는 것이다. 특히, 염기성 화합물 중에서 아주 미량이 결합 실리카 SPE 충전 물질에 있는 잔류 실라놀(silanol) 작용기나 다른 반응성 작용기들과 상호 작용할 경우에 회수가 불가능한 흡착이 일어날 수 있다. 또한 SPE 컬럼의 생산에 있어서 제조하는 날짜나 제조사에 따라 결합하는 방식이나 잔류 실라놀기의 양, 폴리머의 조성에 의해서 고체 추출상의 성질이 다르게 생산된 것들이 있을 수 있기 때문에 재현성에 문제가 있는 경우도 종종 있을 수 있다.

고체상 추출법을 이해하기 위해서는 수착의 물리-화학적 과정에 대한 이해가 필요하다. **흡수(absorption)**는 분석 물질이 추출상(phase)의 내부로 들어가서 머무는 현상으로 분배라고도 하며, **흡착(adsorption)**은 분석 물질이 고체상에 이끌려서 고체상의 다공성 표면에 농축되는 현상이다.[1] 흡수는 흡착보다는 상호 작용의 힘이 약하다. 흡수와 흡착은 구분하기가 어려운 경우가 많으며, 종종 두 현상이 동시에 일어나기도 하므로 고체상 추출에서는 '**수착제(sorbent)**'라는 용어를 사용한다. 한편, 최적의 추출 조건을 예측하고 확립하기 위해서는 추출에 사용되는 수착제의 성질을 아는 것도 중요하다.

3.1 추출 과정

고체상 추출법은 고체 정지상으로 충전된 추출 컬럼(보통은 '카트리지(cartridge)'라고 함)을 이용하여 추출을 수행하며, 추출 과정은 4단계, 즉 1) **컨디셔닝**, 2) **시료 적재(흡착)**, 3) **세척**, 4) **용리** 단계로 구분할 수 있다(그림 3.1).

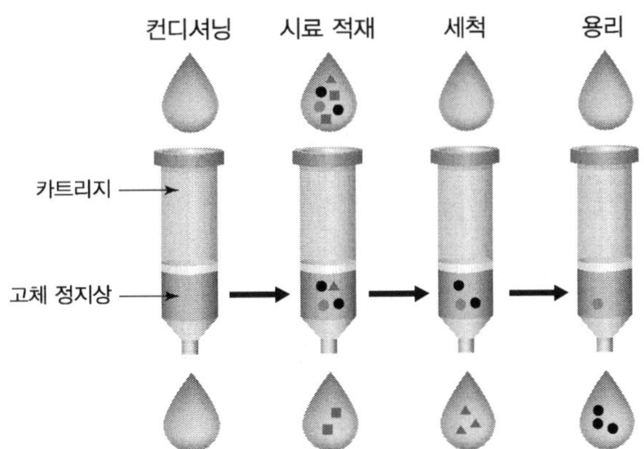

[그림 3.1] 고체상 추출법의 4단계 과정

1) 컨디셔닝 단계: 메탄올과 같은 액체를 고체상 컬럼(카트리지)에 흘려서 시료를 적재할 준비를 한다. 컨디셔닝은 다음과 같은 목적이 있다. 첫째, 구입한 카트리지가 제조 시 또는 실험실 환경에서 오염이 되어 있을 수 있으므로 혹시나 존재할 수 있는 불순물을 제거하는 역할을 한다. 둘째, 실험실에서 구입한 SPE 컬럼은 건조된 상태이므로 기능기들이 비활성화되어 있기 때문에 정지상이 분석 물질과 상호 작용하기 위해서는 이들을 적셔서 활성화시켜야 하는데, 이를 "용매화(solvation)"라고 한다. 용매화는 메탄올이나 아세토나이트릴과 같은 극성 유기 용매를 사용하여 움츠러져서 누워 있는 정지상의 기능기를 일으켜 세워서 분석 물질이 기능기와 상호 작용할 수 있게 해 준다(그림 3.2).

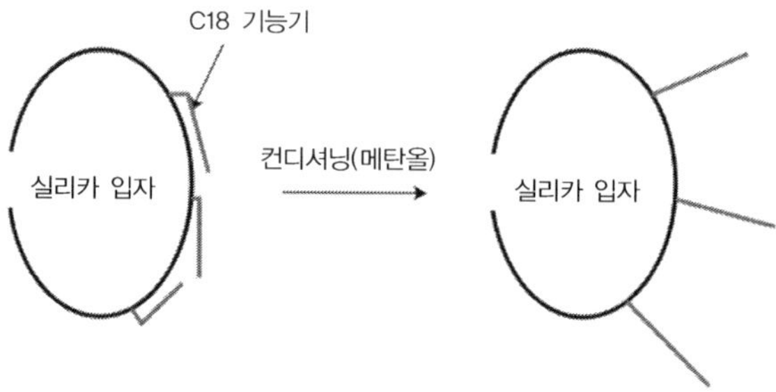

[그림 3.2] 고체상 추출 카트리지의 컨디셔닝 전후 정지상의 모양[2]

용매화시킨 후에는 카트리지에 남아 있는 과량의 용매를 제거시키는 것이 바람직한데, 이는 메탄올 자체가 강한 용리제이므로 메탄올이 소량 잔류하면 다음 단계인 시료 적재 단계에서 정지상과 분석 물질의 상호 작용이 약해져서 수착력이 저하되기 때문이다.
컨디셔닝을 위해서 흘려주었던 용매는 카트리지에 공기나 질소를 불어 넣음으로써 제거할 수 있는데, 용매가 카트리지로부터 방울 상태로 나오지 않을 때까지만 하면 되고, 너무 건조시키면 재현성에 영향을 미칠 수도 있다(폴리머 기반 SPE 수착제보다는 실리카 기반 SPE 수착제에서 더 조심해야 함).
공기나 질소를 사용하여 과량의 용매들을 제거하는 대신에 정지상 부피의 2~3배 정도의 물을 컬럼에 흘려주어 용매들을 제거하는 방법도 있다. 이 경우에는 물로 컨디셔닝하는 시점과 시료를 적재하는 시점과의 차이가 너무 길면 바람직하지 않다. 이는 카트리지의 정지상에 있던 용매화 용매들이 물 속으로 천천히 분배되어 충전 물질들에 대한 적심 효과가 없어지기 때문이며 보통은 5분 이내가 적합하다.

2) **시료 적재(흡착)** 단계: 시료 용액을 고체상 카트리지('컬럼'이라고도 함)를 통해서 흘려줌으로써 분석 물질은 정지상과 상호 작용의 차이에 의해 정지상에 머물게 하고, 매트릭스 성분들은 카트리지를 빠져 나가게 한다. 시료 용액에는 분석 물질을 비롯하여 수용액 용매, 매트릭스 성분들이 혼합되어 있으므로 이 중에서 분석 물질만을 카트리지에 머무르게 하기 위해서는 분석 물질과 카트리지 정지상의 인력이 시료가 녹아 있던 용매(보통은 수용액)에 대한 용해도보다 커야 하며, 반면에 매트릭스 성분은 정지상에 대한 상호 작용이 약해야 한다. 따라서 이 단계에서의 화학이 중요하다. 액체-액체 추출법에서 설명한 바와 같이 이온화되기 쉬운 분석 물질은 시료의 pH를 조절해 줌으로써 정지상과의 상호 작용을 증가시켜서 카트리지에 머물게 할 수도 있으며, 부적절한 조건에서는 카트리지에 머물지 않고 시료 용액에 실려서 빠져 나와 버릴 수도 있다. 시료와 카트리지 충전 물질의 양의 관계도 중요해서, 컬럼 정지상의 양은 작은데 시료의 양이 많고 복잡한 매트릭스일 경우에는 정지상 작용기들의 포화가 일어나서 분석 물질이 더 이상 정지상에 정량적으로 머무를 수 없는 경우가 생길 수도 있다. 또한 시료를 적재할 때 적재 속도(흐름 속도)가 너무 빠를 경우에는 분석 물질이 카트리지 정지상과 상호 작용을 하지 못하고 카트리지를 빠져나올 수도 있으므로 적재 속도가 적절해야 높은 회수율과 함께 정밀하고 재현성 있는 결과를 얻을 수 있다. 일반적인 적재 속도는 2~4 mL/min이다.

시료 적재 시에 시료 중에 불순물 입자 물질이 있을 경우 카트리지가 막히거나 정밀도에 영향을 미칠 수 있으므로 시료 적재 전에 필터링을 해주는 것이 좋다.

3) **세척** 단계: 시료 적재 후에는 한 가지 또는 그 이상의 용액을 카트리지에 통과시켜 줌으로써 정지상에 머물러 있는 매트릭스 성분을 추가적으로 카트리지로부터 제거시키고, 분석 물질은 카트리지 정지상에 그대로 머물러 있도록 한다. 사용되는 세척 용매는 방해 물질만 정지상으로부터 제거될 수 있도록 용리 세기와 부피가 적절히 조절되어야 한다.

4) **용리** 단계: 마지막 단계인 용리 단계에서는 적절한 양(가능한 한 적은 양)의

용매를 카트리지에 통과시킴으로써 분석 물질과 정지상 간의 상호 작용을 끊어주어 분석 물질이 카트리지에서 빠져 나오게 한다. 이 단계에서도 적절한 용매를 선택함으로써 분석 물질만 카트리지로부터 선택적으로 용리시키고 방해 물질들은 컬럼에 머물게 해서 추출된 분석 물질의 순도를 높이는 것이 중요하다. 또한 다음 단계에서 농축이나 건조시킬 필요가 있는 경우에는 휘발성이 좋은 용매를 선택하여야 하고, GC나 HPLC에 직접 주입해야 하는 경우에는 기기에 적합한 용매를 선택해야 한다.

3.2 작용 메커니즘에 따른 고체상 추출법의 분류

고체상 추출법은 작용 메커니즘에 따라 정상상(normal phase) SPE, 역상(reverse phase) SPE, 이온 교환(ion exchange) SPE로 분류할 수 있으며, 분석 물질의 종류에 따른 SPE 정지상의 선택과 적재 시료의 종류를 그림 3.3에 나타내었다.[3]

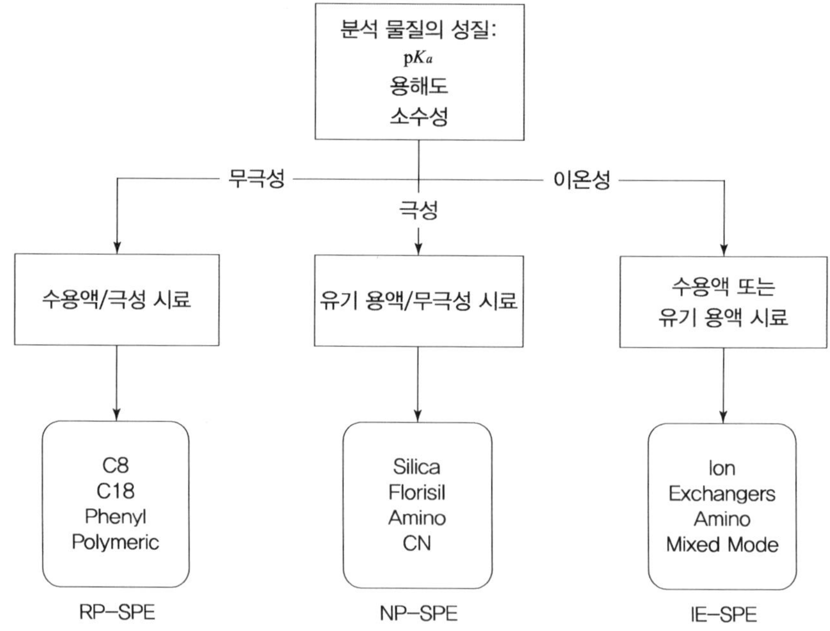

[그림 3.3] 분석 물질의 성질에 따른 정지상의 형태 및 적재 시료의 종류

3.2.1 정상상 SPE

정상상(normal phase) SPE 추출법에서는 고체 정지상이 극성(polar)이며 적재 용매는 무극성인 시스템으로, 주로 극성이 큰 물질을 추출하는 데 사용되는 방법이며(그림 3.4), 적재 용매(시료)로는 용매 세기가 낮은, 즉 무극성 유기 용매인 헥세인, 클로로폼/헥세인을 사용하며, 용리 용매로는 용매 세기가 큰 메탄올이나 에탄올 등을 사용한다.

정상상 SPE에서는 분석 물질이 정지상과 극성 상호 작용에 의해 SPE 컬럼에 머무름이 있게 되는데, 이는 수소 결합, $\pi-\pi$ 상호 작용, 쌍극자–쌍극자 상호 작용, 쌍극자–유도 쌍극자 상호 작용 등이 관여된 머무름이다.[1]

분석 물질에 한 개 이상의 극성 작용기가 있어야 극성 상호 작용이 있을 수 있는데, hydroxyl(–OH), amines (–NH_2, –NH), carbonyl (–CHO), aromatic ring, 이중 결합, 산소, 질소, 황, 인과 같은 헤테로 원자가 포함된 화합물은 정상상 SPE 방법으로 추출이 가능하다.

정상상 SPE는 종종 분석 물질과 정지상 사이의 수소 결합에 의존한다. 수소 결합은 수소가 산소나 질소와 같은 전기 음성도가 큰 원자와 결합하는 것으로 특별히 hydroxyl기와 amino기 사이의 결합은 매우 강한 수소 결합이다. 정지상과 분석 물질 간의 상호 작용은 무극성 환경에서 일어나며, 극성 환경에서는 상호 작용이 없어진다. 이는 시료 적재 시에 분석 물질이 헥세인과 같은 무극성 또는 극성이 작은 유기 용매에 용해되어 있는 시료여야 함을 뜻한다. 고체 정지상에 흡착된 분석 물질을 용리하기 위해서는 분석 물질이 흡착된 정지상의 자리에 용리 용매가 결합하는 대신 분석 물질이 떨어져 나와야 하기 때문에 용리 단계에서는 메탄올과 같은 극성이 큰 용매를 사용해야 한다.

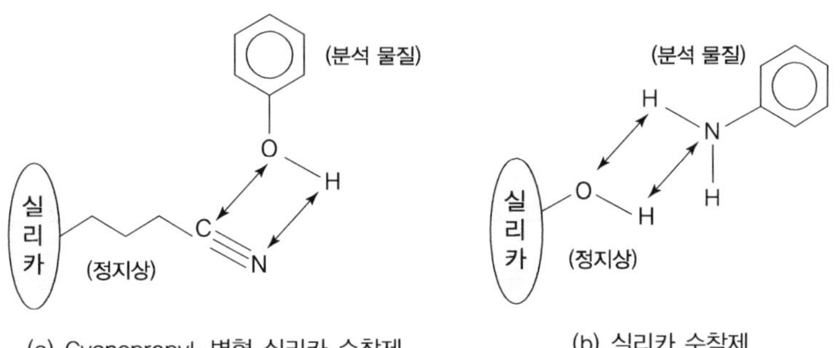

(a) Cyanopropyl–변형 실리카 수착제　　(b) 실리카 수착제

(c) Dioll-변형 실리카 수착제

[그림 3.4] 극성인 정상상 SPE 정지상과 극성 분석 물질과의 상호 작용

정상상 SPE에서는 극성이 큰 수착제를 정지상으로 사용하는데 silica (-SiOH), alumina (-AlOH), florisil (Mg_2SiO_3) 등은 상대적으로 극성이 작고, cyano (-CN), amino (-NH_2), diol (-CH(OH)-CH(OH)-) 정지상 등은 상대적으로 극성이 크다.

3.2.2 역상 SPE

역상(reverse phase) SPE는 고체 정지상이 무극성(non-polar)이고 적재 용매가 극성인 시스템으로, 수용액 시료로부터 상대적으로 무극성인 분석 물질을 추출하는 데 적합하다(그림 3.5). 역상 SPE에서는 옥탄올/물 분배 계수가 낮은 물, 메탄올/물, 아세토나이트릴/물 등을 적재 용매로 사용하며, 용리 용매로는 중간 정도의 옥탄올/물 분배 계수인 메탄올이나 아세토나이트릴 등이 적합하다. 추출은 분석 물질과 정지상 간의 소수성 상호 작용에 기반한 것이며 역상 HPLC 시스템과 유사한 원리로, 분석 물질의 소수성이 증가할수록 정지상(고체 추출상)에서의 머무름은 증가한다. 수용액 환경 또는 극성 환경에서는 소수성 상호 작용이 증진되나, 유기 매질이나 무극성 환경에서는 상호 작용이 끊어지게 된다.

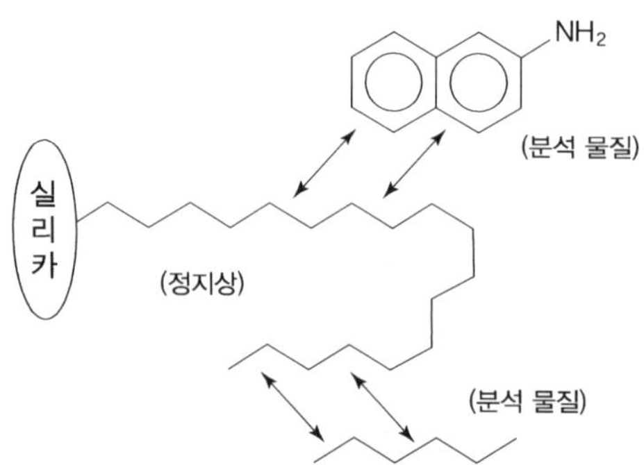

[그림 3.5] 역상 정지상인 C18 정지상과 무극성 분석 물질과의 상호 작용[1]

역상 SPE에서는 무극성(소수성) 수착제를 정지상으로 사용하는데, 강한 소수성 정지상으로는 octadecyl siloxane ($-C_{18}$), octyl siloxane ($-C_8$), PS-DVB, DVB 등이 있으며, 중간 정도의 소수성 정지상으로는 cyclohexyl, phenyl, diphenyl 등이 있고, 낮은 소수성 정지상으로는 butyl ($-C_4H_9$), ethyl ($-C_2H_5$), methyl ($-CH_3$) 정지상 등이 있다. 실리카 입자에 기반한 역상 SPE들의 소수성(즉 무극성의 증가)의 세기를 비교하면 그림 3.6과 같다.

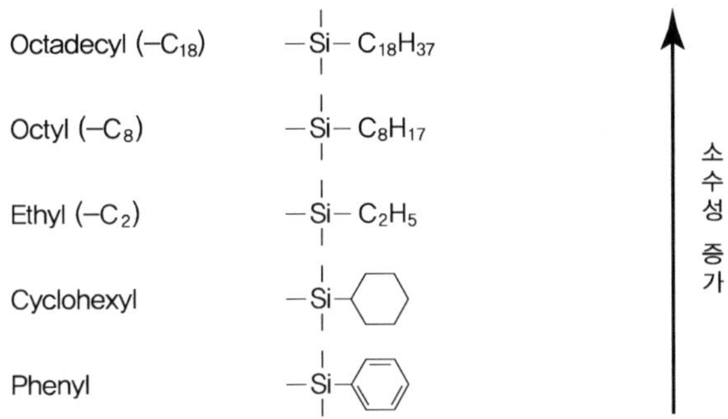

[그림 3.6] 실리카 입자 기반 역상 SPE의 소수성 세기

그림 3.5에서 볼 수 있듯이 실리카 기반의 무극성 정지상인 C18 정지상과 분석 물질의 무극성 위치들과의 상호 작용에 의해서 분석 물질은 SPE 정지상에 머물러 있게 된다. 이와 같이 물과 같은 극성 용매에 녹아 있는 분석 물질이 고체 흡착제에 머무름이 생기는 것은 분석 물질 내에 있는 탄소-수소 결합과 실리카 표면에 있는 기능기 간의 인력 때문이며, 무극성-무극성 인력은 van der Waals 힘 또는 분산력에 기인한다.

그림 3.6에서 볼 수 있듯이 고체 정지상의 종류에 따라 소수성 기능기의 세기가 다르다. C18 정지상은 가장 대중적이며 흔히 사용되고 있는 소수성이 강한 역상 SPE 정지상인데, 높은 소수성으로 인하여 C18 컬럼은 많은 화합물에 대해서 강한 머무름을 나타낸다. 하지만 넓은 범위의 화합물을 추출할 수 있기 때문에 선택성은 떨어진다. 따라서 추출에서의 선택성을 증가시키기 위해서는 C18보다는 소수성이 약한 C8을 사용하기도 한다.

폴리머 기반의 역상 SPE는 두 개의 단위체인 소수성 기능기인 divinylbenzene과 극성이 더 큰 N-vinylpyrrolidone이 합해진 공중합체(co-polymer)로 만들어져 있다. Divinylbenzene 모핵은 소수성을 나타내기 때문에 분석 물질과 소수성 상호 작용을 하며, N-vinylpyrolidone 모핵은 극성 기능기가 있기 때문에 더 극성인 화합물을 정지상에 머물게 한다. 폴리머 기반 정지상의 장점은 시료 전처리 과정 중에 정지상이 건조된 상태에서도 화학적 성질이 변하지 않고, 초기 컨디셔닝 단계를 생략할 수 있다는 것이다.

앞에서 언급한 바와 같이, 소수성 상호 작용은 수용액이나 극성 환경에서는 증가되지만, 유기 용매나 무극성 환경에서는 끊어지게 된다. 이는 수용액 내에 존재하는 무극성 화합물은 역상 SPE 방법으로 추출하는 것이 바람직함을 의미한다. 수용액 시료를 역상 SPE에 직접 적재하면, 무극성 분석 물질은 정지상(SPE 수착제)과 소수성 상호 작용에 의해서 정지상에 강하게 붙들리게 되므로 강한 머무름이 있게 된다. 산성 또는 염기성 분석 물질이 전하를 띠지 않는 형태(무극성)로 수용액 시료에 존재하면 고체 정지상에 더 잘 머무르게 될 것이다. 이는 염기성 화합물의 경우에 수용액 시료의 pH 조건을 알칼리로 하고, 산성 화합물은 수용액 시료의 pH를 산성으로 유지하면 중성 형태로 존재하므로 정지상과의 상호 작용이 커지게 되어 머무름이 증가하기 때문이다.

세척 단계에서는 100% 수용액 또는 정제수를 적재가 끝난 고체 정지상에 흘려 주어서 SPE 컬럼으로부터 매트릭스 성분을 제거할 수 있다. 즉 정지상과는 친화성이 약하고 물에 잘 녹는 극성 화합물을 제거한다. 이때 무극성 분석 물질은 정지상에서 강하게 붙들려 있다. 분석 물질이 정지상에 매우 강하게 붙들려 있기만 한다면, 세척 수용액에 10~20% 정도의 메탄올이나 다른 유기 용매를 혼합해서 세척하면 방해 물질을 효과적으로 제거해서 더 깨끗한 추출물을 만들 수 있는데, 이때 분석 물질이 함께 빠져 나오지 않도록 조심해야 한다.

용리 단계에서는 100% 메탄올이나 메탄올/물 혼합물이 사용되는 것이 일반적이다. 순수한 메탄올은 분석 물질과 정지상 간의 소수성 상호 작용을 끊어서 분석 물질을 컬럼으로부터 용리시키는데, 이때 메탄올은 가능하면 적은 양을 사용하는 것이 좋다. 이는 용리되는 분석 물질이 희석되는 것을 피하기 위해서이다.

고체상 추출법에서 주로 많이 사용되고 있는 추출 용매를 표 3.1에 나타내었다.

[표 3.1] 고체상 추출법에서 주로 사용되는 추출 용매

극성도			추출 용매	물과 섞임
무극성	강한 역상	약한 정상상	Hexane	섞이지 않음
↓	↑	↓	Isooctane	섞이지 않음
			Carbon tetrachloride	섞이지 않음
			Chloroform	섞이지 않음
			Methylene chloride(dichloromethane)	섞이지 않음
			Tetrahydrofuran	섞임
			Diethyl ether	섞이지 않음
			Ethyl acetate	거의 섞이지 않음
			Acetone	섞임
			Acetonitrile	섞임
			Isopropanol	섞임
			Methanol	섞임
			Water	섞임
극성	약한 역상	강한 정상상	Acetic acid	섞임

3.2.3 이온 교환상 SPE

이온 교환상(ion exchange phase) SPE는 이온성 산이나 염기 화합물을 분석하기에 적합한 정지상(컬럼)으로, 주로 물이나 완충 용액이 적재 용매, 즉 시료로 사용된다. 이온 교환 SPE에서 상호 작용의 원리는 정지상에 있는 이온성 기능기와 분석 물질에 있는 이온성 기능기 사이의 이온성 상호 작용이다. 양이온 분석 물질은 양(+)으로 하전된 화합물로 음(−)으로 하전된 **양이온 교환체**(cation exchanger) 정지상을 사용하여 추출하는데, 대부분의 양이온 분석 물질은 아민류이다. 한편, 음이온 분석 물질은 카복실산과 같은 음(−)으로 하전된 화합물들이며 이들은 양(+)으로 하전된 **음이온 교환체**(anion exchanger) 정지상을 사용하여 추출할 수 있다.

이온 교환상은 정지상이 양이온 또는 음이온 기능기로 만들어져 있는데, 음이온 교환상으로는 amino ($-C_3H_6-NH_2$), quaternary amine ($-C_3H_6-N^+-(CH_3)_3$)이 있으며, 양이온 교환상으로는 carboxylic acid ($-C_3H_6-COOH$), alkyl sulfonic acid ($-C_3H_6-SO_3H$), aromatic sulfonic acid 등의 정지상이 있다(그림 3.7).

Sulfonylpropyl	$-Si-CH_2CH_2CH_2SO_3^-$	강한 양이온 교환체
Carboxymethyl	$-Si-CH_2COO^-$	약한 양이온 교환체 ($pK_a=4.8$)
Trimethylaminopropyl	$-Si-CH_2CH_2CH_2N^+-(CH_3)_2$	강한 음이온 교환체
Diethylaminopropyl	$-Si-CH_2CH_2CH_2N^+H(CH_2CH_3)_2$	약한 양이온 교환체 ($pK_a=10.7$)

[그림 3.7] 대표적인 이온 교환 SPE

그림 3.8에서 보는 바와 같이 이온화된 분석 물질은 이온성 정지상과 상호 작용을 통해서 정지상에 머물게 된다. 추출 용매의 pH 조절에 의해서 분석 물질과 정지상은 중성이 되고, 분석 물질에 대한 추출 용매의 세기가 분석 물질과 정지상과의 상호 작용보다 더 커지므로 분석 물질은 정지상으로부터 이탈하여 용리된다. 즉 분석 물질과 정지상의 기능기 중에서 어느 하나가 중성화되면 둘을 묶고 있는 정전기력이 약화되어 분석 물질이 용리된다.

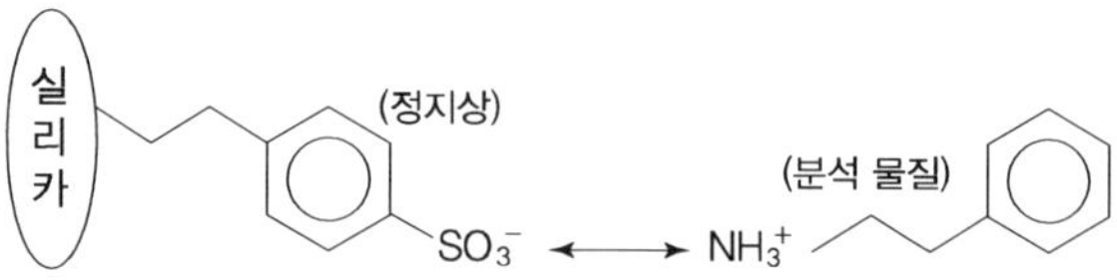

실리카 (정지상) SO_3^- ⟷ NH_3^+ (분석 물질)

(a) benzenesulfonic acid-변형 실리카 수착제

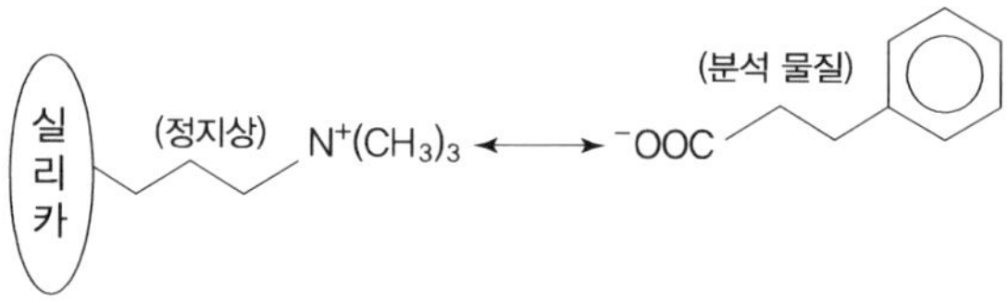

실리카 (정지상) $N^+(CH_3)_3$ ⟷ ^-OOC (분석 물질)

(b) trimethylaminopropyl-변형 실리카 수착제

[그림 3.8] 이온 교환 정지상과 분석 물질과의 상호 작용[1]

■ 이온 교환체의 종류

정지상은 강한 이온 교환체와 약한 이온 교환체로 구분되는데(그림 3.7), 강한 이온 교환체는 전체 pH 범위에서 이온화되므로 SPE 컬럼의 pH 조건에 무관하게 이온 교환체, 즉 정지상으로서의 역할을 할 수 있다. 반면에, 약한 이온 교환체는 정해진 pH 구간 내에서만 이온화되므로 SPE 컬럼의 pH 조건에 따라서 정지상으로 작용이 가능할 수도 있고 가능하지 않을 수도 있다.

강한 양이온 교환체로는 설폰산(sulfonic acid) 기능기의 이온이 대표적인데,

이는 강산성이어서 pK_a 값이 매우 작으며, 거의 모든 pH 범위에서 전하를 띠고 있으므로 전체 pH 범위에서 이온 교환체로 작용할 수 있다. 약한 양이온 교환체로는 카복실산(carboxylic acid) 기능기의 이온이 대표적인데, 카복실산은 약산성으로 pK_a는 4.5~5.0이므로 SPE 컬럼에서 pH는 3 이상으로 조절해야 이온 교환체로서의 역할을 할 수 있고, pH가 3 이하가 되면 이온 교환체의 역할을 하지 못한다.

음이온 교환체도 강한 음이온 교환체와 약한 음이온 교환체로 구분할 수 있으며, 강한 음이온 교환체는 quaternary ammonium 기능기를 가진 것이며, 전체 pH 범위에서 이온화가 되므로 어느 pH에서도 추출 정지상의 역할을 할 수 있다. 약한 음이온 교환체는 2차-혹은 3차-아민 기능기를 가지고 있으며, pK_a 값은 10 근처이다. 따라서 약한 음이온 교환체는 SPE 컬럼에서 pH 10이하에서 정지상으로 작용하며 10 이상에서는 거의 작용하지 않는다고 볼 수 있다.

■ 시료 및 용리 용매의 pH 조절

시료 적재 시에 이온 교환체(SPE 정지상)와 분석 물질이 이온성 상호 작용에 의한 머무름이 있게 되려면 분석 물질이 전하를 띠어야 한다. 강한 이온 교환체를 사용할 경우는 정지상이 모든 pH 범위에서 전하를 띠게 되므로 문제는 없지만, 분석 물질의 경우도 전하를 띠어야 하므로 시료의 pH를 조절해야 한다.

음이온 교환체로 산성 분석 물질을 붙들기 위해서는 분석 물질의 pK_a 값보다 2 정도 높게(pK_a+2) 완충 용액(시료)의 pH를 조절하며, 양이온 교환체로 염기성 화합물을 붙잡기 위해서는 완충 용액(시료)의 pH를 분석 물질의 pK_a −2 정도로 조절해서 적재하는 것이 바람직하다. 이는 완충 용액 내에서 산성 물질이 양전하를 띠게 되어 음이온 교환상과의 상호 작용에 의해 정지상에 머물게 하기 위해서이며, 염기성 물질은 그 물질의 pK_a 값보다 적재 용액의 pH를 낮게 조절해 줌으로써 분석 물질이 음이온을 띠게 해서 양이온 교환상에 붙들려 있게 하기 위해서이다.

강한 음이온 교환체인 4차 아민의 경우는 pK_a가 14 이상으로 어떤 pH의 용액에서든지 전하를 띠고 있다. 약한 음이온 교환체인 지방족 아민의 경우는 pK_a가 보통 9.8 정도이므로 음이온 교환을 하기 위해서는 시료의 pH가 9.8보다 최소한 2 pH 단위 이하여야 하며, 이 pH에서 음이온성 분석 물질은 전하를 띠어야 하므로 분석 물질의 pK_a도 시료 용액의 pH보다 2 단위 이하여야 한다. 흡착제에 흡착된 음이온을 용리시키고자 할 때는 흡착제 표면에 있는 아민기를 중성화시켜야 하므로 이를 위해서 용리 용매의 pH를 분석 물질의 pK_a보다 2 pH 단위 이상으로 높게 조절한다.

양이온 교환체의 경우는 용리 용매인 완충 용액의 pH를 분석 물질의 pK_a 값보다 2만큼 높게(pH=pK_a+2) 조절해서 완충 용액의 이온 세기를 증가시키고, 분석 물질과 수착제는 중성 형태를 유지하게 해서 양이온 정지상에 붙잡혀 있던 분석 물질들을 완충 용액(용리용매)과 함께 컬럼에서 빠져나오게 한다. 강한 양이온 교환체인 설폰산은 pK_a가 1 이하인 강한 산성이므로 전체 pH 범위에서 전하를 띠고 있어서 분석 물질이 용액 내에서 전하를 띠고 있기만 하면 pK_a가 14 이상인 강한 양이온성 물질이나 pK_a가 12 이하인 약한 양이온 물질들을 분리하는 데 사용된다. 양이온, 즉 염기성 분석 물질을 분석하기 위해서는 시료의 pH를 분석 물질이 전하를 띨 수 있도록 분석 물질의 pK_a보다 2 pH 단위 이하로 조절해야 한다. 약한 양이온 교환체인 카복실산 교환체의 pK_a는 4.8 정도이므로 시료 용액의 pH는 최소한 이보다 2 단위 높은 6.8 정도는 되어야 흡착제의 기능기가 음으로 하전될 수 있으며, 분석 물질과 흡착제가 둘 다 하전되는 pH가 되면 양이온은 분리될 수 있다. 흡착제의 기능기인 카복실산의 pH를 카복실산의 pK_a보다 2 pH 단위 높게 유지하여 중성으로 만들어서 실리카 표면에 흡착된 양이온 분석 물질을 용리시킨다.

시료 적재 시에 분석 물질이 강하게 머무를 수 있도록 시료 내에 있는 다른 이온(매트릭스 이온)에 대한 조절도 중요하다. 이온 교환체와 친화성이 매우 큰 매트릭스 이온은 정지상의 활성 위치를 놓고 분석 물질과 경쟁하게 된다. 이런 경우에는 분석 물질에 대한 손실이 생길 수 있다. 특별히 소변 시료의 경우는 매트릭스 이온 함량이 높은데, 이런 경우에는 매트릭스 이온을 감소시키기 위하여 추출 전에 물로 묽히는 방법도 있다.

시료 적재 후에는 수착제에 붙잡혀 있는 매트릭스 성분을 제거하기 위해서 정제수나 완충 용액을 사용하여 세척한다. 이 단계에서도 분석 물질이 이온상태가 아닌 중성 형태로 변화되어 씻겨 내려가지 않도록 주의 깊게 pH 조절을 해 주어야 한다. 메탄올의 경우는 분석 물질과 정지상 간의 이온성 상호 작용을 방해하지 않기 때문에 메탄올을 사용한 세척도 가능하다.

용리 용매를 선택할 때는 음이온 교환상의 경우는 완충 용액(용리 용매)의 pH를 분석 물질의 pK_a 값보다 2만큼 낮게(pH=pK_a−2) 조절해서 완충 용액의 이온 세기를 높게 해 주면 분석 물질과 수착제는 중성 형태가 되어 정지상에 붙어 있던 분석 물질은 용리 용매와 함께 컬럼을 빠져나오게 된다.

3.3 SPE 수착제의 종류

SPE 수착제는 **결합 실리카**(bonded silica) 기반이 가장 일반적으로 사용되며 이는 실리카 입자 표면의 실라놀기(silanol, −Si−OH)에 적절한 기능기(정지상)를 결합시킴으로써 이 기능기에 의해 분석 물질의 머무름이 있게 되며 수착제의 종류가 결정된다. 그런데 이러한 기능기의 결합이 완벽하게 이루어지지 않고 반응하지 않은 실라놀기가 남아 있을 수 있는데, 이 미반응 실라놀기는 극성이고 산성인 성질을 가지고 있어서 화합물과 복잡한 상호 작용을 하게 된다. 따라서 이들 극성 위치를 줄이기 위해서 'end-capping'을 해 준다.

End-capping

실리카 입자를 기반으로 하는 수착제에 부분적으로 남아 있는 실라놀기(silanol, −Si−OH)를 짧은 사슬의 알킬기를 사용하여 제거하는 방법을 'end-capping'이라 하며, 보통은 C1(탄소 1개)을 수산화기(−OH)에 붙여 주어서 극성을 제거한다.

실리카 기반 수착제 외에도 폴리머 재질과 Florisil[활성화된 규산 마그네슘(magnesium silicate)]이나 **알루미나** 같은 무기 재질을 바탕으로 한 고체상도 있으며, 최근에는 **흑연 탄소**(graphitized carbon) 수착제의 사용도 증가하고 있다.

화학적으로 결합된 표면을 가진 실리카 기반 다공성 수착제들로 입자 크기나 다공성 크기, 기능기의 형태, 결합 밀도 등이 다양하고 폭넓은 범위의 성질을 가진 것들을 제조할 수 있다. 대표적인 실리카 기반 수착제를 표 3.2에 나타내었다. 화학적으로 결합된 수착제는 실리카 젤과 기능기를 가진 실레인(silane)의 반응을 통해 합성한 후 end capping을 해서 만들어진다. 3중 기능기 실레인을 사용하면 탄소 적재량이 높고 pH에 대한 안정성이 좋은 폴리머 결합 층을 가진 수착제를 만들 수 있다. 높은 표면적(500~600 m^2g^{-1})과 긴 알킬 사슬, 높은 상(phase) 적재량을 가진 화학적으로 결합된 수착제는 주로 작은 분자량의 분석 물질을 추출하는 데 사용된다.

실리카 기반 수착제는 극단적인 pH에서는 불안정하기 때문에 주로 pH 2~8 범위에서만 사용한다. 이를 개선하기 위해서 다공성 폴리머와 탄소 수착제가 사용되는데, 이들은 전체 pH 범위에서 안정하여 이온화된 실라놀기를 가지고 있지 않다. 폴리머 기반 수착제는 styrene과 divinylbenzene의 혼성 중합 반응에 의해 만들어진다. 상업용으로 판매되고 있는 대표적인 다공성 폴리머 수착제들을 표 3.3에 나타내었다.

[표 3.2] 실리카 기반 수착제들[4]

형태	표기	기능기	구조(R)
Alkyl	C30	Triacontane	$-C_{30}H_{61}$
	C18	Octadecyl	$-C_{18}H_{37}$
	C8	Octyl	$-C_8H_{17}$
	C4	Butyl	$-C_4H_9$
	C2	Ethyl	$-C_2H_5$
Cyclohexyl	CH	Cyclohexyl	$-C_6H_{11}$
Aromatic	PH	Phenyl	$-C_6H_5$
	BH	Biphenyl	$-C_{12}H_9$
Cyano	CN	3-Cyanopropyl	$-CH_2CH_2CH_2CN$
Amino	NH_2	3-Aminopropyl	$-CH_2CH_2CH_2NH_2$
Hydroxyl	DIOL	Spacer-bonded propanediol	$-CH_2CH_2CH_2OCH_2CH(OH)CH_2OH$
Quaternary Amine	SAX	Trimethylaminopropyl	$-CH_2CH_2CH_2N(CH_3)_3^+Cl^-$
Carboxylic Acid	CBA	Carboxypropyl	$-CH_2CH_2CH_2CO_2H$
Sulfonic Acid	PRS	Propanesulfonic acid	$-CH_2CH_2CH_2SO_3^-H^+$
	SCX	Benzenesulfonic acid	$-C_6H_4SO_3^-H^+$

[표 3.3] 대표적인 폴리머 기반 수착제들

이름	형태	입자 크기(㎛)	구멍 크기(nm)	표면적(m^2g^{-1})
Bond Elut ENV	Sty-Dvb	75	50	500
Isolute ENV	Sty-Dvb-OH	90	80	1000~1100
LiChrolut EN	Sty-Dvb-Evb		40~120	1200~1500
Strata X	Sty-Dvbcm	33	8	800
Strata X-C	SCX/Sty-Dvbcm	33	8	800
Oasis HLB	Vp-Dvb	30	8	810
Oasis MCX	SCX/Vp-Dvb	30	7.3~8.9	727~889
Oasis MAX	SAX/Vp-Dvb 60		7.3~8.9	727~889

Strata X : 표면을 ethylpyrrolidone 기능기로 결합시켜서 화학적으로 변형시킴. 약어: Dvb, divinylbenzene; Evb, ethylvinylbenzene; SAX, strong anion exchange group; SCX, strong cation exchange group; Sty, styrene; Vp, vinylpyrrolidone.

3.4 혼합-상 추출과 다중 연결 방법

단일 수착제를 사용하는 것이 일반적이지만, 여러 종류의 화합물을 동시에 추출할 경우에는 두 가지 형태로 추출이 가능하다. 하나는 두 가지 형태의 SPE를 그림 3.9와 같이 직렬로 연결(예 C18-SCX)해서 시료를 적재한 후 이들을 분리하여 각각 다른 용리 용매를 사용하여 추출하는 방법, 즉 **다중 연결 방법**이고, 다른 방법으로는 두 가지 다른 기능기의 수착제를 한 개의 카트리지에 넣어서 추출하는 **혼합-상(mixed-phase) 추출 방법**이 있다. 예를 들어 시료 중에 포함된 소수성인 유기 화합물과 무기 음이온을 분석하고자 할 경우에 C18 수착제와 SCX(strong cation exchange) 수착제를 직렬로 연결해서 시료를 적재한 후에 이들을 분리하여 각각 다른 용리 용매를 사용하여 용리 단계를 수행하는 것이다. 다른 기능기를 가진 수착제를 혼합하여 만든 카트리지를 사용하고자 할 때는 용리 용매의 선택이 매우 까다롭기 때문에 일반적으로는 직렬 연결 방법을 많이 사용하고 있다.

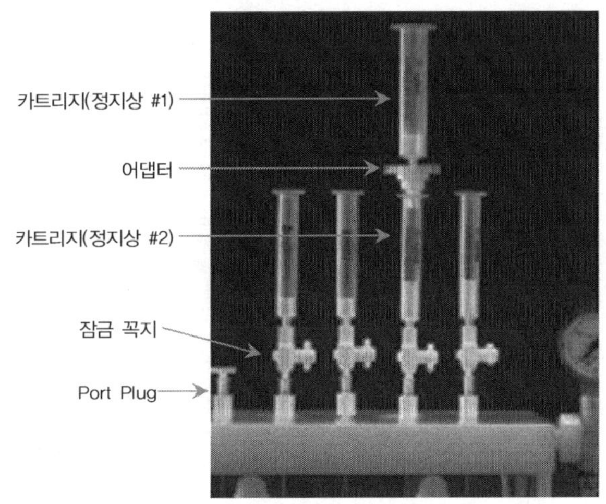

[그림 3.9] 수착제의 다중 연결

3.5 SPE의 형태

SPE는 여러 형태가 있지만 일반적으로 많이 사용되는 형태는 카트리지[그림

3.10 (a)] 형태와 디스크[그림 3.10 (b)] 형태로 대부분 1회용이다. 가장 일반적인 카트리지 형태는 그림 3.10 (a)에 나타낸 것과 같으며 주사기 몸통은 폴리프로필렌 재질이다. 특별한 목적을 위해서는 polytetrafluoroethylene(PTFE) 재질을 사용하기도 한다. 충전 입자(정지상)들이 움직이지 않도록 위아래에 있는 fritted disc는 10~20 ㎛ 다공성의 폴리에틸렌이나 PTFE로 만들어져 있다. 입자의 크기가 20~60 ㎛인 수착제가 카트리지당 35 mg~2 g이 채워져 있으며, 시료를 적재할 수 있는 부피는 0.5~10 mL로 목적에 따라 다양하다. SPE에서 사용되는 추출 용매의 양은 충전 물질의 부피에 비례한다. 폴리에틸렌 기반의 SPE 충전 물질의 표면적은 실리카 기반의 입자들에 비해서 넓기 때문에 충전 물질의 양이 적어도 된다.

그림 3.10 (b)에 나타낸 디스크 형태의 SPE 장치는 얇은 막과 SPE의 장점을 결합한 것이다. 디스크 형태는 현탁된 입자들과 매트릭스 성분들에 의한 막힘을 최소화하기 위해서 개발된 형태로, 적은 부피의 시료를 다룰 때 유리하다. 디스크는 얇은 막 필터와 유사하며 두께는 1 mm 이하이고, 직경은 4~90 mm이다. 수착제 입자는 직경이 8~12 ㎛가 일반적이다.

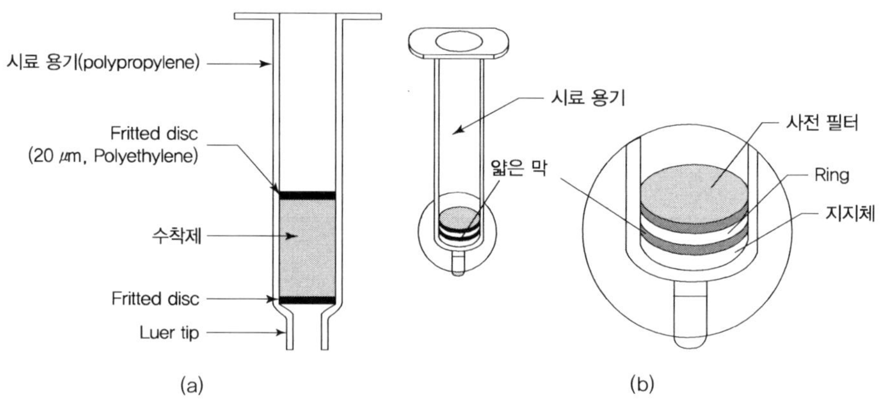

[그림 3.10] 일반적인 SPE 형태: (a) 주사기 몸통을 이용한 카트리지 형태, (b) 디스크 형태

한편, 고체상 추출법에서 가장 많이 사용되고 있는 카트리지 형태에서 튜브 부피, 용리액의 부피, 정지상의 용량을 표 3.4에 나타내었다.[5] 시험자는 시료의 부피나 매트릭스 성분들의 복잡한 정도에 따라서 적절한 카트리지를 선택해야 효과적인 추출이 가능하다.

[표 3.4] 고체상 카트리지의 부피와 용리 용매 부피

고체상 무게	튜브 부피	최소 용리 부피	시료 용량
50~100 mg	1 mL	100~200 μL	2.5~10 mg
500 mg	3 mL	1~3 mL	25~100 mg
0.5~1 g	6 mL	2~6 mL	25~100 mg
2 g	12 mL	10~20 mL	0.1~0.2 g
5 g	20 mL	20~40 mL	1.25~2.5 g
10 g	60 mL	40~100 mL	0.5~1 g

* 시료 용량은 분석 물질과 시료 매트릭스에 의존하며, 보통 고체상 무게의 5% 정도이다.

3.6 SPE 장치

SPE 장치는 여러 형태가 있는데 시료와 추출 용매가 충전된 고체 정지상(즉, 카트리지)을 통과하게 하기 위해서는 1) 중력을 이용하는 방법, 2) 외부 압력을 가해 주는 법, 3) 압력 차이(진공)를 이용하는 법, 4) 원심분리기를 이용하는 법, 5) 진공 manifold를 사용하는 방법들이 있지만, 방법의 선택은 실험실 사정이나 시료의 양, 분석 물질의 특성에 따라 시험자가 선택한다.

유기 합성 실험에서 용매와 부산물들로부터 생성물들을 분리하거나, 천연물에서 물질들을 분리할 때 중력을 이용하는데, 이것은 고체상 충전 물질의 크기가 크고, 충전 물질의 양이 작아서 중력만으로도 추출 용매가 충전물질들을 통과하기에 충분할 때 사용하는 방법이다. 그림 3.11 (a)는 외부 압력을 이용하는 방법으로서 주사기를 카트리지에 연결해서 주사기의 플런저를 눌러서 압력을 가하여 용매와 시료를 통과시키는 방법이며, 그림 3.11 (b)는 가지 달린 삼각 플라스크에 카트리지를 연결한 후 아스피레이터(aspirator)나 진공 장치에 연결해서 압력차에 의해 추출 용매와 시료를 통과시키는 방법이다. 그림 3.11 (c)는 원심분리관에 카트리지를 넣어 원심분리기에서 원심력을 이용하여 유기 용매를 통과시키는 방법으로 흔한 방법은 아니다. 그림 3.11 (d)는 그림 3.11 (b)의 발전된 형태이며, **진공 매니폴드(manifold)** 시스템을 이용하는 방법으로 실험실에서 가장 많이 사용되는 방법이다. 추출물들을 수집할 수 있는 시험관을 매니폴드 안쪽에 위치시키고, 고체상 카트리지를 장착한 뚜껑을 닫은 후 진공 장치(진공 펌프나 아스피레이터)에 연결해서 여러 개의 카트리지를 사용하여 여러 시료를 동시에 추출할 수 있으며 유기 용매나 시료의 흐름 양을 조절할 수

있는 밸브가 있다. 진공 펌프를 사용할 경우에 매니폴드와 펌프 사이에 가지 달린 삼각 플라스크를 연결해서 시료나 추출 용매가 펌프로 흘러들어가는 것을 방지한다.

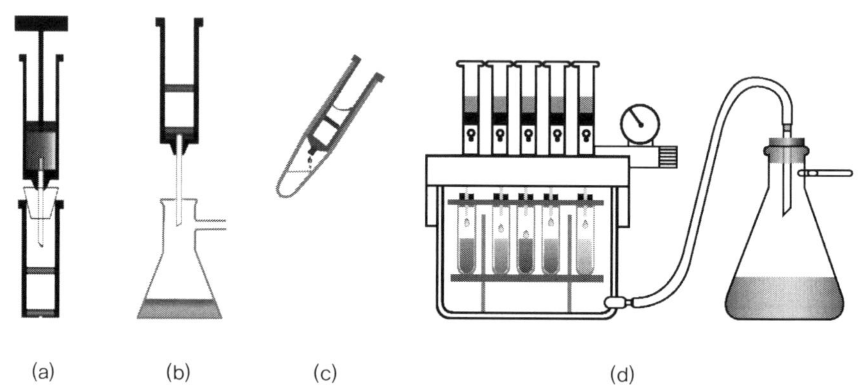

[그림 3.11] SPE 장치들: (a) 주사기로 압력을 가하는 방법, (b) 가지 달린 플라스크에 연결하여 진공을 이용하는 방법, (c) 원심분리기를 이용하는 방법, (d) 진공-매니폴드를 이용하는 방법[6]

 **SPE 실험 방법 확립에서 고려해야 할 사항들**

- 수착제: 상(pahse)의 선택, 무게, 카트리지 형태와 크기, 동시에 여러 시료를 분석할 경우 lot의 차이
- 컨디셔닝 용매: 용매 세기, 접촉 시간, 부피
- 적재 용매: 형태, 부피, 유기 용매 %, pH, 이온 세기, 적재 속도, 건조 시간, 분석 물질의 회수량과 손실량, 매트릭스 및 방해 물질의 제거
- 세척 용매: 형태, 부피, 유기 용매 %, pH, 이온 세기, 적재 속도, 건조 시간, 분석 물질의 회수량과 손실량, 매트릭스 및 방해 물질의 제거
- 용리 용매: 형태, 휘발성, 세기, 부피, 용리 속도, pH, 이온 세기, 분석 물질의 회수량과 손실량, 매트릭스 및 방해 물질의 제거
- 분석 물질과 매트릭스의 안정성: 각 단계에서 테스트해야 함
- 시료와 매트릭스의 적재 능력: 다른 농도의 분석 물질에 대해서 테스트해야 함

3.7 고체상 추출 방법 확립 시 고려 사항

안정하고 회수율이 좋고 방해 물질이 잘 제거되는 효과적인 고체상 추출 방법을 확립하기 위해서는 다음과 같은 점들을 고려해야 한다. 먼저, 수착제(정지상)의 종류를 정상상(normal phase) 모드를 사용해야 할지, 역상(reverse phase) 모드를 사용할 것인지, 이온 교환 모드를 사용할 것인지를 결정해야 한다. 분석 물질과 수착제(정지상)의 상호 작용, 매트릭스와 수착제의 상호 작용, 분석 물질과 매트릭스의 관계 등을 고려해야 하며, 이 모든 것들과 적재 시료 용매, 세척 용매, 추출 용매와의 상호 작용도 고려해야 하는 등 실험에서 고려해야 할 내용이 많다. 적재 시료 용매, 세척 용매, 추출 용매의 종류, 완충 용액의 종류, pH 등도 고체상 추출에 영향을 미치는 요소이다. 이들을 고려하기 위해서 다음과 같은 절차에 따라 요소들의 최적 조건들을 확립하는 것이 바람직하다.

3.7.1 분석 물질의 성질

시험자가 먼저 생각해야 할 것은 분석 물질의 구조와 물리·화학적 성질이다. 분석 물질의 화학 구조부터 기능기를 알아보고, 극성도, 물을 비롯한 여러 가지 용매들에 대한 용해도, pK_a, 옥탄올/물 분배 계수(log P) 등에 대한 조사가 이루어져야 하며, 분석하고자 하는 농도의 수준을 결정하는 것이 좋다. 분석 물질의 물리·화학적 성질은 영국왕립화학회(Royal Society of Chemistry)에서 운영하고 있는 Merck Index (http://www.rsc.org/merck-index)나 Wikipedia (www.wikipedia.com)와 같은 온라인을 통하여 얻는 방법이 가장 쉬운 방법이지만, 자칫하면 검증되지 않은 잘못된 정보를 얻을 수 있으므로 주의해야 한다.

아울러 분석해야 할 물질이 단일 화합물인지 여러 종류의 화합물인지 고려해야 하며, 물질의 물리·화학적 성질들이 유사한 경우에는 동시 분석을 고려하는 것이 시간적으로나 경제적으로 유리하다. 분석하고자 하는 물질의 성질에 대한 정보가 많을수록 신속하게 좋은 시험 방법을 결정할 수 있다.

3.7.2 매트릭스의 성질[7]

■ 혈청, 혈장, 전혈 시료

혈청과 혈장 시료는 SPE 추출을 위해서 사전 처리 과정이 필요하지 않을 수도 있지만, 대부분의 경우에 의약품과 같은 분석 물질은 단백질과 결합이 되어 있기 때문에 사전 처리 과정 없이 곧바로 고체상 추출을 할 경우에는 절대 회수율이 줄어들 수 있다. 이러한 생체 시료들을 SPE 방법을 이용하여 효과적으로 시료 전처리를 하기 위해서는 단백질 결합에 의한 방해를 제거하는 과정이 우선 되어야 하는데 그 방법들은 다음과 같다: 1) 0.1 M 또는 그 이상의 농도의 산이나 염기를 사용하여 시료의 pH를 3 이하 또는 9 이상으로 조절한 후 상층액을 SPE에 적재하여 추출한다. 2) 아세토나이트릴, 메탄올, 아세톤과 같은 극성 용매를 시료 부피의 2배 정도 첨가하여 혼합한 후 원심분리하여 단백질을 침전시킨 다음, 상층액을 취하여 물이나 완충 용액으로 묽힌 후 SPE에 적재하여 추출한다. 3) formic acid, perchloric acid, trichloroacetic acid, ammonium sulfate, sodium sulfate, zinc sulfate 등과 같은 산이나 무기염을 사용하여 단백질을 침전시킨 후 상층액의 pH를 조절한 다음 SPE로 추출한다. 4) 시료를 15분 정도 초음파 처리 후에 물이나 완충 용액을 가하고 원심분리한 후에 상층액을 취하여 SPE로 추출한다.

■ 소변 시료

소변 시료도 사전 처리 과정 없이 곧바로 SPE에 적재할 수 있지만 물이나 적절한 pH의 완충 용액을 사용하여 묽힌 후에 SPE에 적재한다. 경우에 따라서는 분석하고자 하는 물질들이 대사 과정에 의해서 glucuronide, sulphate 등과 콘쥬게이션(conjugation)이 되어 있을 수 있기 때문에 이들을 떼어내기 위해서(free form) 산 가수 분해(염기성 화합물을 분석하기 위해서) 또는 염기 가수 분해(산성 화합물을 분석하기 위해서)를 한다. 보통은 강산(예 진한 염산)이나 강염기(예 10 M 수산화 포타슘)를 소변에 가한 후 15~20분 정도 가열하여 가수 분해시킨 다음에 냉각 후 완충 용액을 가하고 적절하게 pH를 조절하여 SPE에 적재하여 추출한다. 경우에 따라서는 효소 가수 분해를 시키는 방법을 사용하기도 한다.

■ 우유 시료

우유 시료는 물이나 물과 메탄올(50%까지 가능)과 같은 극성 용매의 혼합물로 묽혀서 SPE에 적재한다. 단백질 침전을 위해서는 염산, 황산, trichloroacetic acid와 같은 산을 사용하며, 침전 후에 시료를 원심분리하고 상층액을 취하여 SPE에 적재하여 분석 물질을 추출한다.

■ 환경 물 시료

식수, 지하수, 폐수 등 환경 물 시료는 고체 입자가 많이 포함되어 있지 않으면 곧바로 SPE에 적재할 수 있다. 하지만, 지하수와 폐수는 고체 입자들이 많이 포함되어 있는 경우가 많으므로 SPE 적재 전에 필터링을 해줄 필요가 있는데, 이 경우에 분석 물질이 제거된 입자에 결합되어 있으면 필터링으로 인하여 추출 효율이 감소하게 되므로 가능하면 필터링을 하지 않는 것이 바람직하다.

■ 와인, 맥주, 기타 음료

알코올 음료나 기타 음료는 역상이나 이온 교환 조건에서 사전 처리 과정 없이 SPE에 직접 적재할 수 있다. 역상 SPE를 사용할 경우 알코올 함량이 높을 경우에는 물이나 완충 용액을 사용하여 알코올 농도를 10% 이하로 줄이는 것이 좋고, 시료 중에 고체 입자가 있으면 원심분리나 필터링으로 이를 제거하는 것이 바람직하다.

■ 과일 주스

원심분리하여 상층액을 SPE 카트리지에 적재하며, 점도가 높은 주스는 물로 묽히거나 적절한 pH의 완충 용액으로 묽혀 줄 필요가 있다.

■ 액체상 의약품

액체상 의약품은 주로 수용액이므로 역상이나 이온 교환 SPE에서 전처리하는 것이 일반적이다. 시료의 점도가 높으면 물이나 적절한 완충 용액으로 묽혀서 사용한다.

■ 오일

탄화수소 오일이나 지방 오일은 물로 묽힐 수 없기 때문에 정상상 SPE 조건에서 처리하는 것이 일반적이다. 시료를 희석시킬 때는 헥세인이나 염소 용매와 같은 중간 극성에서 무극성 용매를 사용한다. 묽혀진 시료는 정상상 실리카나 흡착 매질에 적재시킨다. 분석하고자 하는 화합물은 머무름이 없이 빠져나오고 불순물은 흡착제에 그대로 남아 있다. 분석 물질이 고체 정지상에 머물러 있으면 극성도를 높인 용매를 사용하여 고체상을 계속해서 씻어 준다.

■ 토양과 침강물 시료

토양과 침강물 시료는 보통 속슬렛 추출법이나 초음파 추출 방법을 통하여 중간 극성~극성 범위의 용매를 사용하여 추출한다. 이 추출물을 정상상 SPE

에 적재하여 방해 물질을 제거하고 깨끗하게 된 추출물을 다시 휘발시키고 다른 용매로 재용해시켜서 또 다른 SPE 추출 과정을 거친다. 분석 물질의 추출 효율이 pH에 의존하면 토양과 침강물 시료는 SPE 추출이나 정제 전에 적절한 pH에서 물로 균질화시킨다. 시료의 양이 적을 경우에는 적절한 용매로 균질화시킨 후에 입자에 의해서 카트리지가 막히지 않도록 SPE 장치에 통과시키면 된다.

■ 식물 조직, 과일, 채소, 곡식 시료

식물 조직, 과일, 채소, 동물 사료와 곡물과 같은 것들은 물이나 극성 유기 용매(예 메탄올이나 아세토나이트릴) 또는 이들 용매들의 혼합물에서 균질화시킨 후 역상이나 이온 교환 SPE에서 정제 과정을 수행하고, 원심분리나 필터링을 통해서 침전된 단백질과 고체들을 제거한다.

■ 육류, 생선, 동물 조직

육류, 생선 및 동물 조직은 고체 과일과 채소와 동일한 방법으로 진행한다. 추가적으로 물을 넣어서 균질화시킨 다음, 염산이나 trichloroacetic acid와 같은 산을 사용하여 육류나 조직을 가수 분해나 삭임(digestion)을 할 수 있고, 수산화 소듐과 같은 염기로 비누화 반응을 진행하고 원심분리하여 상층액을 취해서 역상과 이온 교환 SPE 추출 과정을 진행할 수도 있다. 중간~무극성 용매를 사용하여 얻은 조직 추출물은 정상상 SPE 추출 과정을 진행한다.

■ 정제와 고체 의약품

정제(tablet)와 고체 의약품은 고운 가루로 만든 후 물이나 적절한 완충 용액으로 균질화시킨 후 SPE 추출 과정을 거치며, 중간~무극성 용매를 사용하여 정상상 SPE에서 정제 과정을 거칠 수 있다.

- 시료 중에 oil, fat, lipid 등이 포함되어 있으면 사전에 액체-액체 추출법을 사용해서 이들을 제거하는 것이 효과적이다.
- 시료 중에 무기염이 포함되어 있다면 이온 교환 방법을 사용하거나, 염 제거용 컬럼을 사용하거나, 투석을 시키거나, 무극성 수착제에 시료를 통과시키는 방법 등으로 염을 제거해야 한다.

- 혈장이나 혈청 등 단백질이 존재하는 시료는 pH를 변화시키고, chaotropic agents 나 유기 용매로 변형시키고, 산이나 유기 용매로 침전시킨다.
- 시료가 너무 점도가 높으면 해당하는 용매를 사용하여 묽힌다.

응용

- **개요** 사람의 소변으로부터 부식 억제제, 방염제, 김서림 방지제 등으로 사용되는 benzotriazole 유도체 5종과 benzothiazole 유도체 5종을 고체상 추출법(SPE)을 이용하여 추출한 후 LC/MS/MS로 분석[8]
- **시료** 소변
- **분석 물질** Benzotriazole 유도체 5종과 benzothiazole 유도체 5종
- **시료 전처리** 소변 2 mL에 β-glucuronidase가 포함된 1 M ammonium acetate 4 mL를 넣고 37°C에서 24시간 동안 가수 분해시킨 후, 정제수 20 mL로 묽히고 pH를 3으로 조절한다. 메탄올 10 mL로 컨디셔닝하고 정제수 10 mL로 평형화시킨 Oasis HLB 카트리지에 시료를 적재하고 카트리지를 진공 하에서 15분 동안 건조시킨다. 카트리지를 물(pH 3)/MeOH (95 : 5) 용액으로 세척 후 진공하에서 건조시킨다. 분석 물질은 MeOH/ACN(1 : 1) 혼합 용액으로 용리한 후, 용매는 질소 기체를 사용하여 건조 직전까지 휘발시키고 MeOH/ACN(1 : 1) 용액 200 μL로 재용해시킨 후 LC/MS/MS에 주입하여 분석한다.
- **기타** Oasis HLB와 Strata-X CW 카트리지에 대한 추출 및 분리를 비교: 두 카트리지는 모두 소수성과 친수성 성질을 가지고 있으며, Strata-X CW는 양성자가 제거된 carboxylic acid 모핵(moiety)을 가지고 있어서 강한 양성자 교환에 의해 염기성 화합물의 머무름이 더 강하게 만들어져 있다.

힌트 **Oasis HLB 카트리지**

- Waters사 제품인 고체상 추출(SPE) 카트리지인 HLB는 Hydrophilic-lipophilic-balanced 역상 수착제로 소수성(divinylbenzene)과 친수성(N-vinylpyrrolidone) 기능기가 동시에 존재하여 산성, 염기성, 중성 화합물을 추출하는 데 사용되고 있다.

- Waters사 Oasis 시리즈 고체상 추출 카트리지들의 적용 분석 물질은 다음과 같다: HLB (Hydrophilic–lipophilic–balanced): 산성, 염기성, 중성 화합물, MCX (Mixed cation exchange): 염기성 화합물, MAX (Mixed anion exchange): 산성 화합물, WCX (Weak cation exchange): 강염기성 및 quaternary amines 화합물, WAX (Weak anion exchange): 강산성 화합물의 추출에 적용

 **Strata–X CW 카트리지**

- Phenomenex사 제품인 고체상 추출(SPE) 카트리지인 Strata–XCW는 카복실산 리간드가 있어서 약한 양이온 혼합물 형태의 수착제로서 강염기성 화합물($pK_a \geq 8$)을 추출하는 데 사용되고 있다.
- Strata–X 시리즈 고체상 추출 카트리지의 성질을 살펴보면 다음과 같이 분석 물질의 추출에 적용할 수 있다: X: 중성 화합물, X–A: 약산성 화합물($pK_a \geq 2$), X–AW: 강산성 화합물($pK_a \leq 5$), X–C: 약염기성 화합물($pK_a \leq 10.5$), X–CW; 강염기성 화합물($pK_a \geq 8$) 추출에 적용

- **개요** 하천수의 부유 퇴적물(suspended particulate matter, SPM)에 존재하는 PAHs (polycyclic aromatic hydrocarbons), PCBs (polychlorinated biphenyls), PBDEs (polybrominated diphenyl ethers), OCPs (organic chlorinated pesticides) 등 환경 오염 물질을 고체상 추출법(SPE)을 사용하여 추출하고 GC/MS로 분석[9]
- **시료** 하천수의 부유 퇴적물
- **분석 물질** PAHs, PCBs, PBDEs, OCPs
- **시료 전처리** 고체상 추출 디스크인 C18 AR 추출 디스크를 아세톤과 정제수로 컨디셔닝한 후, 수용액 시료의 pH를 조절한 다음, 50 mL/min 속도로 시료를 적재한다. SPE 디스크를 SPM을 포함해서 30분 동안 진공 하에서 건조시킨 후, 아세톤 4 mL로 4회 추출한다. 추출된 용출물은 질소 기체를 사용하여 1.5 mL까지 농축한 후 GC/MS에 주입하여 분석한다.
- **기타** 본 논문에서는 고체상 추출법 확립을 위해서 수착제의 영향을 비롯하여, SPE 디스크 형태, 컨디셔닝 부피, 시료 적재 속도, pH, 건조 시간, 추출 용매, 추출 부피 등에 대한 비교와 함께 LLE 방법과 속슬렛 추출 방법도 병행하였다.

- **개요** 육류 근육 중에 잔류하는 항생제인 페니실린류를 고체상 추출법(SPE)으로 추출/정제한 후 LC/MS/MS로 분석[10]
- **시료** 소, 돼지, 닭의 근육
- **분석 물질** 페니실린류 8종
- **시료 전처리** 소, 돼지, 닭의 근육을 잘게 갈아서 균질화시킨 후 냉동시키고 분석 시에는 4 g을 사용한다. 시료에 내부 표준 물질을 넣은 후 15분 동안 실온에서 방치한다. 이후 물 2 mL를 넣고 1분 동안 교반하여 추출하고, 여기에 아세토나이트릴 20 mL를 넣고 1분 동안 교반하여 단백질을 침전시킨다. 3500 rpm에서 5분 동안 원심분리한 후 혼합 용액을 질소를 사용하여 휘발시킨다. 50 mM 인산 완충 용액을 사용하여 pH를 조절한 후 이 용액을 SPE 절차에 따라 정제한다. ENV+Isolute 카트리지를 MeOH 2 mL, 정제수 2 mL, 50 mM 인산 완충 용액으로 컨디셔닝한다. 인산 완충 용액에 녹아 있는 시료를 적재한 후, 다시 완충 용액 3 mL와 정제수 1 mL로 세척한다. 이후 메탄올 2 mL와 아세토나이트릴 2 mL로 용리한다.
- **기타** 정제를 위해서 ENV+Isolute, Bond Elut C18, Oasis HLB, Oasis MAX 카트리지를 비교하였다.

거품 방지

물과 아세토나이트릴이 혼합된 용액에서 유기 용매를 휘발시킬 경우에 생길 수 있는 거품을 방지하기 위해서는 포화 염화 소듐(NaCl) 용액을 약간 넣어 준다.

- **개요** 소의 우유 중에 잔류하는 박테리아 감염 치료제인 enrofloxacin과 대사체를 고체상 추출법으로 추출한 후 CE (capillary electrophoresis)로 분석[11]
- **시료** 우유
- **분석 물질** Enrofloxacin, ciprofloxacin
- **시료 전처리** 냉동된 소의 우유를 녹여서 25 mL를 취한다. 2 M HCl 2.6 mL를 넣어서 단백질을 제거하고 8000 rpm에서 8분 동안 원심분리하여 지방을 제거한다. 얇은 막 필터를 통과시킨 추출물 10 mL를 HLB 카트리지에 통과시킨다. 2 mL 정제수로 세척 후 MeOH 2 mL로 용리한 후 질소로 휘발시킨 다음 정제수 300 μL에 재용해시켜서 CE에 주입한다.

단백질 및 지방 제거

단백질과 결합된 화합물은 크로마토그래피를 사용하여 분석할 때 염산을 사용하여 단백질을 침전시켜서 제거하고, 지방은 원심분리하여 제거한다.

- **개요** 혈청, 혈장, 소변 중에 함유된 약물을 고체상 추출법(SPE)으로 추출한 후 LC/MS/MS로 분석[12]
- **시료** 혈청, 혈장, 소변
- **분석 물질** Psilocin, bufotenine, LSD 및 대사체들
- **시료 전처리** 혈청/혈장 시료 1 mL나 소변 시료 0.5 mL를 0.1 M 인산 완충 용액(pH 6) 2 mL로 묽히고, 추출 과정 동안 빛과 공기에서 불안정한 psilocin의 안정화를 위해서 0.1 M ascorbic acid 10 μL를 첨가한다. 소변의 경우는 β-glucuronidase를 넣고 37°C에서 4시간 동안 배양한다. 내부 표준 물질을 넣고 vortexing한 후 4000 rpm에서 10분 동안 원심분리한다. 1.5 mL 메탄올과 인산 완충 용액으로 컨디셔닝한 후 Oasis MCX 카트리지에 시료를 적재한다. 그다음 인산 완충 용액 2 mL, 정제수 2 mL, 메탄올 2 mL로 세척한 후 5분 동안 질소로 건조시킨다. 다시 아세트산 에틸 2 mL로 세척 후 5분 동안 질소로 건조시킨다. Methylene chloride/isopropanol(80 : 20) 용액으로 만들어진 2% ammonium hydroxide 1 mL를 카트리지에 흘려 주어 용리한 후(2회 반복), 0.01 M ascorbic acid 10 μL가 첨가된 바이알에 넣는다. 용리액을 40°C에서 질소로 건조시킨 후 HPLC 이동상 100 μL에 재용해시켜서 LC/MS/MS에 주입하여 분석한다.

불안정한 물질 보호

빛에 노출되거나 질소 기체로 건조시킬 때 분해 또는 변하기 쉬운 psilocin과 같은 매우 불안정한 물질을 시료 전처리 과정 중에서 안전하게 보호하기 위해서는 ascorbic acid와 같은 항산화제를 넣어 준다.

- **개요** 고체상 추출법(SPE)을 이용하여 간장 등 식품 중에 함유된 발암성 물질인 4-MeI를 추출한 후 LC/MS/MS로 분석[13]

- **시료** 캐러멜 색깔을 나타내는 간장, 음료
- **분석 물질** 4(5)–Methylimidazole(4–MeI)
- **시료 전처리** 간장 시료 2.5 g을 10 mL 부피 플라스크에 넣은 후 물로 채우고(맥주나 탄산이 포함된 시료는 탄산을 제거하기 위해서 자석 막대로 실온에서 저어 준다), 묽혀진 간장 시료 0.8 mL를 메탄올 12 mL, 물 24 mL, 0.1% heptafluorobutyric acid (in water) 20 mL로 미리 컨디셔닝된 C18 카트리지에 적재한다. 0.1% heptafluorobutyric acid 12 mL와 물 8 mL로 세척한 후 10% 아세토나이트릴(in water) 10 mL로 용리한다. 유기 용매를 진공 회전 증발기를 사용하여 휘발시킨 후 0.1% formic acid/ammonium dormate/ water 900 μL로 재용해하여 LC/MS/MS로 분석한다.
- **기타** 추출의 용이함을 위해서 이온–쌍(ion–pair) 시약인 heptafluorobutyric acid를 사용하였다.

이온–쌍 추출(Ion–pair extraction)

- 이온–쌍 추출은 수용액에서 이온화되기 쉬워 유기상으로 추출하기 어려운 화합물에 반대 전하를 가진 적절한 이온을 넣어주어 이온–쌍을 형성함으로써 유기상으로 추출하는 방법으로, 이 방법은 HPLC에서도 사용된다.
- 일반적으로 사용되는 이온–쌍 시약으로는 염기성 분석 물질을 추출하기 위해서 propanesulfonic acid, butanesulfonic acid, 1–pentanesulfonic acid, 1–hexanesulfonic acid, 1–heptanesulfonoic acid, 1–octanesulfonoic acid, 1–nonanesulfonoic acid, 1–decanesulfonoic acid, 1–dodecanesulfonoic acid dodecylsulfate, trifluoroacetic acid, pentafluoropropionic acid, heptafluorobutyric acid, bis–2–ethylhexylphosphate 등이 주로 사용되고 있으며,
- 산성 분석 물질에 대해서는 triethylamine, tetramethylammonium bromide, tetraethylammonium bromide, tetrapropylammonium bromide, tetrabutylammonium bromide, tetrapentylammonium bromide, tetrahexylammonium bromide, tetraheptylammonium bromide, tetraoctylammonium bromide, hexadecyltrimetyl ammonium hrdroxide 등이 사용되고 있다(참고: Carson, M. C. *J. Chromatogr. A* 2000, 885, 343).

- **개요** 대기 중의 입자상 물질(particulate matter, PM)에 존재하는 PAHs (polycyclic aromatic hydrocarbons)와 산화 생성물을 속슬렛 추출법으로

추출한 후 고체상 추출법(SPE)을 사용하여 정제한 후 GC/NICI-MS를 이용하여 분석[14]

- **시료** 대기 중의 입자상 물질
- **분석 물질** PAHs 및 산화 생성물(nitro-, oxy-, hydroxyl-PAHs)
- **시료 전처리** 입자상 시료 10~50 mg을 glass thimble에 넣고 속슬렛에서 dichloromethane (DCM)과 MeOH로 각각 18시간씩 추출한 후 DCM 추출물은 100 μL까지 휘발시키고, MeOH 추출물은 완전히 건조시킨 후 DCM 100 μL로 재용해한다. 두 추출물을 n-hexane 1 mL로 묽혀서 고체상 추출(SPE)에 사용한다. DCM과 n-hexane으로 컨디셔닝한 aminopropyl 카트리지에 적재한 후 0~100% DCM (in n-hexane) 용액 6 mL (2×3 mL)와 50% 및 100% DCM (in MeOH)으로 연속해서 용리한다. 용리액은 질소를 사용하여 200 μL까지 농축하고 이를 두 개로 나누어 하나는 PAHs, oxy-PAHs, nitro-PAHs를 분석하고, 다른 하나는 hydroxyl-PAHs를 분석하기 위해서 완전히 건조시킨 후 BSTFA+TMCS 혼합 유도체화 시약 100 μL를 넣어서 70°C에서 6시간 동안 반응시켜서 GC/NICI-MS에 주입하여 분석한다.

SPE 카트리지의 컨디셔닝

고체상 추출(SPE)에서 정지상인 고체상 카트리지의 기능기를 활성화시키고 불순물을 제거하기 위해서 물 또는 유기 용매를 사용하여 컨디셔닝하는 것이 필수인데, 컨디셔닝하는 용매의 종류에 따라 분석 물질의 회수율에 영향을 미치게 되므로 이 과정 역시 추출률과 정밀도, 정확도 등에 있어 중요한 파라미터이다.

- **개요** 바닷물 중에 잔류하는 항균 물질인 quaternary ammonium 화합물을 고체상 추출법(SPE)으로 추출한 후 LC/MS로 분석[15]
- **시료** 바닷물, 인공 바닷물
- **분석 물질** Didecyldimethylammonium chloride, dodecylbenzyldimethylammonium chloride
- **시료 전처리** 바닷물 100 mL를 아세토나이트릴 5 mL와 증류수 10 mL로 컨디셔닝시킨 Strata-X 카트리지에 적재한 후 10% acetic acid 20 mL로 세척한다. 10% acetic acid로 산성화된 acetonitrile (A)과 10% acetic acid (B) 혼합용액(A : B=90 : 10) 8.5 mL로 용리한다. 추출물은 10 mL perfluorakoxy

(PFA) 부피 플라스크에 옮기고 내부 표준 물질을 첨가한 후 10 mL 표선까지 용리 용액으로 채운 다음, 실란화된 바이알에 옮겨서 LC/MS에 주입하여 분석한다.

- **기타** Quaternary ammonium 화합물의 여러 종류의 유리 용기 및 플라스틱 용기들에 흡착되는 정도를 살펴보았다.

Quaternary ammonium 화합물

Quaternary ammonium 화합물은 유리나 플라스틱 용기에 쉽게 흡착되기 때문에 추출에 많은 영향을 미친다. 따라서 이들 분석 물질과 접촉하는 유리 용기들은 비양이온성 세제 용액에 밤새 담가 둔 후, 다시 분석 물질이 아닌 다른 quaternary 화합물이 녹아 있는(이 논문의 경우는 50 mg/L) 용액에 밤새 담가 둔다. 이후에 탈이온수로 세척한 후 사용한다. 이와 같이 미리 강한 quaternary ammonium 용액으로 포화시켜줌으로써 유리 표면을 비활성화시켜 quaternary ammonium 분석 물질이 유리 표면에서 안정하고, 오염되지 않고 분석이 가능하게 된다.

- **개요** 강물과 폐수 중에 잔류하는 의약품을 실험실에서 만든 고체상 추출(SPE) 카트리지를 사용하여 추출한 후 LC/MS로 분석[16]
- **시료** 강물과 폐수
- **분석 물질** β-차단제, 비스테로이드성 소염제(NSAIDs)
- **시료 전처리** 표면적이 넓고 소수성인 다중 벽면 탄소 나노튜브(multiwalled carbon nanotubes) 20 mg을 1 mL polypropylene syringe에 채워서 실험실에서 만든 고체상 추출(SPE) 카트리지를 메탄올 2 mL와 pH 8로 조정한 정제수 2 mL로 활성화시킨다. 염화 포타슘 0.01 M이 포함된 수용액 시료 100 mL를 카트리지에 적재한다. 카트리지를 공기로 5분 동안 건조시키고 다시 질소 기체로 5분 동안 건조시킨 다음, 수산화 암모늄이 10% 포함된 메탄올 7 mL로 용리시킨다. 추출물을 질소 기체로 건조시킨 후 아세토나이트릴/물(10 : 90) 용액 1 mL로 재용해시킨 후 LC/MS/MS로 분석한다.
- **기타** 용리 용액은 순수한 것보다 수산화 암모늄이나 염산이 2% 정도 혼합된 유기 용매(메탄올, 아세토나이트릴, 아세톤)가 분석 물질의 추출률을 높였다.

고체상 추출(SPE) 수착제로서의 탄소 나노튜브

탄소 나노튜브(carbon nanotube, CNT)는 수소 결합, $\pi-\pi$ 결합, 정전기 힘, van der Waals 힘, 소수성 상호 작용 등과 같은 비공유 결합을 통해서 유기 분자들과 강하게 상호 작용하는 전자적 성질을 가지고 있다. 나노튜브 번들 내에서 좁은 틈을 형성하는 공간들과 바깥쪽에서의 굴곡된 큰 수착 표면 등과 관련된 성질들은 CNT가 좋은 수착제로 사용될 수 있다는 것이다.

- **개요** 소변과 혈장 중에 있는 마약류를 마이크로-SPE 추출 장치를 통해서 추출한 후 LC/MS/MS로 분석[17]
- **시료** 소변, 혈장
- **분석 물질** Amphetamine, methamphetamine, psilocybin, cocaine 등 마약류 12종
- **시료 전처리** 마이크로-고체상 추출을 위해서 OMIX C18 tip을 사용하였으며, 물/아세토나이트릴(1 : 1) 혼합 용액과 물/메탄올(9 : 1) 혼합 용액으로 컨디셔닝한다. 혈장 시료는 그대로 사용하며, 소변 시료는 정제수로 1 : 1로 묽힌 후 180 μL를 취해서 내부 표준 물질이 포함된 메탄올 20 μL와 혼합한다. 혼합 용액을 실온에서 6분 동안 초음파로 추출하며 단백질 침전을 위해서 8000 rpm에서 5분 동안 원심분리한다. 상층액 100 μL를 취해서 고체상 팁(tip)에 통과시킨 후 정제수 100 μL로 세척하고 10 mM formic acid가 포함된 메탄올 100 μL로 용리한다.

- **개요** 하천수 중에 잔류하는 PPCPs (pharmaceuticals and personal care products)를 고체상 추출법(SPE)으로 추출한 후 LC/MS/MS로 분석[18]
- **시료** 하천수
- **분석 물질** Lincomycin, chlortetracycline 등 10종
- **시료 전처리** 하천수 시료 500 mL에 Na_2-EDTA와 surrogate를 넣고 황산 용액을 사용하여 pH를 3으로 조절한다. 미리 컨디셔닝한 Oasis HLB 카트리지와 MCX 카트리지를 직렬로 연결하여 시료를 적재하고, 카트리지를 분리하여 HLB 카트리지는 정제수 1 mL로 세척한 후 메탄올 8 mL로 용리하고, 다시 두 카트리지를 재결합하여 메탄올 6 mL로 용리한다. 다시, 두 카트리지를 분리하여 5% NH_4-hydroxide-methanol 용액 4 mL로 용리한 후 용리물

을 합해서 질소로 건조시키고 500 μL ammonlum acetate로 재용해시킨 후 필터링하여 LC/MS/MS로 분석한다.

- **기타** HLB와 MCX 카트리지를 동시에 사용하여 극성도의 차이가 큰 화합물들을 동시에 추출하였다.

■ 참고문헌 ■

1 Mitra, S., *Sample Preparation Techniques in Analytical Chemistry*, John Wiley & Sons, **2003**, Ch 2.

2 Hansen, S.; Pedersen-Bjergaard, S.; Rasmussen, K., *Introduction to Pharmaceutical Chemical Analysis*, **2012**, Ch 18.

3 Nickerson, B., *Sample Preparation of Pharmaceutical Dosage Forms*, Springer, **2012**, Ch 4.

4 Pawliszyn, J. *Comprehensive Sampling and Sample Preparation Analytical Techniques for Scientists*, Elsevier, **2012**, Ch 2.

5 http://www.sigmaaldrich.com/analytical-chromatography/sample-preparation/spe/tube-configuration-guide.html

6 Pawliszyn, J.; Lord, H. L. *Handbook of sample preparation*, John Wiley & Sons, **2010**, Ch 4.

7 Supelco, *Guide to Solid Phase Extraction*, Bulletin 910, Sigma-Aldrich Co., **1998**.

8 Asimakopoulos, A. G.; Bletsou, A. A.; Wu, Q.; Thomaidis, N. S.; Kannan, K. *Anal. Chem.* **2013**, *85*, 441.

9 Erger, C.; Balsaa, P.; Werres, F.; Schmidt, T. C. *J. Chromatogr. A* **2012**, *1249*, 181.

10 Macarov, C. A.; Tong, L. Martinez-Huelamo, M.; Hermo, M. P.; Chirila, E.; Wang, Y. X.; Barron, D.; Barbosa, J. *Food Chem.* **2012**, *135*, 2612.

11 Pinero, M.-Y.; Garrido-Delgado, R.; Bauza, R.; Arce, L.; Valcarcel, M. *Electrophoresis* **2012**, *33*, 2978.

12 Martin, R.; Schurenkamp, J.; Gasse, A.; Pfeiffer, H.; Kohler, H. *Int. J. Legal Med.* **2013**, *127*, 593.

13 Yamaguchi, H.; Masuda, T. *J. Agric. Food Chem.* **2011**, *59*, 9770.

14 Cochran, R. E.; Dongari, N.; Jeong, H.; Beranek, J.; Haddadi, S.; Shipp, J.; Kubatova, A. *Anal. Chim. Acta* **2012**, *740*, 93.

15 Bassarab, P.; Williams, D.; Dean, J. R.; Ludkin, E.; Perry, J. J. *J. Chromatogr. A* **2011**, *1218*, 673.

16 Dahane, S.; Gil Garcia, M. D.; Martinez Bueno, M. J.; Ucles Moreno, A.; Martinez Galera, M.; Derdour, A. *J. Chromatogr.* A **2013**, *1297*, 17.

17 Napoletano, S.; Montesano, C.; Compagnone, D.; Curini, R.; D'ascenzo, G.; Roccia, C.; Sergi, M. *Chromatographia* **2012**, *75*, 55.

18 Koo, S. H.; Jo, C. H.; Shin, S. K.; Myung, S.-W. *Bull. Korean Chem. Soc.* **2010**, *31*, 1192.

제4장

고체상 미량 추출법

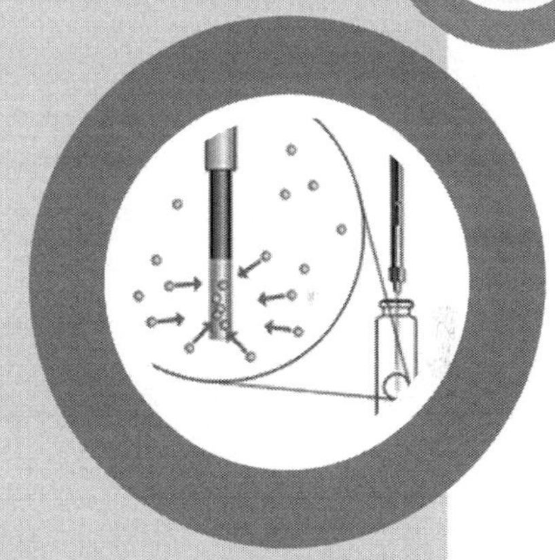

화학 분석의 시험 방법 개발에 있어서 중요한 요소 중 하나는 "고효율(high-throughput)"이다. 이는 동시에 신속하게 많은 수의 시료를 분석하는 방법을 일컫는다. 전통적인 액체-액체 추출법(LLE)이나 고체상 추출법(SPE)에도 많은 발전이 있었으나 고효율 시료 전처리는 그다지 쉽지만은 않다. 특별히, 많은 양의 시료가 필요하고, 유해한 유기 용매가 많은 양 소비되며, 시간도 오래 걸리고, 시험 방법도 지루한 것이 그동안의 시험 방법이었다면, **고체상 미량 추출법(solid phase microextraction, SPME)**은 이러한 단점들을 극복하는 데 크게 기여한 시험 방법이다.

SPME 방법은

1) 유기 용매가 거의 필요 없거나 극소량 사용되고,
2) 매우 적은 양의 시료만 필요하고,
3) 시료 전처리 시간이 짧으며,
4) 고효율 분석을 위한 자동화가 가능하며,
5) 액체는 물론, 고체나 기체 매트릭스로부터 분석 물질의 추출과 사전 농축이 가능하며,
6) in vivo 실험이나 현장 실험에 적용이 가능하는 등 여러 가지 장점을 가지고 있다.[1]

SPME 추출법은 1989년에 Pawliszyn 교수에 의해 처음 개발되었는데, 역사는 짧지만 여러 가지 장점들로 인하여 수동적인 방법은 물론이고 GC와 HPLC 등 크로마토그래피 기기에 연결하여 분석 물질의 추출/농축/정제와 시료 주입까지 자동화시킨 방법으로 많이 사용되고 있다. 고체상 미량 추출법은 고체상 추출법(SPE)의 한 부류에 속하지만 최근 시료 전처리 방법에서 빈번하게 사용되고 있는 방법 중 하나이기 때문에 본 장에서 따로 논하기로 한다.

초창기 수동형 SPME 장치는 그림 4.1과 같으며 현재까지도 이런 형태의 추출 장치가 사용되고 있다. SPME는 실리카 화이버(silica fiber) 위에 코팅된 소수성 수착제(정지상)를 수용액 시료에 잠기게 해서 추출하거나, 고체나 액체 시료가 들어 있는 용기의 헤드스페이스(headspace) (혹은 기체상)에 수착제를 노출시켜서 분석 물질을 흡착시킨 후 이를 GC나 HPLC의 주입구에 직접 주입하여 열이나 용매를 사용하여 분석 물질을 탈착시켜서 분석하는 추출/농축/정제가 일체화되어 있는 시료 전처리 방법이다.

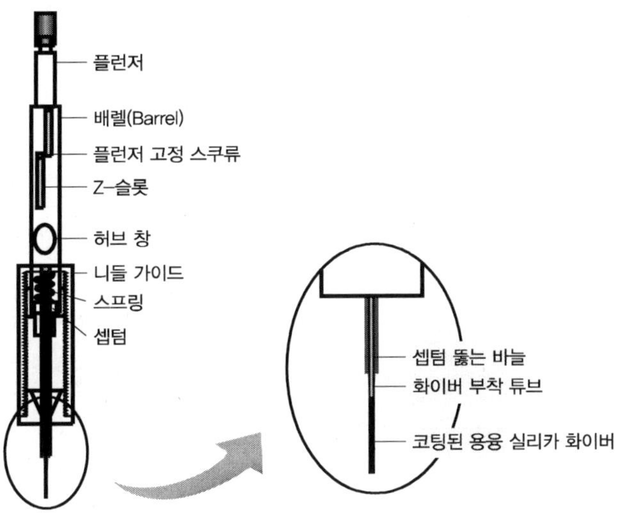

[그림 4.1] SPME 장치 및 화이버[2]

SPME의 수착제로 가장 일반적으로 사용되는 물질은 polydimethylsiloxane (PDMS)인데 이는 무극성 정지상이며, 이를 변형시켜서 여러 가지 극성도를 가진 수착제들이 판매되고 있다. 한편, 용융 실리카 PDMS가 코팅된 화이버는 높은 온도(300°C)에서도 안정하고 직경이 작아서 미량 주사기 모양을 하고 있는 SPME holder의 바늘 안에 들어가도록 해서 기기에 주입 시 수착제를 보호하고 있기 때문에 GC나 HPLC의 주입구에 직접 주입이 가능하다. GC에서는 높은 온도(200~300°C)의 주입구에 수착제를 노출시키면 수착제에 흡착된 화합물은 탈착이 이루어진 후 GC의 운반 기체(carrier gas)에 의해 컬럼으로 들어가서 분리가 이루어지고, HPLC에서는 특별히 부착한 SPME 주입을 위한 용매 탈착 장치에 주입하여 SPME 수착제에 흡착된 분석 물질을 용매를 이용하여 탈착시킨 후, 탈착된 화합물이 이동상 용매에 의해 컬럼으로 유입하게 하는 방법을 사용하고 있다.

SPME는 극성이나 무극성 화학종을 추출한 후 GC나 HPLC에 주입하여 분석하게 되는데, GC나 GC/MS에서는 주로 무극성이고 휘발성이며 열적으로 안정한 화합물을 분석하고, HPLC나 LC/MS에서는 극성이고 비휘발성이며 열적으로 불안정한 화합물을 분석하는 데 이용되고 있다.

4.1 추출 원리

SPME는 그림 4.2에서 보는 바와 같이 용융 실리카 화이버의 바깥에 얇은 고분자 수착제가 코팅("정지상" 또는 "수착제"와 동일한 의미로 사용될 것이다) 되어 있으며, 분석 물질이 들어 있는 시료(수용액 혹은 기체상)에 정지상을 일정 시간 동안 노출시켜서 분석 물질을 흡착시킨 후 분석 기기(GC 혹은 HPLC)에 주입한다. 고체상 추출법에서 정지상에 해당하는 화이버가 시료와 접촉을 하게 되면 분석 물질들은 시료 매트릭스로부터 정지상으로 흡착이나 흡수에 의한 분배가 일어난다. 시료 매트릭스와 정지상 간에 분배 평형에 도달한 후 GC나 HPLC에 주입시켜서 열이나(GC) 유기 용매(HPLC)를 사용하여 수착된 물질을 탈착시켜서 분석 기기의 컬럼으로 이동시킨다.

분배 평형에서 정지상에 흡착된 화합물의 양은 시료 내에 있는 화합물의 농도와 직접 관련이 있다:[3]

$$n = \frac{KV_2C_0V_1}{KV_2 + V_1} \qquad \text{식 (4.1)}$$

(n: 정지상에 흡착된 화합물의 몰수, K: 정지상과 시료상 사이의 화합물의 분배 계수, C_0: 시료 중 화합물의 초기 농도, V_1: 시료의 부피, V_2: 정지상의 부피)

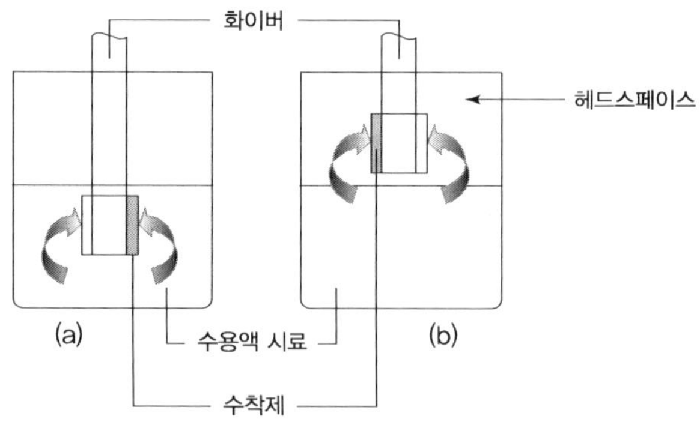

[그림 4.2] (a) 수용액에 시료에 수착제를 직접 담근 방법 (b) 헤드스페이스 방법

정지상은 유기 분자에 대해서는 친화성을 가지고 있고, 수용액에는 소수성을 가지고 있으므로 분배 계수 K 값은 매우 크다. 따라서 수용액이나 기체상에서 분석 대상 물질들을 농축시키는 데 매우 유리하며 감도도 좋다. 하지만 분배 계

수 값이 크다 하더라도 시료 중에 포함되어 있는 화합물 전체를 추출해 내지는 못한다. 따라서 SPME 방법은 평형과 관련된 추출법이며 검정 곡선 등을 통하여 정량 분석이 가능하다.

위 식(4.1)에서 시료의 부피 V_1는 매우 크므로 (즉 $V_1 \gg KV_2$) 정지상에 추출된 화합물의 양은 다음과 같이 간편한 식으로 나타낼 수 있다.[4]

$$n = KV_2C_0 \qquad \text{식 (4.2)}$$

따라서 흡착량은 시료의 부피와는 상관 없음을 알 수 있다.

분배 계수가 크면 감도가 증가하기 때문에 유리한 면은 있지만, 평형에 도달하는 시간이 오래 걸린다는 단점이 있다. 이는 더 많은 분석 물질이 시료상으로부터 정지상으로 확산되어야 하기 때문이다. 또한 HPLC에서는 흡착된 분석 물질들을 유기 용매를 사용하여 탈착시키기 때문에 탈착 시간 동안 유기 용매에 의해 정지상이 부풀 염려도 있다.

4.2 SPME 추출에 영향을 미치는 요소들

SPME 방법에서 감도와 재현성에 영향을 미치는 요소들은 다양하다. 1) 추출 조건으로는 화이버 코팅제의 종류, 시료에 직접 담글 것인지 아니면 헤드스페이스에 노출시킬 것인지에 대한 추출 모드, 추출 과정 동안 저어주는 방법(agitation), 추출 시간, 시료 부피 등이 있으며, 2) 매트릭스의 변형 조건으로는 시료의 pH, 이온 세기, 시료 묽힘, 유기 용매의 양, 분석 물질의 유도체화, 시료의 온도 등이 있으며, 3) 탈착 조건으로는 분석 기기에 대한 SPME 연결 방법, GC와 HPLC 시스템에 대한 탈착 효율에 영향을 미치는 요소 등이 고려되어야 한다.

4.2.1 화이버 코팅제

SPME 시험 방법 개발에 있어 중요한 요소 중 하나는 화이버 코팅제, 즉 정지상의 선택이다. 이는 감도(화이버에 수착된 분석 물질의 분자수)가 화이버 코팅제와 시료 간의 분배 계수에 비례하기 때문이다. 현재까지 Supelco사 제품이 독점적으로 판매되고 있으며, 다양한 종류의 극성도와 필름 두께(7~100 ㎛),

길이(1 cm와 2 cm)의 단일 또는 혼합 중합체가 있다(표 4.1).[1]

[표 4.1] 판매되고 있는 SPME 정지상의 종류

코팅된 정지상	코팅 두께 (㎛)	온도 범위 (°C)	pH 범위	GC 주입 시 컨디셔닝 조건	극성도
Polydimethylsiloxane (PDMS)	100	200~280	2~10	30분, 250°C	무극성
Polydimethylsiloxane (PDMS)	30	200~280	2~11	30분, 250°C	무극성
Polydimethylsiloxane (PDMS)	7	220~320	2~11	60분, 320°C	무극성
Polyacrylate (PA)	85	220~300	2~11	60분, 280°C	극성
Carbowax-polyethylene glycol (PEG)	60	200~250	2~9	30분, 240°C	극성
Polydimethylsiloxane/ divinylbenzene (PDMS/DVB)	65	200~270	2~11	30분, 250°C	2중 극성
Polydimethylsiloxane/ divinylbenzene (PDMS/DVB)	60		2~11		2중 극성
Carboxen/ Polydimethylsiloxane (CAR/PDMS)	75	250~310	2~11	60분, 300°C	2중 극성
Carboxen/ Polydimethylsiloxane (CAR/PDMS)	85	250~310	2~11	60분, 3000°C	2중 극성
Divinylbenzene/carboxen/ polydimethylsiloxane (DVB/CAR/PDMS)	50/30	230~270	2~11	60분, 270°C	2중 극성
Octadecyl (C18) LC fiber	45		2~11		극성

단일 중합체이며 무극성인 polydimethylsiloxane (PDMS)는 무극성 분석 물질의 추출에 효율적이며, 극성인 polyacrylate (PA)는 극성 화합물의 추출에 효율적이다. Carbowax-polyethylene glycol (PEG)는 극성이 매우 큰 화합물의 추출에 유용하다. 혼합 중합체 코팅제인 carboxen/polydimethylsiloxane (CAR/PDMS), polydimethylsiloxane/ divinylbenzene (PDMS/DVB), divinylbenzene/ carboxen/ polydimethylsiloxane (DVB/CAR/PDMS)는 휘발성이며 분자량이 작고 극성이 큰 분석 물질의 추출에 이용된다(그림 4.3).[5]

식 (4.1)에서 설명한 바와 같이 분배 계수 K가 크면 분석 방법의 감도가 증가하며, 분석 물질과 유사한 물리·화학적 성질을 가진 화합물이 함께 추출될 수도 있다. 분석 물질의 감도를 높이기 위해 분석 물질에 대한 분배 계수가 큰 화이버를 선택해야 하는 경우에는 함께 추출된 매트릭스는 분석 기기인 GC나 HPLC에서 분리하거나 선택적인 검출기를 사용하여 선택적으로 분석해야 할 것이다.

앞에서도 언급되었듯이 분석 방법의 감도와 선택성을 증가시키는 방법 중에는 추출상, 즉 코팅된 정지상의 부피와 두께를 증가시키는 방법이 있다.[6] 하지만 정지상의 두께가 증가하면 분석 물질이 시료로부터 정지상으로 확산되는 데 시간이 더 소요되기 때문에 평형 시간도 더 오래 걸린다.[7] 그러므로 꼭 두꺼운 정지상을 사용하는 것이 좋은 방법은 아니다.

단일 중합체로 만들어진 정지상과 혼합 중합체로 만들어진 정지상의 추출 매커니즘은 다소 차이가 있다. 단일 중합체에서는 분석 물질의 확산 계수가 커서 분석 물질이 정지상 분자들에 의해 용해되어 정지상으로 스며들어 분배되는 흡수 과정이 기본 메커니즘인 반면에, 혼합 중합체에서는 확산 계수가 작아서 정지상의 표면에 달라붙는 흡착 과정이 기본이므로 추출 시간이 상대적으로 짧다는 장점이 있다.[2]

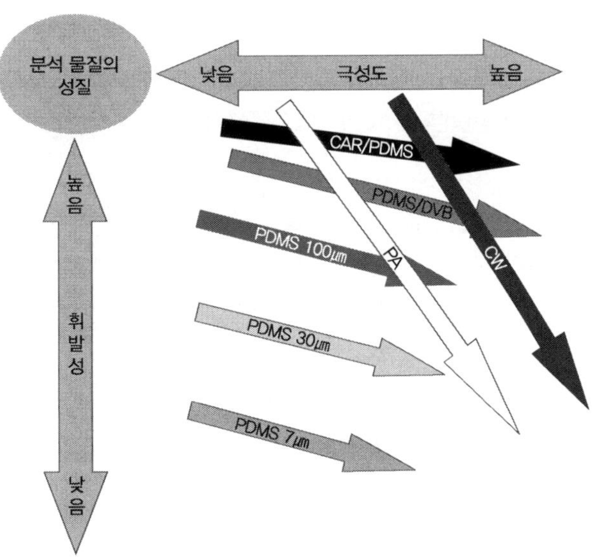

[그림 4.3] SPME 화이버 코팅제의 휘발성 및 극성도[5]

4.2.2 추출 모드

SPME에서 사용되는 추출 모드는 화이버를 시료 매트릭스 내에 완전히 잠기게 하여 추출하는 방법(direct-immersion, DI-SPME)과 시료 매트릭스 위에 있는 기화된 상에 노출시켜서 추출하는 헤드스페이스(HS-SPME) 방법이 있다.[3]

DI-SPME는 휘발성이 작고 극성도가 큰 화합물의 분석에 용이하며, HS-SPME는 휘발성이 크고 극성도가 작은 화합물의 분석에 효율적이다. HS-SPME에서는 시료로부터 헤드스페이스로의 질량 이동 과정이 속도 제한 단계이다. 따라서 휘발성이 큰 분석 물질은 휘발성이 작은 분석 물질에 비해서 추출 속도가 더 빠르다. 휘발성이 큰 분석 물질들은 휘발성이 작은 물질들에 비해 헤드스페이스에 높은 농도로 존재하므로 헤드스페이스로부터 추출할 때에는 헤드스페이스의 부피를 최소화해야 한다.[2] 또한 기체상에서의 확산 계수는 수용액상에서 보다 훨씬 커서 평형에 도달하는 시간이 짧아지기 때문에 휘발성 화합물을 분석하는 데 있어서 HS-SPME 방법은 DI-SPME에 비해 추출 시간이 상대적으로 짧다.

DI-SPME 모드에서는 시료 내에 단백질을 비롯하여 분자량이 크고 비휘발성인 성분이 복잡하게 섞여 있는 경우 대상 분석 물질과 이들 매트릭스 성분이 함께 정지상에 추출될 수 있다. 이들은 탈착 과정에서도 탈착이 되지 않고 일부가 화이버에 축적이 될 수 있기 때문에 분석의 재현성, 추출의 효율성, 화이버의 수명에 영향을 미치게 된다.[8] 따라서 이런 시료를 분석할 때는 시료를 묽혀서 추출하거나, 추출 정지상과 시료 사이에 물리적인 벽을 만들어 고분자량의 매트릭스 성분이나 입자가 정지상에 달라붙는 것을 막는 방법도 있다.

HS-SPME 방법은 기체상이나 입자가 존재하는 수용액 시료를 분석하는 데 사용할 수 있을 뿐만 아니라, 고체 시료로부터 휘발성 또는 준휘발성 화합물들을 분석하는 데 사용될 수 있다.

4.2.3 저어 주기

시료 매트릭스로부터 정지상으로 분석 물질의 질량 이동 속도를 높여 주기 위해서는 저어(agitation) 주는 방법이 필요하다. 분석 물질이 시료(수용액 또는 기체상)로부터 정지상으로 확산이 이루어지기 위해서는 정지상 가까이에 있는 분석 물질이 정지상으로 수착이 이루어진 후에 농도차에 의한 또 다른 확산이 존재해야 하는데, 분석 물질이 정지상에 수착된 다음에는 정지상과 근접하고 있는 시료층의 분석 물질의 농도는 작기 때문에 확산이 불리하다. 그러므로 새로운 농도의 시료가 정지상에 근접하게 되면 농도차가 커져서 확산이 빨리 일어나서 그만큼 정지상으로의 질량 이동 속도는 빨라지게 된다. 이를 위해서는 물리적으로 휘저어 주는 방법이 있는데, SPME 화이버는 정지시켜 놓고 시료를 움직여서 저어 주는 방법이 있고, 이와 반대로 시료는 고정시키고 SPME 화이버를 저어 주는 방법이 있다. 수용액 시료에서는 주로 전자의 방법을 많이 사용하고, 후자의 방법은 기체상을 추출할 경우(예 헤드스페이스법)에 주로 사용된다.

수용액 시료에서 저어 주기를 할 때는 테플론 코팅이 되어 있는 자석 젓개를 사용하는 것이 일반적이다. 이 경우 자석 젓개가 회전함으로 인해 수용액 시료의 온도가 증가하는 현상이 나타나서 추출에 영향을 미칠 수 있기 때문에 유의해야 한다.

4.2.4 추출 시간

분석 물질이 추출 정지상과 시료 사이에 분포 평형에 도달하였을 때 최대의 추출 효율이 나타난다.[9] 평형에 도달하기 위해서는 일정한 시간이 필요하며 이는 분석 물질의 분포 계수, 확산 계수, 추출상의 두께 등의 함수이며, 시료 중에 함유된 분석 물질의 농도에는 의존하지 않는다.[5] 추출되는 분석 물질의 양을 시간에 따라 도시하여 추출량이 더 이상 증가하지 않은 시점이 평형에 도달하는 시간이 되며, 이 시간을 최적의 추출 시간으로 정하는 것이 일반적이다. 평형에 도달하는 시간은 적게는 몇 분에서 길게는 며칠이 될 수도 있지만 SPME 추출에서 일반적인 추출 시간은 1시간 이내이다.

추출 시간을 평형에 도달하는 시간으로 정하는 것은 감도를 최대로 높이기 위한 것이지만, 실험의 오차를 줄여서 재현성을 향상시키기 위한 목적도 가지고 있다.

그림 4.4에서 보는 바와 같이 시간에 따른 분석 물질의 추출량을 도시하였을 때, 추출 시간을 정확하게 하지 않았을 경우에 평형에 도달하기 전에는 오차가 크지만(오차 A), 평형에 도달하는 지점 근처에서는 오차가 작다(오차 B).[10]

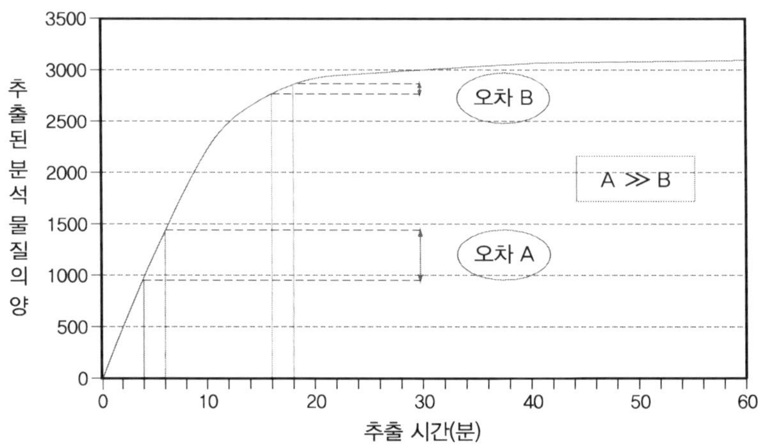

[그림 4.4] 분석 물질의 추출량에 대한 추출 시간 의존도

4.2.5 시료의 부피

식 (4.1)에서 보는 바와 같이 고체 정지상으로 추출되는 분석 물질의 양은 시료의 부피에 의존하며, 시료 부피가 증가하면 추출되는 분석 물질의 양은 증가한다. 하지만 이는 분배 계수 K와 추출 고체상의 부피 V_2의 곱이 시료의 부피 V_1과 비슷할 때에만 적용되며, 실제로는 시료의 부피 V_1이 $K \cdot V_2$보다 훨씬 크기 때문에 식 (4.2)와 같이 간략하게 되어 시료의 부피는 추출되는 양과 무관하다. 따라서 SPME 추출 실험에서는 시료의 부피가 추출에 거의 영향을 미치지 않기 때문에 정량 분석에 있어서도 시료 부피를 정확히 측정할 필요는 없다.

4.2.6 시료의 pH

SPME 추출 방법에서 사용되는 대부분의 상업용 화이버 코팅 물질은 해리가 되지 않은 화합물이나 중성형 화학종의 분석에 적용된다.[3] 따라서 SPME를 사용하여 분석할 때는 시료 중에서 이온화되어 있는 산성이나 염기성 화합물들을 중성형으로 만든 후에 화이버로 추출하는 것이 추출률을 높이는 것이다. 이를 위해서는 액체-액체 추출법에서 논의한 바와 같이 시료의 pH를 조절해 주어야 하는데, 산성 물질인 경우는 pH를 낮춰서 산성으로 조절해서 분석 물질을 중성형으로 바꾸어 주고, 염기성 물질은 pH를 높여서 중성 물질로 전환하여 고체 추출상으로 질량 이동이 일어나게 해 준다(그림 4.5).[6] 한편, 산성과 염기성 기능기를 둘 다 가지고 있는 화합물의 경우는 최적의 pH를 실험적으로 최적화하

는 방법밖에 없다.[11]

화이버를 직접 수용액에 잠기게 해서 추출할 경우에 수용액의 pH가 너무 낮거나(pH 2 이하) 너무 높으면(pH 10 이상) 점차적으로 코팅된 화이버의 손상이 일어나기 때문에 이 점을 유의해야 한다.

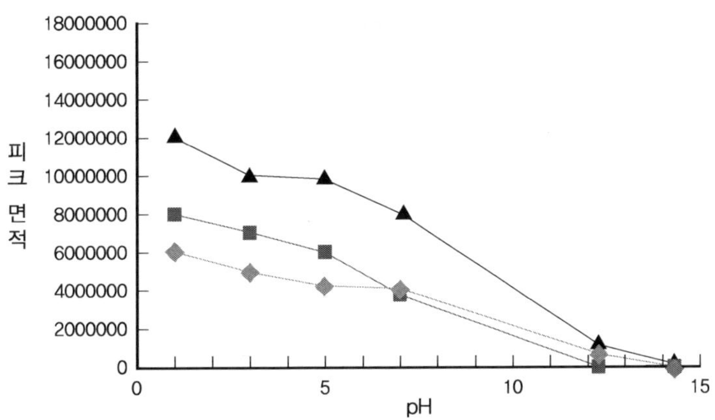

[그림 4.5] Methionin(◆), cystein(■), homocystein(▲)의 pH에 따른 추출률의 변화[6]

4.2.7 이온 세기

수용액 시료의 이온 세기는 물에 잘 용해되는 염(salt)을 첨가하여 조절할 수 있다. 일반적으로는 이온 세기(염의 농도)가 증가하면 수용액 내에서 유기화합물의 용해도가 감소하게 되어, 결국은 수용액 중에 용해되는 분석 물질의 양이 감소하여 SPME 추출상으로 분석 물질의 질량 이동이 많아지면서 추출 효율이 증가하게 된다. SPME 분석법에서 일반적으로 사용되는 염은 염화 소듐(NaCl), 황산 소듐(Na_2SO_4), 탄산 포타슘(K_2CO_3), 황산 암모늄($(NH_4)_2SO_4$) 등이 있다.[12]

수용액 시료에 염을 첨가(20~30%)하면 추출 효율이 증가하는 것이 보통이지만, 어떤 화합물의 경우는 오히려 감소하는 경우도 있다. 이는 시료가 용기의 벽에 대한 흡착이 증가해서 추출 효율이 감소한다는 주장도 있고,[13] 한편으로는 염과 분석 물질과의 상호 작용의 결과로서 분석 물질의 휘발성에 제한을 받았기 때문이라는 주장도 있다.[14]

[표 4.2] 염의 농도에 따른 추출 효율 비교[6]

pH	NaCl (%)	상대 추출률*	
		Pethidine	Methadone
7	0	1.00	1.00
	5	0.44	0.31
	10	0.49	0.41
	15	0.26	0.26
9	0	10.18	4.68
	5	11.72	1.89
	10	13.15	2.13
	15	15.23	3.83
11	0	10.90	19.94
	5	23.41	20.61
	10	28.54	12.41
	15	45.36	33.50
13	0	6.31	18.27
	5	13.90	13.78
	10	27.31	9.78
	15	28.38	12.95

* 시료가 pH 7.0과 0% NaCl일 때를 기준으로 한 상대적인 추출률이다.

4.2.8 시료의 묽힘과 유기 용매

매트릭스가 복잡한 시료에 대해서는 매트릭스 성분에 의해서 분석 물질의 추출률(감도)에 영향을 미칠 수 있으므로 시료를 묽혀서 감도를 증가시킬 수 있다. 매트릭스 성분이 복잡한 시료에서는 분석 물질이 매트릭스 성분과 결합한 형태를 가질 수도 있는데 이런 결과는 추출에 영향을 미치므로, 물로 묽혔을 때 농도는 감소하지만 분석 물질이 매트릭스 성분으로부터 자유로워져서 SPME 정지상으로의 질량 이동이 커질 수 있어서 감도가 증가한다.[15,16]

토양과 같은 고체 시료에서 휘발성 화합물은 고체 시료 매트릭스로부터 분석 물질을 휘발시킨 후 헤드스페이스로 질량 이동을 시켜서 추출하는 방법이 유리한데, 이것을 고체 시료에 소량의 물을 첨가함으로써 고체 매트릭스에 흡착한 분석 물질을 극성 물 분자들이 떼어내는 효과가 있기 때문이다.[17,18]

한편, 시료 내에 존재하는 유기 용매의 양이 최소화되어야 분배 계수 K의 감소가 없으며, 일반적으로는 유기 용매의 양이 시료 부피의 1%를 초과하지 않아야 분배 계수에 영향을 미치지 않는다.[1] 유기 용매를 일부러 시료에 첨가하여 유리 재질의 시료 용기의 벽면에 탄화수소 화합물이 흡착이 일어나게 함으로써 분석 물질이 유리 벽면에 흡착되는 것을 최소화 또는 방지할 수 있어서 추출률의 증가를 가져올 수 있다는 연구 결과도 있다.[19] 또한 높은 유전 상수(dielectric constants)를 가진 아세톤, 메탄올, 과산화 수소 등 몇 가지 유기 용매를 토양 시료에 소량 첨가함으로써 HS-SPME 방법으로 휘발성 화합물의 추출률을 높인 사례도 있다.[18]

4.2.9 온도

동력학적인 관점에서 볼 때, DI-SPME 추출 시에 시료의 온도를 증가시키면 확산 계수가 증가하고 평형에 도달하는 시간은 빨라진다. HS-SPME 방법에서는 열역학적으로는 시료 온도의 증가는 부분 압력의 증가를 가져오기 때문에 헤드스페이스의 농도는 증가하게 된다. 하지만 코팅된 화이버에 대한 분석 물질의 수착(sorption)은 발열 과정이기 때문에 온도가 증가하면 시료 매트릭스와 화이버 코팅 간의 분포 상수는 감소하게 되는 것을 예측할 수도 있다.[3,20] 이러한 이론적인 내용을 뒷받침하는 결과가 HS-SPME 방법으로 methamphetamine을 분석한 실험 결과로 나타나 있는데,[2] 낮은 온도에서는 평형에 도달하는 시간이 오래 걸리지만 평형에 도달해서 추출된 분석 물질의 양은 최대가 된다. 반면에, 높은 온도에서는 평형에 도달하는 시간은 짧아지지만 추출된 양은 최소가 된다.

실험의 목적에 따라 온도가 높은 것이 좋을지, 낮은 것이 좋을지는 시험자가 선택해야 하는데, 최대 감도를 나타내는 시험을 위해서는 낮은 온도에서 실험하여 가능하면 많은 양의 분석 물질을 SPME 화이버로 추출해서 분석하는 것이 좋을 것이고, 감도보다는 짧은 분석 시간으로 가능하면 많은 수의 시료를 분석하고자 할 때는 높은 온도에서 실험을 하는 것이 유리할 것이다.

휘발성이 큰 물질에서부터 준휘발성인 물질에 이르기까지 물리·화학적 성질이 다른 다성분 동시 분석을 할 경우에는 온도에 따른 추출 효율이 분석 물질에 따라 다르다. 즉 휘발성이며 분자량이 작은 화합물은 낮은 온도에서 추출이 잘 되는 반면에, 휘발성이 덜하며 분자량이 높은 화합물은 높은 온도에서 추출이 잘 되므로 이들을 잘 고려하여 최적의 온도 조건을 설정해야 할 것이다.

앞에서 설명한 바와 같이 매트릭스가 복잡한 시료의 경우에는 매트릭스 성분들에 의해서 분석 물질이 붙잡혀 있는 경우가 있다. 이때는 분석 물질이 매트릭스 성분과 화학 흡착을 하고 있으며, 이를 이탈시켜서 정지상으로 질량 이동을 원활하게 하기 위해서는 추출 온도를 증가시키는 것이 효율적인데, 이는 탈착이 흡열 과정이기 때문이다.

4.3 유도체화

SPME 추출법에서도 액체-액체 추출법(LLE)이나 고체상 추출법(SPE) 등과 마찬가지로 추출이나 분석의 효율성을 위해서 분석 물질의 **유도체화**(derivatization) 과정이 도입될 수 있다. 유도체화의 목적은 다양한데, 1) 극성이 크고 친수성이 매우 큰 화합물을 특정 기능기에 유도체화함으로써 무극성 물질로 변환시켜서 SPME 정지상으로 질량 이동이 많이 일어나도록 하여 추출 효율을 높이기 위함일 수도 있으며, 2) 분석 물질을 열적으로 안정되고 휘발성인 물질로 변환시킴으로써 크로마토그래피 성질을 개선시켜서 GC나 HPLC에서 매트릭스로부터의 분리를 효과적으로 하기 위함일 수도 있으며, 3) 특정 검출기에 대한 크로마토그래피 기기의 감도를 향상시키기 위한 것일 수도 있다.

일반적인 유도체화 과정에 대한 예는 다음과 같다:[21] 1) 산(-COOH)을 에스터화(-COO-R)함으로써 극성도를 감소시킴; 2) 알데하이드(-CHO)나 케톤(-CO)과 같은 저분자량의 카보닐(>C=O)을 안정된 형태인 옥심(>C=NOH) 형태로 전환; 3) 페놀($-C_6H_5-OH$) 화합물을 아세테이트($-C_6H_5-O-CO-CH_3$) 화합물로 변환시켜서 크로마토그래피 거동을 개선함; 4) 아민($-NH_2$), 암페타민, 코카인 등을 무극성이며 휘발성이 큰 물질로 변환시키는 방법들이 있다.

SPME에서 유도체화 방법은 1) 추출 전(pre-extraction) 유도체화, 2) 추출 후(post-extraction) 유도체화, 3) 동시 추출과 유도체화를 동시에 수행하는 방법이 있는데, 이 방법들에 대한 선택은 분석 물질의 물리·화학적 성질과 유도체화 시약, 시료 매트릭스의 형태 등에 따라 달라진다.[5]

추출 전 유도체화 방법은 유도체화 시약을 시료 용액에 넣어서 분석 물질을 시료 용액 내에서 직접 유도체화시킨 후 SPME 정지상을 시료 용액에 직접 노출시키거나 헤드스페이스에 노출시켜서 추출하는 방법이다.[6,22] 이 방법은 주로 수용액 내에서 반응이 이루어져야 한다는 한계점이 있기 때문에 사용될 수 있는 유도체화 시약이 다양하지 않다. 또 극성 화합물에 적용시킬 수 있는 정지상인 PA나 PEG가 있어서 추출 효율에는 별 문제가 없지만, 크로마토그래피 분리나 검출 감도에 문제가 있는 경우에 사용될 수 있는 방법이다.

추출 후 유도체화 방법은 SPME 정지상을 사용하여 시료로부터 분석 물질을 추출한 후에 유도체화 시약이 담긴 용기에 SPME 정지상을 노출시켜서 분석 물질을 원하는 기능기로 유도체화하는 방법으로서, 추출 전 유도체화 방법에 비해서 사용할 수 있는 유도체화 시약이 다양하고, 온도 조건도 조절할 수 있으며, 분석 물질만 선택적으로 유도체화시킬 수 있다는 장점이 있다. SPME 정지상에 추출된 분석 물질을 온도가 높은 GC 주입구에서 유도체화시키는 추출 후 유도체화 방법이 있기는 하지만 그다지 효율적이지는 않다.

동시 추출 및 유도체화 방법은 SPME 정지상을 유도체화 시약이 들어 있는 용기에 담가 유도체화 시약을 정지상에 적재시킨 후 분석 물질이 들어 있는 시료에 노출시켜서 추출과 유도체화가 동시에 이루어지게 하는 방법이다.[21]

이와 같이 SPME 방법에서도 다양한 유도체화 절차나 방법을 통해서 추출의 효율을 개선시키고, 크로마토그래피 성질을 향상시키고, 검출 감도를 증가시킬 수 있다.

4.4 분리 방법 및 검출기 시스템

SPME 추출 방법에 의해 추출된 분석 물질은 GC, HPLC, CE 등에 주입되어 GC, GC/MS, HPLC, LC/MS, CE, CE/MS 등으로 분석이 가능하다. 하지만 SPME 방법에 의해 추출된 분석 물질을 GC 또는 GC/MS를 이용하여 분석하는 방법이 가장 보편적인 방법이다. 이는 SPME 화이버 코팅제가 비휘발성이면서 열적으로도 안정하고, 또한 GC에 주입하기에 적합하도록 정지상으로 코팅된 화이버가 일반적인 GC용 미량 주사기와 같은 형태의 바늘 내부에 들어갈 수 있도록 되어 있기 때문이다. 따라서 추출된 분석 물질을 GC에 주입할 경우에 주입구에 대한 추가적인 장치나 변형이 필요하지 않다.

GC에서는 분할 주입법과 비분할 주입 방법이 있는데, SPME 추출물을 주입할 때에는 시료의 양이 작기 때문에 분할 주입 방법을 택할 필요가 없이 비분할 주입 방법을 택하는 것이 최대 감도를 얻을 수 있다. 한편, GC 주입구에는 석영 재질의 라이너가 있어서 용액 시료가 기화되었을 때 부피가 증가하므로 이를 수용하고 기화된 용매를 제거하기에 쉽도록 하기 위해 넓은 내경(4 mm)의 시료 주입구 라이너를 사용하고 있는데, 효과적인 SPME에 의한 추출물의 분석을 위해서는 내경이 좁은 0.7 mm를 사용하는 것이 좋다. 그 이유는 탈착 속도를 높여 주고 탈착된 분석 물질들이 GC 컬럼에 도달하기 쉽기 때문이다.

SPME 정지상에 흡착된 분석 물질들을 GC 주입구에서 탈착하기 위한 온도는 200°C 이상이면 충분하지만 앞서 주입했을 때 정지상에 남아 있을지 모르는 이월(carrier over), 즉 기억 효과(memory effect)를 최소화하고 화이버로부터 탈착을 최대화하는 조건을 최적화할 필요도 있다.

HPLC에 주입하는 방법에는 수동 탈착법, 튜브 내 SPME법, 수동 오프라인 탈착법, Concept 96 autosampler 방법 등이 있다.[1] 일반적인 방법인 **수동 탈착법**은 6-port 주입 밸브로 구성된 탈착 장치에 주입된 SPME 정지상에 HPLC 이동상 또는 적절한 탈착 용매를 흘려줌으로써 탈착된 분석 물질이 컬럼으로 유입되게 하는 방법으로, 추출된 분석 물질 전체가 기기로 들어가기 때문에 최대 감도를 나타낼 수 있다. 이 방법은 코팅이 손상되기 쉽고, 자동화가 곤란하며, 시료 처리에 있어 비효율적이라는 단점이 있다. **튜브 내 SPME 방법**은 HPLC autosampler에 연결되도록 설계되어 있으며, 자동화되어 있어서 정확도와 정밀도 면에서 유리하다. **수동 오프라인 탈착법**은 적절한 탈착 용매를 용기에 넣고 화이버를 잠기게 해서 탈착시킨 후 이 용매를 HPLC에 주입하는 방법으로, 간단하고 저렴한 방법이기는 하지만 용매 중에서 묽혀져 있기 때문에 감도가 낮다는 것이다. **Concept 96 autosampler 방법**은 화이버를 96개까지 동시에 탈착시킬 수 있는 자동화 장치이지만 가격면에서 부담이 되는 장치이다.

HPLC에 의한 분석법은 분석 물질의 탈착 조건을 잘 확립한다 하더라도 GC에 의한 분석 방법에 비해 탈착이 100%까지 이루어지지 않는다는 단점을 가지고 있으며, 이월 효과가 나타날 가능성도 있다. 따라서 일반적인 탈착 용매인 물/메탄올 또는 물/아세토나이트릴 혼합물을 사용하여 탈착을 시키더라도 화이버에 수착된 분석 물질은 물론, 매트릭스 성분이 전부가 탈착되는 것을 기대하기는 힘들기 때문에 화이버를 재사용할 때는 이 점을 잘 고려해야 할 것이다. 또한 탈착 용매의 용리 세기는 이동상의 용리 세기보다 크지 않아야 한다. HPLC에서 분석 물질의 탈착을 위한 용매는 가능하면 최소 부피를 사용하는 것이 감도를 높이는 데 유리하다.

응용

- **개요** 수용액 중에 존재하는 phenol류 화합물을 유도체화시킨 후 SPME 방법으로 추출하여 GC-FID, GC/MS로 분석[23]
- **시료** 수용액
- **분석 물질** Phenol류 11종
- **시료 전처리** 수용액 시료 30 mL에 sodium carbonate 1.2 g을 넣고 계속해서 acetic anhydride 0.05 mL를 넣어 phenol류를 유도체화시키고 이산화탄소의 발생이 멈춘 후 SPME 화이버를 시료 바이알의 헤드스페이스에 적재하여 추출한 후 화이버를 GC 주입구에 주입하여 탈착시켜서 분석한다.
- **기타** 본 논문은 SPME 추출법을 개발한 Janusz Pawliszyn의 초창기 논문으로, 현재까지 SPME 관련 논문 중에서 최대 인용 횟수를 나타내고 있는 논문이다.

> **힌트 SPME 추출에 영향을 미치는 요소들**
> SPME 추출 과정에서 영향을 미치는 파라미터로는 화이버의 종류, 화이버의 두께, 노출 시간, 시료의 pH, 이온 세기, 저어 주기 효과, 시료의 온도, 탈착 시간, 주입구 온도 등이 있다.

- **개요** 혈액 중에 존재하는 homocysteine을 비롯한 관련 화합물을 혈액 내에서 유도체화시킨 후 SPME 방법으로 추출하여 GC/MS에서 분석[6]
- **시료** 혈장
- **분석 물질** Homocysteine, cysteine, methionine
- **시료 전처리** 수용액 시료 600 μL 에 propyl alcohol/pyridine(80 : 20) 400 μL 를 넣고 유도체화 시약인 ethyl chloroformate 50 μL 를 넣은 후 실온에서 3분 동안 vortexing하여 유도체화시킨다. 유도체화된 시료에 PDMS SPME 화이버를 넣고 추출한 후 GC/MS에 주입하여 탈착시킨 후 분석한다.
- **기타** GC에서 직접 분석하기에는 너무 극성이 큰 화합물을 시료 중에서 직접 유도체화시킨 후 SPME로 추출/정제하여 분석하였다.

- **개요** 허브차 중에 함유된 정유(essential oil)를 SPME로 추출/정제한 후 GC/MS로 분석[24]

- **시료** 허브차 용출물
- **분석 물질** 1,4-cineole, limonene, camphor 등 정유 성분
- **시료 전처리** PTFE 뚜껑으로 표면 처리된 15 mL 유리 바이알에 허브차 15 mL를 넣고 75 ㎛ CAR/PDMS SPME 화이버를 시료에 잠기게 한 후 300 rpm으로 저어 주면서 30분 동안 추출한다. 추출 후 SPME 화이버를 꺼내서 곧바로 GC/MS에 주입하고 250°C에서 30초 동안 탈착한 후 SPME 화이버를 GC 주입구에서 꺼내어 이월 효과를 막기 위해서 주사기 세척 장비에서 200°C에서 10분 동안 세척한다.
- **기타** 액체 시료에 SPME 화이버를 직접 담가 추출하는 실험으로 SPME 화이버의 종류, 시료의 양, 추출 온도 및 시간, 저어 주기 시간, 시료의 pH, 이온 세기, 탈착 조건 등에 대한 최적의 추출 조건 확립을 위한 실험이 수행되었다.

힌트 상업용 SPME 화이버

화이버 종류	분석 물질
75 ㎛/85 ㎛ (CAR/PDMS)	기체, 낮은 분자량 화합물(MW 30~225)
100 ㎛ PDMS	휘발성 화합물(MW 60~275)
65 ㎛ PDMS/DVB	휘발성, 아민, nitro-aromatic 화합물(MW 50~300)
85 ㎛ polyacrylate	극성 준휘발성 화합물(MW 80~300)
7 ㎛ PDMS	무극성, 분자량이 큰 화합물(MW 125~600)
30 ㎛ PDMS	무극성, 준휘발성 화합물(MW 80~500)
60 ㎛ Carbowax(PEG)	알코올, 극성 화합물(MW 40~275)
50/30 ㎛ DVB/CAR on PDMS	Flavor 화합물(MW 40~275)
60 ㎛ PDMS/DVB	아민류, 극성 화합물(HPLC에만 사용)

CAR: carboxen PDMS: polydimethylsiloxane; DVB: divinylbenzene
참고: "Selection Guide for Supelco SPME 화이버s", Sigma-Aldrich사

- **개요** 소고기 패티에 방사선을 조사한 후에 생성되는 2-dodecylcyclobutanone (DCB)의 정량을 위해서 시료로부터 분석 물질을 용출한 후 HS-SPME 방법으로 추출/정제하고 GC/MS로 분석[25]
- **시료** 소고기 패티
- **분석 물질** 2-dodecylcyclobutanone (DCB)
- **시료 전처리** 소고기 패티로부터 20 g을 취해서 잘게 갈아 물 20 mL를 넣고 5분 동안 shaking한 후 15분 동안 실온에 방치한다. 시료를 3등분해서 20 mL

헤드스페이스 바이알에 넣고 물 2 mL를 추가한 후 바이알을 흔들어주고 뚜껑을 닫아 둔다. 헤드스페이스 바이알의 헤드스페이스에 100 ㎛ PDMS 화이버를 위치시킨 후 가열하여 SPME 화이버에 분석 물질을 흡착시킨 다음 GC/MS에서 탈착시켜서 분석한다.

- **기타** SPME 화이버를 시료에 직접 담그지 않고 헤드스페이스에서 추출한 HS-SPME 방법이다.

식품의 방사선 조사

육류, 과일, 곡식, 채소, 해산물 등 여러 종류의 식품에 살균, 살충, 발아 방지를 위해서 방사선 조사를 하면 식품 중에 존재하는 triglyceride는 2-alkylcyclobutanones (2-ACB)가 생성되고, 지방이 함유된 식품의 조사의 표지 물질로서 palmitic acid로부터 2-dodecylcyclobutanone(DCB)이 생성되는데, 이때 생성되는 양은 조사량의 세기에 따라 달라지며 DCB는 유해한 물질이라는 의견이 지배적이다.

- **개요** 낮은 농도에서도 맛과 냄새를 유발하는 화합물을 폐수와 먹는 물로부터 분석하기 위하여 HS-SPME 방법을 사용하여 추출하고 GC/MS로 분석[26]
- **시료** 먹는 물, 폐수
- **분석 물질** 2-MIB(2-methylisoborneol), geosmin, camphor, decanal
- **시료 전처리** 바이알에 20 mL 수용액 시료에 NaCl 7 g을 넣고 자석 젓개 막대를 넣은 후 PTFE로 표면 처리된 뚜껑을 닫는다. 시료는 500 rpm에서 저어주고 온도를 조절해 준다. SPME 화이버를 미리 구멍이 뚫린 셉텀을 통해서 헤드스페이스에 위치해 놓고 일정 시간 동안 흡착시킨 후 220°C GC 주입구에서 2분 동안 탈착시켜 주입한다.

SPME 화이버의 재사용

- SPME 화이버는 100회 정도 재사용이 가능하다고 하지만, 사용된 시료나 탈착 온도 등에 따라 달라진다.
- 한 번 사용 후 다시 사용할 경우에는 재컨디셔닝이 필요하며, 보통은 GC 주입구나 주사기 세척기에서 200°C 이상에서 15~20분 정도 세척하여 오염 물질들을 제거시켜야 한다.

 **염소(Cl) 성분이 포함된 시료**

염소로 소독이 된 수돗물 등을 분석할 경우에는 염소 성분들이 방해 물질로 작용하기 때문에 잔류 염소를 제거하기 위해서는 sodium sulfite와 같은 염소 제거제를 넣어 준다.

- **개요** 과일에 잔류하는 항균제 농약 6종을 SPME 방법으로 추출하여 HPLC에서 분석[27]
- **시료** 사과, 포도
- **분석 물질** diniconazole, tebuconazole, myclobutanil 등 항균제 농약 6종
- **시료 전처리** 포도와 사과의 껍질이나 과육 2 g에 아세토나이트릴 5 mL를 넣고 초음파에서 20분 동안 용출한다. 상층액을 Eppendorf vial에 넣고 10분 동안 14000 rpm에서 원심분리한 후 1 mL를 유리 바이알에 옮기고 20 mL 염화 소듐 용액으로 묽힌다. SPME 화이버는 HPLC 탈착 챔버에서 30분 동안 컨디셔닝한다. 앞에서 준비한 시료 용액 20 mL를 40 mL amber glass에 옮기고 60°C인 수조에 넣고 500 rpm으로 저어 준다. SPME 화이버를 수용액에 직접 담그고 90분 경과 후 HPLC 탈착 장치에 주입하여 분석한다.

 **원심분리기의 속도**

- 원심분리기의 속도를 표시할 때 회전 속도(revolutions per minute, rpm)로 나타내는 경우도 있지만, 시료에 적용되는 가속도가 얼마인지를 나타내기도 한다. 이는 동일한 회전 속도이지만 회전 직경이 다를 경우에는 가속도가 달라지기 때문이다.
- 가속도는 각속도, 즉 회전 속도(RMP)의 제곱에 회전 반경을 곱한 값으로, 상대 원심력(relative centrifugal force, RCF)으로 나타내며 다음과 같이 계산된다:
- $g = RCF = 0.00001118 \times r \times N^2$

  [g =상대 원심력, r =회전 반경(cm), N =회전 속도(RPM, r/min)]
- 가속도는 '$0000 \times g$' 형태로 나타낸다.

- **개요** 타액(saliva)에 존재하는 스테로이드 호르몬을 on-line 추출이 가능한 in-tube SPME 방법으로 추출한 후 LC/MS로 on-line으로 주입하여 분석[28]
- **시료** 타액

- **분석 물질** Testosterone, cortisol, dehydroepiandrosterone
- **시료 전처리** 타액 시료를 원심분리한 후 2 mL autosampler 바이알에 옮기고 0.2 M 아세테이트 완충 용액(pH 4.0) 0.05 mL를 넣은 후 전체 부피가 1.0 mL가 되도록 정제수로 채우고 in-tube SPME LC/MS 분석을 위한 autosample에 바이알을 장착한다. In-tube SPME 장치는 autosampler 주입 주사기와 injection loop 사이에 GC 모세관 컬럼(60 cm×0.32 mm id)을 사용하여 컬럼 내부에 고체상 추출 수착제를 코팅한 것이다. Autosampler software를 프로그램하여 추출, 탈착, 주입이 자동으로 이루어지도록 만든 장치이며 기존에 상업용으로 판매되고 있는 SPME 화이버 대신에 여러 종류의 고체상 수착제에 대한 추출 효율을 실험한다.

새롭게 개발되는 SPME

기존 상업용으로 시판되고 있는 carboxen (CAR), polydimethylsiloxane (PDMS), divinylbenzene (DVB) 외에도 탄소 나노튜브(carbon nanotube, CNT), 대나무 숯(bamboo charcoal), alumina nanowire, cork, polypyrrole/so-gel, grapheme-supported zinc oxide 등으로 코팅한 SPME 추출법이 새롭게 개발되고 있다.

- **개요** 머리카락, 소변, 간장 시료 중에 존재하는 아미노산을 정량하기 위해서 ethyl chloroformate 유도체화시키고 SPME 방법으로 추출하여 GC/MS로 분석[29]
- **시료** 머리카락, 소변, 간장
- **분석 물질** 아미노산 20종
- **시료 전처리** 머리카락 시료의 경우 외부 오염 물질을 제거하기 위해서 뜨거운 물에서 15분 동안 세척하고, 또한 외부 지질을 제거하기 위해서 클로로폼/메탄올(1 : 1) 혼합 용액으로 세척한다. 시료를 건조시킨 후 작은 조각으로 잘라서 100 mg을 6 M HCl 10 mL로 질소 환경하에서 2시간 동안 가수 분해한다. 가수 분해한 시료에 에탄올 60 μL, 피리딘 50 μL, ethyl chloroformate (ECF) 60 μL를 가해서 30초 동안 vortexing하여 이산화 탄소를 제거한다. Na_2SO_4 730 mg을 넣고 0.1 M HCl을 사용하여 pH를 1.7로 조절하고 정제수를 첨가하여 시료의 부피가 4 mL가 되도록 한다. 시료에 SPME 화이버(65 μm DVB/CAR/PDMS)를 직접 담가서 30분 동안 추출한다. 추출 후에 무

극성 화합물을 제거하기 위해 물로 화이버를 세척한 후 건조시킨다. 건조된 화이버를 GC/MS에 주입하여 260°C에서 5분 동안 탈착시킨다.

- **기타** GC/MS에서 직접 분석하기 어려운 아미노산을 ECF로 유도체화시킨 후 SPME 화이버로 추출한 실험이다.

- **개요** 가장 간단한 PAH (polycyclic aromatic hydrocarbon)로, 휘발성 물질이며 발암성 유발 물질로 분류되고 있는 naphthalene을 공기 중에서 채취하고 이를 낮은 온도 상태에 있게 만든 SPME(cold 화이버-SPME) 장치를 이용하여 효과적으로 분석[30]
- **시료** 대기
- **분석 물질** Naphthalene
- **시료 전처리** 실험실에서 제작한 on-line cold 화이버-SPME 장치를 통해서 15분 동안 100 ㎛ PDMS 화이버로 샘플링한 후 분석하기 전까지 액체 질소를 사용하여 SPME 화이버를 냉각(−15±5°C) 상태로 유지한 후 GC/MS에서 주입하여 탈착시킨 후 분석한다.

SPME 추출 과정의 발열 과정

분석 물질이 화이버에 수착(sorption)이 일어나는 SPME 추출 과정은 발열 과정, 즉 수착이 일어나면서 열을 방출하기 때문에 시스템의 주변 온도를 낮추어 주면 화이버로의 질량 이동은 더 유리하게 되어 추출률이 높아질 수 있다.

- **개요** 혈액 속에 존재하는 휘발성 유기 용제인 trichloroethylene (TCE)의 대사체를 유도체화시킨 후 SPME 방법으로 추출하여 GC-ECD로 분석[31]
- **시료** 혈액(혈장)
- **분석 물질** Trichloroethylene (TCE)의 대사체인 dichloroacetic acid (DCA), trichloroacetic acid (TCA), trichloroethanol (TCOH)
- **시료 전처리** 혈액 1 mL를 EDTA 코팅된 바이알에 채취한 다음 2000×g에서 5분 동안 원심분리하고, 혈장을 새로운 튜브로 옮겨서 −80°C에서 보관한다. 채취한 혈장 시료 100 μL에 메탄올 500 μL와 정제수 500 μL를 넣어서 혼합한 다음, pyridine 200 μL를 촉매로 첨가하고 유도체화 시약인 methyl chloroformate를 150 μL씩 2회 첨가하고 실온에서 30초 동안 반응시킨다. 유

도체화시킨 시료를 10 mL SPME 바이알에 넣은 후 정제수를 첨가하여 3 mL가 되도록 묽힌다. 시료를 50°C로 유지시킨 후 SPME 화이버(100 ㎛ PDMS)를 SPME 바이알의 헤드스페이스에 22분 동안 노출시켜 화이버에 추출한 후 GC에 주입(주입구 온도는 200°C)하여 1분 동안 탈착시켜 주입한다.

■ 참고문헌 ■

1 Pawliszyn, J. *Comprehensive Sampling and Sample Preparation*, Elsevier, **2012**, Ch 2.21.

2 Lord, H.; Pawliszyn, J. *J. Chromatogr. A* **2000**, *885*, 153.

3 Pawliszyn, J. *Solid Phase Microextraction: Theory and Practice*, Wiley-VCH, Inc, New York, **1997**.

4 Dean, J. R. *Extraction Techniques in Analytical Sciences*, John Wiley & Sons, Ltd, **2009**.

5 Pawliszyn, J. *Handbook of Solid Phase Microextraction*, Chemical Industry Press, Beijing, **2009**.

6 Myung, S.-W.; Kim, S.; Park, J.-H.; Kim, M.; Lee, J.-C.; Kim, T.-J. *Analyst* **1999**, *124*, 1283.

7 Louch, D.; Motlagh, S.; Pawliszyn, J. *Anal. Chem.* **1992**, *64*, 1187.

8 Pawliszyn, J. *Anal. Chem.* **2003**, *75*, 2543.

9 Myung, S.-W.; Kim, M.; Min, H.-K.; Yoo, E.-A.; Kim, K.-R. *J. Chromatogr. B* **1999**, *727*, 1.

10 Xing, B.; Senesi, N.; Huang, P. M. *Biophysico-Chemical Processes of Anthropogenic Organic Compounds in Environmental System*, John Wiley and Sons, Inc, **2011**.

11 Risticevic, S.; Lord, H.; Pawliszyn, J. *J. Nat. Protoc.* **2010**, 5, 122.

12 Mills, G. A.; Walker, V. *J. Chromatogr.* A **2000**, *902*, 267.

13 Deger, A. B.; Gremm, T. J.; Frimmel, F. H.; Mendez, L. *Anal. Bioanal. Chem.* **2003**, *376*, 61.

14 Perrin, D. D.; Dempsey, B. *Buffers for pH and Metal Ion Control*, Chapman and Hall, London, **1994**.

15 Zambonin, C. G.; Quinto, M.; De Vietro, N.; Palmisano, F. *Food Chem.* **2004**, *86*, 269.

16 Fernandez-Alvarez, M.; Llompart, M.; Lamas, L. P.; Lores, M.; Garcia-Jares, C.; Cela, R.; Dagnac, T. *Anal. Chem. Acta* **2008**, *617*, 37.

17 Llompart, M.; Li, K.; Fingas, M. *Talanta* **1999**, *48*, 451.

18 Cam, D.; Gagni, S. *J. Chromatogr. Sci.* **2001**, *39*, 481.

19 Cam, D.; Gagni, S.; Lombardi, N.; Punin, M. O. *J. Chromatogr. Sci.* **2004**, *42*, 329.

20 Risticevic, S.; Lord, H.; Pawliszyn, J. *J. Nat. Protoc.* **2010**, 5, 122.

21 Nerin, C.; Salafranca, J.; Aznar, M.; Batlle, R. *Anal. Bioanal. Chem.* **2009**, *393*, 809.

22 Vas, G.; Vekey, K. *J. Mass Spectrom.* **2004**, 39, 233.

23 Buchholz, K. D.; Pawliszyn, J. *Anal. Chem.* **1994**, 66, 160.

24 Adam, M.; Cizkova, A.; Eisner, A.; Ventura, K. *J. Sep. Sci.* **2013**, *36*, 764.

25 Soncin, S.; Panseri, S.; Rusconi, M.; Mariani, M.; Chiesa, L. M.; Biondi, P. A. *Food Chem.* **2012**, *134*, 440.

26 Wu, D.; Duirk, S. E. *Chemosphere* **2013**, *91*, 1495.

27 Bordagaray, A.; Carcia-Arrona, R.; Millan, E. *Anal. Methods* **2013**, *5*, 2565.

28 Kataoka, H.; Ehara, K.; Yasuhara, R.; Saito, K. Anal. *Bioanal. Chem.* **2013**, *405*, 331.

29 Mudiam, M. K. R.; Ch, R.; Jain, R.; Saxena, P. N.; Chauhan, A.; Murthy, R. C. *J. Chromatograph. B* **2012**, *907*, 56.

30 Menezes, H. C.; Paulo, B. P.; Costa, N. T.; Cardeal, Z. L. *Microchem. J.* **2013**, *109*, 93.

31 Mudiam, M. K. R.; Jain, R.; Varshney, M.; Ch, R.; Chauhan, A.; Goyal, S. K.; Khan, H. A.; Murthy, R. C. *J. Chromatogr. B* **2013**, *925*, 63.

제5장

초임계 유체 추출법

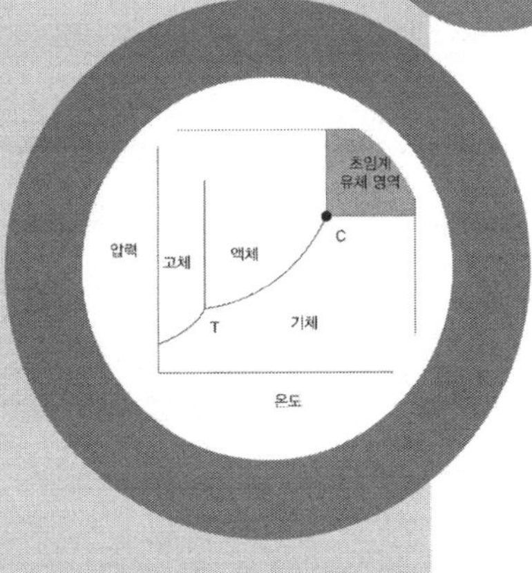

초임계 유체 추출법(Supercritical Fluid Extraction, SFE)은 임계점(critical point) 근처 또는 그 이상의 온도와 압력에서 빠른 확산과 낮은 표면 장력, 높은 용해도를 갖는 초임계 유체(supercritical fluid)를 추출 용매로 사용하여 원하는 분석 물질을 시료로부터 효과적으로 추출하는 방법으로, 보통은 고체 시료로부터 유기 화합물들을 추출하는 데 사용한다.[1] 분석용 SFE 장치는 on-line 또는 off-line으로 작동이 가능하게 되어 있어서, on-line 장치의 경우는 기체 크로마토그래프(GC)나 액체 크로마토그래프(HPLC)에 직접 연결하여 분석이 가능하다. 가장 일반적으로 사용하는 유체(추출 용매)는 이산화 탄소인데, 이는 무극성이며 유체의 극성도를 조절하기 위해서 5~20% 정도의 유기 용매 변형제를 첨가해서 사용한다. 일반적인 용매 추출 방법인 LLE 방법은 확산 속도에 제한이 있기 때문에 추출 시간이 오래 걸리고 용해도에 한계가 있어서 유기 용매를 많이 사용해야 하는 단점이 있으나, SFE 방법은 추출 속도가 현저하게 빠르고 추출 유기 용매를 적게 사용해도 추출률을 높일 수 있다는 장점이 있다.

5.1 추출 원리

그림 5.1에 나타낸 T-C 곡선은 기체와 액체의 경계이며, 곡선상에 있는 점들은 이 온도에서 기체를 액화시키는 데 필요한 압력을 나타내고, 점 C를 **임계점**(critical point)이라고 한다. **임계 온도**(critical temperature)는 기체가 압력 증가에 의해서 액체로 변환될 수 있는 가장 높은 온도이며, **임계 압력**(critical pressure)은 액체가 온도 증가에 의해서 기체로 변환될 수 있는 최고 압력을 의미한다. 임계 온도를 벗어나면 기체는 압력을 더 가해도 액화되지 않고 대신에 초임계 유체가 된다. 즉 임계점 위의 온도와 압력에서는 한 개의 상(phase) 영역이 존재하며(그림 5.1), 이 조건하에 놓여 있는 물질을 **초임계 유체**(supercritical fluid)라고 한다. 이 유체는 기체상과 액체상의 경계점에 있는 성질들을 가지고 있으며, 이 성질들은 온도와 압력을 변화시켜서 조절할 수 있다(표 5.1). 표 5.1에서 볼 수 있듯이 초임계 유체는 액체와 비슷한 밀도 값을 가지며, 점성도는 기체와 유사하며, 확산 계수는 액체와 기체의 중간 성질을 가지고 있어서 액체와 유사한 용해 능력을 가지고 있으며, 또한 고체 매트릭스 내부로 침투하는 능력은 기체와 유사하여 기체와 대등한 이동 성질을 지니고 있

다. 따라서 기체와 액체의 시료 추출에 유리한 성질들을 갖춘 초임계 유체를 이용한 추출 방법은 추출 속도와 상 분리 속도에 있어서 일반적인 추출 과정에 비해서 현저하게 빠르다.[2]

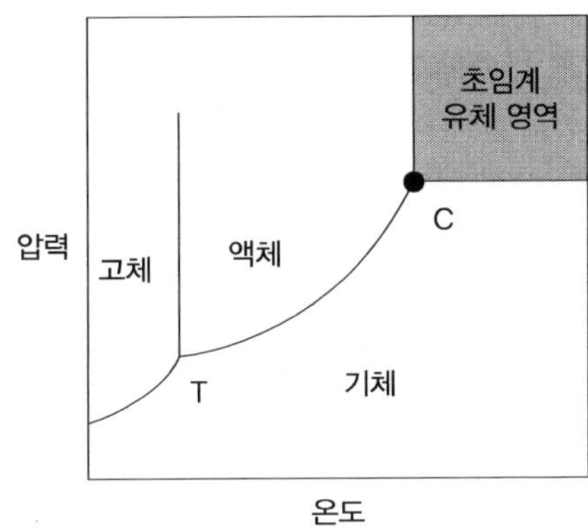

[그림 5.1] 상도표(phase diagram)

[표 5.1] 기체, 액체 및 초임계 유체의 성질 비교[3]

	기체(STP*)	초임계 유체	액체
밀도(g/cm^3)	10^{-3}	0.2~0.5	0.6~2
확산 계수(cm^2/s)	10^{-1}	10^{-3}~10^{-4}	10^{-5}
점성도(g/cm/s)	10^{-4}	10^{-4}	10^{-2}

* STP = 표준 온도 압력(0°C, 1 atm)

SFE 방법에서는 온도와 압력에 변화를 주어서 초임계 유체의 밀도를 조절하여 분석 시간을 조절할 수 있으며, 일정 온도에서 낮은 압력으로는 극성이 덜한 분석 물질을 추출하고, 높은 압력에서는 극성이 크고 분자량이 큰 분석 물질을 추출할 수 있다.

이미 언급한 바와 같이, 초임계 유체의 용해도는 온도와 압력, 밀도의 영향을 받는데, 압력보다는 밀도와 더 상관 관계가 있으며 용해도 관계식은 다음과 같다:[2]

$$\ln(s) = aD + bT + c \qquad \text{식 (5.1)}$$

여기서 s는 용해도, D는 밀도(g/mL), T는 온도(K), a, b, c는 상수이다.

일반적인 추출 방법과는 달리, 초임계 유체 조건으로부터 대기 압력과 실온 조건으로 복귀하게 되면 추출된 물질 속에 포함된 잔류 용매의 양은 거의 무시할 만 하므로 액체-액체 추출법 등에서 요구되는 농축 과정이 매우 짧거나 없어도 된다. 또한 초임계 유체는 상대적으로 비활성이고 순도가 높으며, 독성이 거의 없고 가격이 저렴하다는 장점을 가지고 있다. 이산화 탄소(CO_2)와 같은 유체를 사용하면 열적으로 불안정한 화합물들을 낮은 온도에서 추출할 수 있다. 이산화 탄소를 사용할 경우, 온도는 35~200°C이며, 압력은 액화 이산화 탄소에 대해서는 800 psi, 초임계 유체에 대해서는 1,500~10,000 psi 정도이다.

SFE에 사용될 수 있는 적합한 용매들에 대한 임계점을 표 5.2에 나타내었다. 이산화 탄소는 다른 용매들에 비해서 상대적으로 임계 온도와 압력이 낮고, 독성이 작고, 반응성이 작고, 순도가 높으며, 가격이 저렴하므로 SFE에서 가장 흔하게 사용되는 초임계 용매이다. 하지만 극성도가 있는 분석 물질을 정량적으로 추출하는 데는 한계가 있으며 무극성 화학종을 추출하는 데 적합하다. 극성 분석 물질을 추출할 경우에는 유체 선택에 다소 어려움이 있으며, 암모니아가 적합하기는 하지만, 부식성이 있고, 화학적으로 반응성이 커서 위험성이 있다. 메탄올은 임계 온도가 높고 실온에서 액체이기 때문에 추출 후에 추가적인 작업이 필요하므로 실제적이지는 못하며, 산화 질소(N_2O)는 강력한 산화제이지만 가격이 비싸다.[4]

[표 5.2] SFE에 일반적으로 사용되는 용매들의 임계점[2]

유체	임계 온도(°C)	임계 압력(atm)	임계 밀도(10^3 kg/m^3)
CO_2	31.3	72.9	0.47
N_2O	36.5	72.5	0.45
SF_6	45.5	37.1	0.74
NH_3	132.5	112.5	0.24
H_2O	374	227	0.34
n-C_4H_{10}	152	37.5	0.23
n-C_5H_{12}	197	33.3	0.23
Xe	16.6	58.4	1.10
CCl_2F_2	112	40.7	0.56
CHF_3	25.9	46.9	0.52

5.2 장치

일반적인 초임계 유체 추출 장치는 그림 5.2에 나타낸 바와 같이 유체가 들어 있는 용기와 고압 펌프, 변형제를 흘려보낼 수 있는 펌프, 가열된 추출 셀로 흐르는 유체를 조절할 수 있는 밸브, 유체를 감압시키는 유속 차단 밸브 등으로 구성되어 있다.

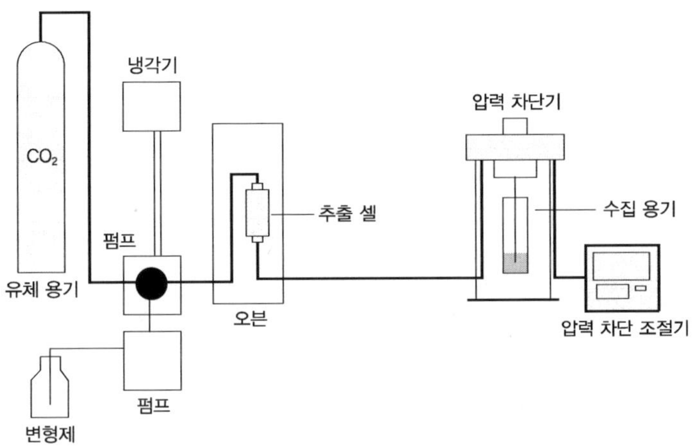

[그림 5.2] 초임계 유체 추출(SFE) 장치의 구성

5.2.1 추출 용매

추출 용매로 사용되는 고순도 이산화 탄소는 담금 튜브가 달린 실린더로부터 공급되는데, 기체 이산화 탄소의 경우에는 담금 튜브를 실린더의 위쪽에 위치시키고, 액화 이산화 탄소를 사용할 때는 담금 튜브를 아래쪽에 위치하게 함으로써 액화 이산화 탄소만 펌프 속으로 들어가게 한다. 실린더는 철보다는 알루미늄 재질이 더 좋다. 이산화 탄소에 포함될 수도 있는 불순물들은 분석하는 동안 방해 요소가 되며, 높은 농도의 시료일 경우에는 분석 물질의 이월 효과를 나타낼 수 있으므로 추출 셀, frit, 차단 장치, 밸브 등의 사용에 있어서 주의가 요구된다. 또한 SFE 장치에서 각 부위들의 연결은 모두 금속으로 이어져야 하며, 윤활제 사용은 금지되어 있고, 한 번 추출 후에는 추출 장치에 대한 청소가 필수적이다.

5.2.2 변형제

앞에서 살펴본 바와 같이 SFE 추출법에 사용될 수 있는 극성 용매가 그다지 많지 않기 때문에 보통은 변형제로 유기 용매를 소량 첨가(1~10%)하여 사용하며, 가장 일반적인 변형제는 메탄올이다. 액체 상태로 있을 때 분석 물질에 대해서 좋은 용매이면 변형제로 사용할 수 있다. 따라서 많은 화합물에 대해서 용해도가 큰 메탄올은 유체의 극성도를 증가시키는 데 좋은 변형제가 될 수 있다.

[표 5.3] 초임계 유체 CO_2에 일반적으로 사용되는 변형제[2]

산소 함유 화합물	Methanol, ethanol, isopropyl alcohol, acetone, tetrahydrofuran
질소 함유 화합물	Acetonitrile
황 함유 화합물	Carbon disulfide, sulfur dioxide, sulfur hexafluoride
탄화수소 및 할로젠 유기물	Hexane, toluene, methylene chloride, chloroform, carbon tetrachloride, trichloromethane
산	Formic acid

5.2.3 펌프

3,500~10,000 psi 정도까지의 압력에서 최소 2 mL/min의 유속으로 압축된 유체를 흐르게 할 수 있는 능력이 있는 펌프를 사용한다. 이산화 탄소를 액체 상태로 유지하기 위해서 펌프 헤드는 순환조에 의해 냉각되어야 한다. 이산화 탄소에 변형제를 첨가하는 방법 중에는 추출 셀에 직접 변형제를 넣는 방법과 이산화 탄소 실린더에 변형제를 가하는 방법이 있기는 하지만, 이산화 탄소 펌프의 오염이 있을 수 있으므로 변형제를 따로 운반하는 펌프 장치를 사용하는 방법이 좋다.

5.2.4 추출 셀

추출 셀은 고압(10,000 psi 이상)을 견딜 수 있는 스테인리스강이나 PEEK (polyether ether ketone) 재질로 만들어져 있으며, GC나 HPLC의 오븐 또는 간단한 히터에 셀을 넣어서 추출 셀의 온도(200°C까지)를 조절한다. 유체 차단 장치는 마이크로미터 밸브에 짧은 용융 실리카 튜브가 연결되어 있거나 다양한 자동 조절 장치로 만들어져 있다.

5.2.5 압력 차단기

초임계 유체의 압력은 차단 장치(restrictor)에 의해 조절되며 고정 형태와 가변 형태로 나눌 수 있다. 고정 차단기는 용융 실리카나 금속 튜브로 만들어져 있는데, 가격이 저렴하며 교환이 쉽지만 잘 막힌다는 단점이 있다. 막히는 이유 중 가장 일반적인 것은 초임계 유체가 급작스럽게 팽창함으로 인하여 차단기의 끝에서 물이 얼기 때문이다. 또한 황이나 탄화수소, 지방 같은 추출 물질들이 높은 농도로 매트릭스 내에 존재할 경우에도 막힘 현상이 나타난다. 가변 차단기는 전기적으로 조절할 수 있는 노즐이나 작은 구멍이 있으며 가격은 비싸지만 막힘 현상이 없이 일정한 유속을 유지할 수 있다.

5.2.6 수집 용기

추출물은 유체가 감압되면서 수착 트랩이나 수집 용매 속으로 모아진다. 트랩은 용매에 의해 선택적으로 세척되어 분석 물질을 선택적으로 가두어 둘 수 있는데, 분석 물질의 손실을 막기 위해서 냉각 장치를 사용하여 냉각시켜주어야 한다. GC에서 분석하고자 할 때 적합한 수집 용매로는 methylene chloride와 isooctane이 있다.

초임계 유체의 감압하에서 추출된 분석 물질을 모으는 방법에는 off-line SFE와 on-line(또는 coupled) SFE 방법이 있다. Off-line SFE에서는 분석 물질들이 연속적으로 모아지고, on-line SFE에서는 분석 물질들이 크로마토그래피 시스템으로 직접 이동된다. On-line SFE에서는 추출과 크로마토그래피 분석 중간에 시료 처리 과정이 없기 때문에 추출된 분석 물질이 정량적으로 크로마토그래피 컬럼으로 전달되어 최대 감도를 얻을 수 있다는 장점이 있다. Off-line SFE 수집에서는 유체를 몇 밀리리터의 액체 용매 상태로 흘러들어가게 함으로써 수집이 이루어지는데, 액체는 팽창하는 유체에 의해 냉각이 되기 때문에 빨리 휘발되지 않고 수집된다.

5.3 추출 모드

SFE 시스템은 동적 추출 모드와 정적 추출 모드로 작동될 수 있다. 동적 추출 모드에서는 추출 셀과 유체 차단 장치 사이의 밸브가 열려 있어서 연속적으로 새로운 유체가 시료에 공급되며, 추출된 물질은 차단 장치를 통과하고 유체는 감압되어 수집 용기로 들어가게 된다. 정적 추출 모드에서는 추출 셀과 차단 장치 사이의 밸브가 닫혀 있고, 추출 셀은 정적인 조건(흐름이 없음)에서 가압된 후 일정 시간이 경과한 후에 출구 밸브가 열리면서 셀 속에 있는 내용물이

동적인 흐름에 의해 차단 장치를 통과하여 수집 용기로 들어가게 된다. 동적인 SFE는 추출하는 동안에 계속해서 새로운 초임계 유체가 공급된다는 장점이 있지만, 정적인 방법에 비해서 더 많은 유체가 필요하다.

5.4 시료

SFE에서는 보통 10 g 이하의 시료가 사용되지만, 1 mg에서 수백 그램까지의 시료가 사용될 수 있다. 시료의 양이 증가할수록 더 많은 양의 초임계 유체가 필요하며 분석 물질을 모으는 데 어려움이 있다. 감압 상태로 흐르는 기체로부터 분석 물질을 어느 정도 회수할 수 있는가에 따라 시료의 회수율이 결정된다. 예를 들어 초임계 CO_2의 경우에 1 mL/min의 유속은 대략 500 mL/min의 기체 흐름 속도를 나타낸다. 휘발성 화합물의 경우에는 낮은 유속에서 분석 물질들을 모으기가 더 쉽다.

5.5 추출 효율에 영향을 미치는 요소들

5.5.1 압력

높은 압력은 초임계 유체의 밀도를 높이는 결과를 나타내는데, 이는 초임계 유체가 용매로서의 용량이 증대되어 추출률을 높이는 효과를 가져오기 때문이다. 하지만 너무 높은 압력은 매트릭스의 압축을 증가시키고, 시료의 구멍 크기와 질량 이동이 줄어들게 되어 결국은 추출률을 떨어뜨리게 된다. 초임계 유체 추출법에서 선택성은 추출 압력과 관계가 있기 때문에 분석 물질에 따라 추출 압력도 다르게 해주어야 한다.

5.5.2 온도

온도는 추출률에 있어서 가장 중요한 요소 중 하나이며, 15 MPa 이하에서는 온도에 따라 추출률은 반비례하는 것으로 보고되고 있다.

5.5.3 수분 함량

시료의 수분 함량 역시 추출률에 크게 영향을 미치게 되므로 추출 과정에서 추출률을 극대화시키는 수분 함량을 정하는 것이 중요하다. 시료 중에 존재하는 물은 표면 장력과 접촉 각도의 변화 때문에 물과 시료 매트릭스와 초임계 유체 성분들 간의 상호작용으로 인하여 초임계 유체의 흐름을 방해할 수 있다. 따라서 물을 제거하면 초임계 유체가 시료의 내부 구멍으로 잘 접근하게 되어 질량 이동이 증가한다. 물의 함량이 많을수록 시료와 초임계 유체 사이에 얇은 물층을 형성시키는 확률이 증가하게 된다. 더욱이, 물은 초임계 유체에 대해서 한정된 용해도를 가지고 있어서 분석 물질과 함께 추출이 일어나게 되고 추출 과정 끝까지 분리가 일어나지 않는다.

5.5.4 공용매

초임계 유체에 공용매(cosolvent)를 첨가하면 전체적인 용매의 극성도가 변화하게 되어 추출 과정에서 추출률과 선택성에 영향을 미치게 된다. 일반적으로 사용되는 공용매는 초임계 유체보다 극성이 더 큰 액체이므로 초임계 유체의 용매화 능력을 증가시킨다. 일반적으로 사용되는 공용매로는 hexane, benzene, chloroform, isopropanol, methanol, ethanol, acetone, water 등이 있다.

5.5.5 시료 크기

시료 입자의 크기와 모양 그리고 이들의 분포 역시 시료 매트릭스 내에서 초임계 유체의 흐름에 크게 영향을 미친다. 입자의 크기가 작을수록 접촉 표면이 증가하여 분석 물질이 시료로부터 쉽게 이탈되어 추출 효율이 증가한다. 이미 압력의 영향에서 설명한 바와 같이 압력을 높이면 시료가 압축되어 입자들의 구멍 간격이 줄어들게 되어 시료의 밀도가 증가한다.

5.5.6 흐름 속도

추출 용매(예 CO_2)의 흐름 속도는 부피보다는 질량 흐름으로 측정되어야 하는데, 이는 CO_2의 밀도가 온도에 따라 변하기 때문이다. 확산이 완전히 이루어지도록 충분한 흐름 속도를 유지해야 추출률이 극대화되지만, 이는 경제적인 면과 환경적인 면을 고려해야 한다.

5.5.7 추출 시간

Processing line의 출구에서 용매와 용질의 흐름이 없이 추출되는 정적인 추출 시간과 흐름이 있는 동적인 추출 시간이 있다. 일반적으로 정적인 추출 시간은 추출 과정의 초기 단계에서의 시간으로서 짧으며, 동적인 추출 시간이 길수록 추출률이 높아진다.

시료를 추출 셀에 적재하여 가열된 오븐에 넣는다. 온도, 압력, 유속, 추출 시간 등을 설정하면 추출이 시작된다. 추출물은 수착 트랩이나 용매가 담겨 있는 수집 용기에 모아진다. 미국 환경보호청(US EPA)에서 추천하는 PAHs, 농약, PCBs 등의 추출을 위한 전형적인 작동 조건을 표 5.4에 나타내었다.

[표 5.4] 환경 시료 분석을 위한 EPA 추천 SFE 조건

	탄화수소 화합물	휘발성 PAHs	약휘발성 PAHs	유기 염소계 농약	PCBs
추출 유체	CO_2	CO_2	$CO_2-CH_3OH-H_2O$ (95:1:4)	CO_2	CO_2
압력(psi)	6100	1750	4900	4330	4417
밀도(g/mL)	0.785	0.3	0.63	0.87	0.75
온도(°C)	80	80	120	50	80
정적 평형 시간(min)	0	10	10	20	20
동적 추출 시간(min)	30	10	30	30	40
유속(mL/min)	1.1~1.5	2.0	4.0	1.0	2.5

응용

- **개요** 미세 조류 중에 있는 carotenoids를 초임계 유체 추출법(SFE)으로 추출한 후 초임계 유체 크로마토그래프로 분석[5]
- **시료** Scenedesmus(뗏목말)
- **분석 물질** Carotenoids 8종(astaxanthin, β-carotene, canthaxanthin, echinenone, lutein, neoxanthin, violaxanthin, zeaxanthin)
- **시료 전처리** 조류의 일종인 동결 건조된 뗏목말(Scenedesmus)을 액체 질소와 함께 갈아서 1 g을 취하여 추출 용기에 넣은 후 실험실에서 제작한 SFE 장치를 사용하여 추출한다. 순수한 CO_2와 변형제로 10% 에탄올을 섞은 CO_2

를 사용하여 300 bar의 압력으로 60°C에서 2 mL/min 유속으로 60분 동안 추출한다. 추출 후에 분석 물질을 수집 용기에 옮기기 위해서 CO_2 팽창 후에 에탄올을 0.2 mL/min 유속으로 흘려준다. 추출물을 빛으로부터 차단하기 위해서 용기에 넣고 용기를 얼음에 놓고 추출물의 최종 부피를 10 mL가 되도록 에탄올을 첨가하여 초임계 유체 크로마토그래프(SFC)로 분석한다.

초임계 유체 추출법(SFE)에서 변수들

SFE에서 추출 효율에 영향을 미치는 요소들로는 용매의 종류(일반적으로 CO_2 사용), 변형제의 분율, 용매의 압력 및 유속, 온도 등이 있다.

- **개요** 브로콜리 잎에 존재하는 아미노산을 초임계 추출법(SFE)으로 추출하고 유도체화시킨 후 GC/MS를 사용하여 분석[6]
- **시료** 브로콜리 잎
- **분석 물질** Proline, ABA, GABA 등 아미노산 20종
- **시료 전처리** 동결 건조시킨 브로콜리 잎 시료 0.4 g을 실험실에서 제작한 초임계 유체 추출 장치의 추출 셀에 넣은 후 250 bar, 70°C에서 변형제로 메탄올 35%가 포함된 CO_2를 사용하여 30분 동안 추출하였으며, 추출 유속은 2 mL/min이다. 추출물을 유도체화시킨 후 GC/MS에 주입하여 분석한다.

- **개요** 머리카락에 잔류하는 농약 성분을 초임계 유체 추출법(SFE)으로 추출한 후 GC/MS를 사용하여 분석[7]
- **시료** 머리카락
- **분석 물질** 유기 염소계 및 유기 인계 농약 8종
- **시료 전처리** 머리카락 시료를 3~10 cm로 채취한 후 200 mg을 Society of Hair Testing(SoHT)의 표면 세척 절차에 따라 sodium dodecyl sulphate로 세척하고, 스테인리스 가위를 사용하여 균질하게 조각을 내어 12 mL 부피의 스테인리스 추출 용기에 넣은 후 SFE 추출 장치에 장착한다. 추출 용매인 CO_2와 변형제인 메탄올 5%를 사용하여 350 bar, 45°C에서 60분 동안 추출한 후 GC/MS에서 분석한다.

- **개요** 토양 중에 잔류하는 POPs (persistent organic pollutants) 물질들을

초임계 유체 추출법(SFE)으로 추출한 후에 GC/MS를 사용하여 분석[8]

- **시료** 토양
- **분석 물질** POPs 물질(phenanthrene, pyrene, PCB 153, lindane, DDT)
- **시료 전처리** 토양 시료 1 g을 추출 용기에 넣고 순수한 CO_2를 용매로 사용하여 압력은 30 MPa, 추출 온도는 50°C, 차단기 온도는 120°C, 추출 시간은 120분이며, 추출이 끝난 후 추출물은 dichloromethane에 저장하고, 추출물의 부피는 질소하에서 8 mL로 조절하고 이를 GC/MS로 분석한다.

- **개요** 열대 과일인 Tamarillo 껍질에서 항산화 성분을 추출하기 위해서 초임계 유체 추출법(SFE)을 사용[9]
- **시료** Tamarillo 껍질
- **분석 물질** 항산화 물질
- **시료 전처리** 과일 껍질을 씻은 후 실온에서 72시간 동안 건조한 후 잘게 조각을 내서 시료 20 g을 추출 장치의 시료 용기에 넣은 후 추출 용매로 CO_2를 사용하여 일정 흐름 속도(0.5±0.05 kg/h)에서 압력(10, 20, 30 MPa), 온도(40, 50°C), 변형제인 에탄올의 분율(2, 5, 8%) 등을 변화시켜 가면서 210분 동안 추출한다.

- **개요** 토양 시료 중에 존재하는 4-nitrotoluene과 3-nitrotoluene을 SFE와 분산 액체-액체 미량 추출법(DLLME)을 결합하여 추출한 후 GC-FID로 분석[10]
- **시료** 토양
- **분석 물질** 4-nitrotoluene과 3-nitrotoluene
- **시료 전처리** 토양 시료를 4일 동안 실온에서 건조시킨 후 2 g을 glass bead와 함께 3 mL SFE 추출 용기에 넣는다. 변형제로 메탄올 150 μL를 시료에 첨가한 후 CO_2 추출 용매를 사용하여 350 atm, 35°C에서 30분 동안 추출한다. 추출물들은 0.4±0.05 mL/min 유속으로 2 mL 부피 플라스크에 수집하고, 메탄올 1 mL를 분산 및 수집 용매로 사용한다. 추출하는 동안 추출 용기는 아이스박스에 담가 둠으로써 수집 효율을 높인다.

- **개요** 생강 속에 함유된 정유(essential oil)와 기타 추출물들을 초임계 유체 추출법(SFE)을 이용하여 추출한 후 GC/MS에서 성분 분석[11]
- **시료** 생강

- **분석 물질** 정유 및 기타 물질
- **시료 전처리** 생강을 잘 씻어 냉장 보관한 후 건조시키고 잘게 간 후에 40 g을 추출에 사용한다. 추출 용매로는 CO_2가 사용되며 25 MPa 압력과 333 K 온도에서 SFE 실험을 통해서 추출한 후, 추출물은 GC/MS에서 분석한다.

- **개요** 꽃박하로부터 초임계 유체 추출법(SFE)을 이용하여 생리활성 물질을 추출하고 HPLC를 사용하여 분석[12]
- **시료** 꽃박하의 잎과 꽃
- **분석 물질** 식품, 화장품 등에서 항산화 효과를 나타내는 항산화제
- **시료 전처리** 건조된 꽃박하(Dittany)의 잎과 꽃을 갈아서 40 g을 시료 용기에 담아서 SFE 추출 장치에 장착 후, 추출 용매는 CO_2, 온도는 40°C, 유속은 2 kg/h로 흘려주며, 변형제로 아세트산 에틸을 0, 2, 5%로 압력은 100, 150, 250 bar로 변화시켜 가면서 최적의 추출 조건을 확립하여 추출한 후 HPLC/UV-Vis로 분석한다.

■ 참고문헌 ■

1 Dean, J. R. *Extraction Methods for Environmental Analysis*, John Wiley & Sons, **1998**, Ch 8.
2 Mitra, S. *Sample Preparation Techniques in Analytical Chemistry*, John Wiley & Sons, Inc, **2003**.
3 Pawliszyn, J.; Lord, H.L. *Handbook of Sample Preparation*, John Wiley & Sons, **2010**, Ch 11.
4 Hawthorne, S. B. *Anal. Chem.* **1990**, *62*, 633A.
5 Abrahamsson, V.; Rodriguez-Meizoso, I.; Turner, C. *J. Chromatogr. A* **2012**, *1250*, 63.
6 Arnaiz, E.; Bernal, J.; Martin, M. T.; Nozal, M. J.; Bernal, J. L.; Toribio, L. *J. Chromatogr. A* **2012**, 1250, 49.
7 Cuong, L. P.; Evgenev, M. I.; Gumerov, F. M. *J. Supercrit. Fluid.* **2012**, *61*, 86.
8 Bielska, L.; Smidova, K.; Hofman, J. *Environ. Pollut.* **2013**, *176*, 48.
9 Castro-Vargas, H. I.; Benelli, P.; Ferreira, S. R. S.; Parada-Alfonso, F. J. Supercrit. *Fluid.* **2013**, *76*, 17.
10 Jowkarderis, M.; Raofie, F. *Talanta* **2012**, *88*, 50.
11 Mesomo, M. C.; Corazza, M. L.; Ndiaye, P. M.; Santa, O. R. D.; Cardozo, L.; Scheer, A. P. *J. Supercrit. Fluid.* **2013**, 80, 44.
12 Lemonis, I.; Tsimogiannis, D.; Louli, V.; Voutsas, E.; Oreopoulou, V.; Magoulas, K. *J. Supercrit. Fluid.* **2013**, *76*, 48.

제6장

마이크로파 추출법

마이크로파 추출법(Microwave-Assisted Extraction, MAE)은 주로 원소 분석을 위한 시료 삭임(digestion) 도구로 많이 사용되어 오다가 1980년대 후반에 유기 화합물의 추출에 응용되기 시작하였다. 마이크로파 추출법은 여러 개의 시료를 빠르게 효과적으로 추출하는 능력과 가능한 한 적은 양의 유기 용매를 사용하고자 하는 것에 초점을 두고 개발되고 있다.[1]

6.1 마이크로파 가열의 원리

가열 맨틀이나 핫 플레이트, 버너 등을 이용한 일반적인 가열은 열이 용액 속으로 전달되기 전에 얼마 동안은 시료 용기가 먼저 가열된다[그림 6.1 (a)]. 따라서 대류 현상으로 인하여 용액 내에서는 열 기울기가 있게 되며, 이는 용기 내에 있는 용액의 전체가 아닌 부분만이 원하는 온도에 도달되어 있다는 것을 의미한다. 반면에 마이크로파는 용기를 가열하지 않고 직접 용액을 가열할 수 있어서 온도 기울기를 최소화하며, 가열하는 속도가 일반적인 방법보다 훨씬 빠르고 에너지 손실이 없다[그림 6.1 (b)].

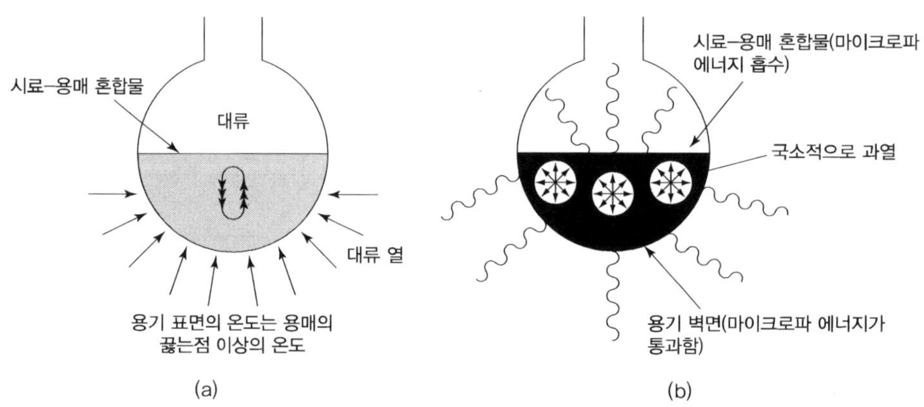

[그림 6.1] 유기 용매의 (a) 일반적인 가열과 (b) 마이크로파 가열

모든 마이크로파 오븐은 2.45 GHz의 고정된 진동수에서 작동되며 전기장 성분과 자기장 성분으로 구성되어 있다. **유전 편극**(dielectric polarization)과 **쌍극자 편극**(dipolar polarization) 중의 하나에 의해서 시료 중에 있는 하전된 입자들과 전기장 성분이 상호작용함으로써 가열 효과가 나타난다.

유전 편극에서는 하전된 입자나 극성 분자들이 자유롭게 움직여서 전류가 발생하고, 그 결과 하전된 입자 또는 극성 분자들은 스스로 방향을 재설정해서 전기장과 동일한 상에 있게 된다.[2] 유전 편극은 하전된 입자들의 형태, 즉 전자, 핵, 영구 쌍극자, 경계면에서 전하에 기초하여 네 가지 성분으로 구분될 수 있다.[1] 즉 한 물질의 전체 유전 편극은 네 성분을 합한 것이다:

$$\alpha_1 = \alpha_e + \alpha_a + \alpha_d + \alpha_i$$

(α_1: 전체 유전 편극, α_e: 핵 주변에 있는 전자들의 편극에 의한 전자 편극, α_a: 핵의 편극에 의한 원자 편극, α_d: 시료 내에서 영구 쌍극자의 편극에 의한 쌍극자 편극, α_i: 시료 성분의 경계면에서 전하들의 편극에 의한 경계면 편극)

마이크로파의 전기장은 초당 2.45×10^9번 편극과 비편극이 반복된다. 이러한 마이크로파의 자기장 내에서 진동수의 변화는 유전 편극의 변화와 유사한 변화를 가져온다. 전자 편극(α_e)과 원자 편극(α_a)은 2.45 GHz에서는 중요하지 않기 때문에 시료의 가열에는 영향을 미치지 않는다. 경계면 편극(α_i)은 Maxwell-Wagner **효과**라고도 하는데, 이는 마이크로파의 진동수에 의해 영향을 받으며, 마이크로파 가열에 있어서 가장 중요한 요소는 **쌍극자 편극** (α_d)이다.

쌍극자 편극은 **배향 편극**(orientation polarization)이라고도 하며 2.45 GHz에서 가장 중요한 가열 메커니즘이다. 빠르게 변하는 자기장 내에서 용매 분자의 쌍극자 재배열이 일어나는데 초당 2.48×10^9번 정도이다.[3] 매번 용매 분자들은 전기장과 동일한 상을 유지하기 위하여 재배열하려고 하며, 그 결과 용매 분자 내에서 진동이 일어나게 되며 마찰력에 의해서 열이 발생하게 된다.

시료 매트릭스로부터 분석 물질을 추출해 내기 위해서는 유기 용매의 선택이 가장 중요한 요소 중 하나이다. 효과적인 추출을 위해서는 용매가 마이크로파 복사선을 흡수하여 다른 분자들에게 열을 전달할 수 있어야 하기 때문에 영구 쌍극자를 가지고 있는 용매나 유전 물질만이 마이크로파 조건하에서 가열될 수 있다.

마이크로파 조건하에서 용매에 따른 가열 효율은 손실 계수(dissipation factor)(tan δ)를 사용한다:[1]

$$\tan\delta = \varepsilon''/\varepsilon'$$

여기서 ε''은 마이크로파 에너지가 열로 전환되는 효율(즉 유전 손실), ε'은 마이크로파 에너지를 흡수하는 능력(즉 유전 상수)이다.

표 6.1에 마이크로파 추출에 사용되는 일반적인 유기 용매들의 유전 상수와 손실 계수를 나타내었다. 메탄올과 에탄올은 물과 비교했을 때 ε'이 낮기 때문에 마이크로파의 흡수가 덜하지만, 손실 계수가 크기 때문에(물은 tan δ가 0.123이지만, 메탄올은 0.659, 에탄올은 0.941이다) 물보다 더 많은 열을 낼 수 있다. 반면에, 헥세인과 같은 용매는 마이크로파를 흡수하지 않기 때문에 (ε'=1.89, tan δ=0.02) 마이크로파 가열을 하지 못한다.

[표 6.1] 마이크로파 추출에 사용되는 용매들의 성질[1]

용매	유전 상수 (ε')	손실 계수(tan δ) (20°C, 2.45 GHz)	끓는점(°C)	닫힌-용기 온도(°C) (175 psig)
Acetone	20.7	0.054	56.2	164
Acetonitrile	37.5	0.062	81.6	194
Dichloromethane	8.93	0.042	39.8	140
Ethanol	24.3	0.941	78.3	164
Hexane	1.89	0.020	68.7	가열 안됨
Methanol	32.6	0.659	64.7	151
2-Propanol	19.9	0.799	82.4	145
Water	78.3	0.123	100.0	
Acetone/hexane(1 : 1, v/v)			52	156

6.2 장치

마이크로파 추출 시스템은 일반적으로, 1) 마이크로파를 발생하는 마이크로파 발생장치(microwave generator), 2) 마이크로파 발생 장치로부터 공동(cavity)으로 마이크로파를 전달하기 위한 파형 길잡이(wave guide), 3) 시료를 놓을 수 있는 공명 공동(resonance cavity) (공동 내부에서 마이크로파의 일정한 분배가 가능하도록 턴 테이블에 시료 용기를 놓는다), 4) 전력 공급 장치로 구성되어 있다.

마이크로파 발생 장치는 **마그네트론(magnetron)**이라고 하며, 2.45 GHz 마이크로파 진동수에서는 파형 길잡이를 사용하여 전자기 에너지가 마그네트론으로부터 공명 공동으로 전도되며, 공명 공동 내에 놓여 있는 시료는 마이크로파 에너지의 영향을 받게 된다.

6.2.1 닫힌 시스템

가장 일반적인 형태는 시료를 용기 내에 넣고 마이크로파 복사선을 쪼여 주기 전에 밀봉해 놓는 **닫힌 시스템(closed system)**이다(그림 6.2). 이 장치의 장점은 용기 내의 증가된 압력으로 인해 용매의 끓는점을 높일 수 있어서 시료를 높은 온도까지 도달시킬 수 있는 능력이 있고, 완전히 닫힌 마이크로파 시스템은 동시에 여러 개의 시료를 전처리할 수 있다는 것이다. 또한 시료 용기가 밀봉되어 있어서 휘발성 물질들의 손실이 없고 외부 오염의 위험이 적다. 하지만 휘발성 물질들의 손실을 막기 위해서는 용기를 냉각시킨 후에 열어야 하고, 시료 크기가 2 g 이하로 제한되고, 시료 용기를 반복적으로 가열하고 압력을 가해야 하기 때문에 장비의 수명이 짧아질 수 있고, 시료의 손실이 있을 수 있고, 시험자의 안전에 문제가 있을 수 있다는 단점이 있다.

6.2.2 열린 시스템

열린(대기압) 시스템(open (atmospheric) system)은 대기 압력에서 작동되기 때문에 폭발의 위험성이 작고, 시험 과정을 멈추거나 용기를 냉각시킬 필요 없이 필요에 따라서 용매나 다른 시약을 더 사용할 수 있다.

시료 크기도 10 g 이상까지 가능하며 시료 용기의 수명이 길고, 다음 실험을 위해서 시료를 냉각시킬 필요가 없다는 장점을 가지고 있다. 하지만 휘발성 물질에 대한 손실의 우려가 있고 외부 공기로부터 오염의 가능성이 있으며, 동시에 여러 개의 시료를 처리하기 어렵고 닫힌 시스템에 비해 추출 시간이 길다는 단점이 있다.

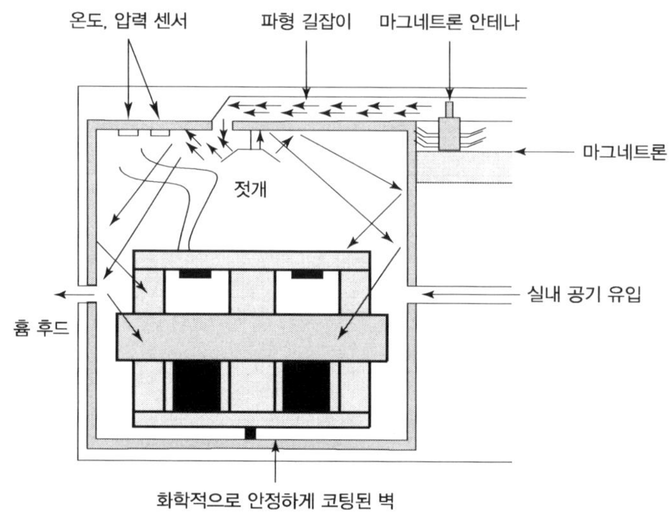

[그림 6.2] 닫힌 마이크로파 시스템의 구조[4]

6.3 마이크로파 추출에 영향을 미치는 요소들

매트릭스로부터 분석 물질을 추출하는 데 영향을 미치는 중요한 요소는 다음과 같다.

6.3.1 유기 용매와 부피

시료 매트릭스로부터 분석 물질을 추출하고자 할 때 중요한 요소 중의 하나가 용매의 선택이다. 매트릭스로부터 분석 대상 화합물을 용해시킬 수 있는 능력이 있고 마이크로파를 흡수할 수 있는 성질의 것을 선택해야 한다(표 6.1). 일반적으로 가장 많이 사용되는 유기 용매 시스템은 헥세인/아세톤(1 : 1) 혼합 용액이다. 헥세인은 유전 상수 값이 작고 물과 섞이지 않는 용매로 마이크로파 흡수 성질은 무시할 만하며, 유사한 성질을 지닌 유기 화합물의 용해를 도울 수 있다. 아세톤은 물과 잘 섞일 수 있어서 젖은 매트릭스로부터 극성 화합물을 추출할 수 있고, 혼합된 용매와 함께 시료에 있는 물 층에 침투할 수 있다. 또한 아세톤의 유전 상수 값은 마이크로파를 적당하게 흡수하는 성질을 가지고 있어서 혼합된 추출 용매 시스템이 가열되도록 한다.

6.3.2 시료 크기

일반적인 시료의 크기는 0.1~20 g 정도이며, 시료의 성질과 시료의 가용성, 마이크로파 시료 용기의 용량에 따라 달라진다.

6.3.3 마이크로파 전력과 조사 시간

일반적으로 500~1,000 W 정도의 전력이 공급되며 적절한 전력과 조사(irradiation) 시간을 조합시키는 것이 중요한데, 이는 시료 용기 내의 압력이 너무 올라가서 폭발할 위험이 있기 때문이다.

6.3.4 추출 시간

일반적인 추출 시간은 10~20분 정도이며 추출 시간이 길수록 더 많은 분석 물질이 추출될 수 있으나 화합물들의 분해가 일어나지 않아야 한다. 닫힌 압력 시스템에서는 봉해진 마이크로파 용기를 열기 전에 압력(온도)이 대기 압력(실온) 근처로 복귀될 때까지 기다리는 것이 안전하며 휘발성 화합물의 손실도 막을 수 있다.

MAE의 일반적인 작동 조건

마이크로파 기술을 이용한 추출에 대한 표준화된 작동 조건은 없지만 미국 환경보호청(US EPA)에서 토양 시료 등으로부터 마이크로파를 사용하여 유기 화합물을 추출하는 방법을 제시하고 있는데 다음과 같다[1]:

- 온도: 100~115°C, 압력: 50~150 psi, 추출 시간: 10~20분, 용매 시스템: 헥세인/아세톤(1 : 1), 시료 무게: 1~20 g, 냉각: 실온

응용

- **개요** 미세 다공성 미네랄 수착제로부터 atrazine 및 분해 산물을 분석하기 위해서 마이크로파 추출법(MAE, microwave-assisted extraction)을 사용하여 추출하고 LC/MS/MS로 분석[5]

- **시료** 미세 다공성 미네랄 수착제(microporous mineral sorbents)
- **분석 물질** 제초제로 사용되는 atrazine 및 분해 산물
- **시료 전처리** 추출 용기에 미네랄 수착제 시료 0.2 g과 추출 용매 20 mL를 넣고 2.45 GHz에서 0부터 1,600 W로 연속적으로 펄스가 없는 마이크로파 출력을 발생시켜서 추출한다. 추출에 대한 최적 조건을 확립하기 위해 추출 용매의 조성(메탄올), 추출 시간(15분), 추출 온도(80°C) 등을 변화시켜 주었고 추출이 완성된 후에는 시료 용기가 완전히 냉각된 후 추출물 2~3 mL를 유리 주사기로 취해서 0.22 ㎛ PTFE membrane filter로 필터한 후 LC/MS/MS에 주입하여 분석한다.

- **개요** 마이크로파 추출법(MAE)을 이용하여 인삼에서 ginsenosides를 추출한 후 HPLC, LC/MS/MS로 분석[6]
- **시료** 인삼 분말
- **분석 물질** Ginsenocides 8종(Rb_1, Rb_2, Rc, Rd, Re, Rf, Rg_1, Rg_2)
- **시료 전처리** 인삼 분말 50 mg을 1.5 mL 마이크로 튜브에 넣은 후 60% MeOH/H_2O 추출 용액 1 mL를 넣고 20초 동안 vortexing한다. 2.5 GHz에서 50 W 마이크로파 출력으로 55°C에서 15~90분 동안 추출한 후 20분 동안 냉각시킨다. 1 M acetic acid 100 μL를 가해서 염기를 중성화시키고, 10초 동안 vortexing하고 2,800×g에서 20분 동안 원심분리한 후 추출물을 LC에 주입하여 분석한다.

- **개요** 육류에 잔류하는 N-nitrosamines을 마이크로파 추출법(MAE)과 분산 미량 추출법을 결합하여 추출한 후 GC/MS로 분석[7]
- **시료** 돼지고기 소시지, 베이컨, 핫도그, 햄 등
- **분석 물질** N-nitrosodimethylamine (NDMA) 및 6종의 휘발성 N-nitrosamines
- **시료 전처리** 잘게 간 시료 5 g을 PFA PTFE로 처리한 추출 용기에 넣고 수산화 소듐(0.025 M)을 30 mL 가한 다음 100°C에서 10분 동안 추출한다. 추출물은 계속해서 분산-μ-SPE 방법에 따라 처리한 후 GC/NCI-MS에 주입하여 분석한다.

최적의 파라미터 설정

- 실험에서는 여러 가지의 실험 파라미터가 있어서 이들을 조합해서 최적의 조건을 설정하기 위한 판단이 어렵다.
- 따라서 여러 가지 파라미터의 중요성은 변이 분석(ANOVA, analysis of variance) 통계 분석을 통해서 실험 데이터를 해석하고 합리적인 결정을 할 수 있다.
- '효과(effect)', '기여 퍼센트(percentage of contribution, PC)', 'F-value'를 관찰함으로써 감응 함수에서 각 파라미터의 효과를 관찰할 수 있다.

- **개요** 곡물류에 잔류하는 발암성 물질인 aflatoxin류를 마이크로파 추출법(MAE)으로 추출한 후 계속해서 고체상 추출법(SPE)으로 정제한 다음, 분석 물질을 유도체화 반응을 시키고 LC/FLD로 분석[8]
- **시료** 곡물류
- **분석 물질** Aflatoxins B_1, G_1, B_2, G_2
- **시료 전처리** 잘게 간 곡물 분말 3 g을 MAE 추출 용기에 넣고 추출 용매로 아세토나이트릴 12 mL를 가한 후 용기를 밀봉한다. 마이크로파의 출력은 400~1,600 W이고, 시료 용기의 온도는 80°C, 압력은 350 psi에서 15분 동안 추출한 후 냉각시킨다. 추출 용매 3 mL로 용기의 벽과 뚜껑을 씻은 다음, 추출물을 필터하고 5 mL를 취해서 회전 증발기를 사용하여 용매를 휘발시켜 건조시킨다. 그다음 2 mL dichloromethane을 가하여 30초 동안 vortexing하고 이를 SPE 카트리지를 사용하여 정제한 다음 TFA (trifluoroacetic acid)을 사용하여 유도체화시킨 후 LC/FLD(형광 검출기)로 분석한다.
- **기타** MAE에서 추출 효율에 영향을 미치는 요소인 추출 용매의 종류, 온도, 추출 시간, 추출 용매의 부피 등에 대한 실험이 수행되었다.

- **개요** 포도에 잔류하고 있는 곰팡이 살균제를 마이크로파 추출법(MAE)을 비롯한 4가지 추출 방법으로 추출한 다음 GC/MS로 분석[9]
- **시료** 포도
- **분석 물질** 곰팡이 살균제 8종(vinclozolin, dichlofluanid, penconazole, captan, quinoxyfen, fluquinconazol, boscalid, pyraclostrobin)
- **시료 전처리** 포도 시료를 조각낸 후 균질화시킨 다음, 2 g을 취해서 추출 용기에 넣고 hexane/acetone (1 : 1) 혼합 용액 10 mL를 가한다. 오븐의 출력은 600 W로 고정하고 5분 동안에 105°C로 증가시키고 10분 동안 저어 주면

서 추출한다. 다음으로 추출물을 냉각시킨 후 황산 소듐 무수물(anhydrous sodium sulphate)을 사용하여 수분을 제거하고 glass wool을 통과시켜 필터한다. 잔류물은 용매 2 mL로 세척하여 추출물과 혼합하고 유기 용매를 질소 증발기로 휘발시키고 hexane/acetone(1 : 1)를 사용하여 5 mL가 되도록 재용해한 후 GC/MS에 주입하여 분석한다.

- **기타** MAE의 최적 조건을 확립하기 위해서 ANOVA 분석을 통해서 처음에는 4개의 파라미터[온도, 추출 시간, 용매의 종류(분율), 용매의 부피], 즉 2^{4-1} fraction factorial design을 수행하여 중요한 요소들을 평가한 결과 추출 용매의 종류와 부피의 영향이 크므로 50%와 10 mL로 고정시키고, 다음으로는 온도와 추출 시간을 변수로 하여 최적의 조건을 확립하였다.

- **개요** *Pulsatilla turczaninovii* 중에 함유된 triterpenoid saponin을 마이크로파 추출법(MAE)으로 추출한 후 LC/ESI-MS/MS를 사용하여 분석[10]
- **시료** 할미꽃류에 속하며 중국 음식과 한약제로 사용되는 *Pulsatilla turczaninovii*
- **분석 물질** Triterpenoid saponin 7종
- **시료 전처리** 분말 시료 1 g을 둥근 바닥 플라스크에 넣고 70% 에탄올[시료 대 용매 비율 = 1 : 20(g/mL)]을 첨가하고 80°C에서 500 W 출력으로 3분 동안 추출한 후 LC/MS에 주입하여 분석한다.
- **기타** MAE 추출 조건 확립을 위해서 추출 용매의 종류, 추출 온도, 추출 시간, 고체/액체 비 등에 대한 변수 실험 후 central composite design(CCD)이 통계기법으로 사용되어 최적의 조건을 설정하였다.

- **개요** 커피 중에 함유된 trigonelline, nicotinic acid, caffeine을 마이크로파 추출법(MAE)으로 추출한 후 HPLC를 사용하여 분석[11]
- **시료** 커피 원두
- **분석 물질** Trigonelline, nicotinic acid, caffeine
- **시료 전처리** 커피 원두를 갈아서 분말로 만들어 200 mg을 테플론 재질의 압력 용기에 넣고 물 20 mL를 가한 후 밀봉하여 마이크로파 추출 장치에 장착한다. 300W 출력과 120°C에서 10분 동안 추출한 후에 실온에서 냉각시킨 다음 18 cm 거름종이를 통과시킨 후, 최종 부피가 50 mL가 되도록 물로 채우고 0.45 ㎛ 얇은 막으로 필터한 후 HPLC에서 분석한다.

- **개요** 훈제된 생선 중에 잔류하는 PAHs를 마이크로파 추출법(MAE)으로 추출한 후 분산 액체-액체 미량 추출법(DLLME)으로 정제한 다음, GC/MS를 사용하여 분석[12]
- **시료** 훈제된 생선
- **분석 물질** PAHs (polycyclic aromatic hydrocarbons) 16종
- **시료 전처리** 뼈, 꼬리, 머리를 잘라낸 생선을 분쇄기에 잘게 간 후에 냉동 보관하며 분석 시에는 이 시료 1 g을 유리 용기에 넣고 2 M 수산화 포타슘과 에탄올이 50 : 50으로 섞인 용액 12 mL를 첨가한 후 밀봉하고 500 MHz 마이크로파에서 2분 동안 가수 분해하고 시료를 비누화시킨다. 냉각시킨 후 원심분리 시험관으로 옮겨서 4000 rpm에서 5분 동안 원심분리한 후 수용액 층을 다른 용기에 옮긴 후 염산 용액을 사용하여 pH를 6.5로 조절한다. Carrez 용액 2 mL를 용기에 넣어 4000 rpm에서 5분 동안 원심분리하여 단백질을 침전시킨다. 이후 분산 액체-액체 미량 추출법(DLLME)을 사용하여 시료를 정제한 후 GC/MS로 분석한다.

PAHs

- PAHs(polycyclic aromatic hydrocarbons)는 발암성 물질로 분류되어 있다.
- 육류나 생선을 보존하기 위해서 훈제 방법이 오래 전부터 사용되고 있는데 이는 나무를 태울 때 유기 화학 물질이 열분해되면서 휘발성 물질이 식품 속으로 침투하는 방법이다.
- 훈제 과정 중에 유기 물질의 열분해나 불완전 연소에 의해 많은 종류의 PAHs가 생성되어 식품에 축적된다.

MAE에 사용되는 용매

- 마이크로파 추출법(microwave-assisted extraction, MAE)에서는 물과 같은 극성 용매가 고체상 시료로부터 분석 물질들을 추출하는 데 사용된다.
- 물이 마이크로파 에너지를 흡수하면 온도와 압력이 증가하게 되고 분석 물질이 고체 시료로부터 더 신속하게 탈착됨으로써 추출된다.
- 하지만 무극성 용매는 마이크로파 에너지를 흡수하지 못하기 때문에 극성 용매에 비해서 추출 효율이 떨어질 수 밖에 없기 때문에 무극성 용매를 사용할 경우에는 물과 같은 극성 용매와 혼합하여 사용하는 것이 효율적이다.

- **개요** 토양, 저질, 슬러지에 잔류하는 PPCPs를 마이크로파 추출법(MAE)와 연속 고체상 추출법(SPE)을 사용하여 추출/정제한 후 GC/MS를 사용하여 분석[13]
- **시료** 토양, 저질(sediment), 슬러지(sludge)
- **분석 물질** PPCPs (Pharmaceuticals and Personal Care Products) 22종
- **시료 전처리** 토양, 저질, 슬러지 시료를 −55°C에서 72시간 동안 동결 건조시킨 후 2 mm 체(sieve)를 통과시켜 균질화시키고 시료 전처리 전까지 밀봉하여 −20°C에서 보관한다. 동결 건조된 시료 1 g을 50 mL 유리병에 넣고 추출 용매인 메탄올/물(3 : 2) 10 mL를 첨가하여 밀봉하고 마이크로파 오븐에 넣는다. 마이크로파의 출력은 500 W이며 6분 동안 추출하고 상층액을 0.2 ㎛ 필터에 통과시킨 후 질소 증발기를 사용하여 부피가 200 μL가 되도록 휘발시킨다. MAE의 추출물을 연속 고체상 추출법으로 추출/정제 후에 BSTFA+1% TMCS 유도체화 시약을 사용하여 유도체화시킨 후 GC/MS에서 분석한다.

- **개요** 양모(raw wool) 중에 잔류하는 40종의 유기인계 살충제를 마이크로파 추출법(MAE)으로 추출한 후 GC-FPD로 분석[14]
- **시료** 양모
- **분석 물질** 유기인계 살충제(organophosphate pesticides) 40종
- **시료 전처리** 양모 시료 1 g을 마이크로파 추출 시료 용기에 넣고 아세토나이트릴 30 mL를 첨가한다. 80°C에서 20분 동안 1000 W 출력으로 추출한 후 10분 정도 냉각시키고 시료를 0.45 ㎛ PTFE 얇은 막 디스크에서 필터한다. 그다음 아세토나이트릴 10 mL로 씻어준 후 이들 추출물들을 둥근 부피 플라스크로 옮겨서 5 mL 이하로 농축시킨다. 플라스크를 2 mL 아세토나이트릴로 세척하여 10 mL 시험관에 옮겨서 −20°C에 10분 동안 방치한 후 부유물을 다른 시험관에 옮기고 톨루엔 0.2 mL를 가한 후 질소 증발기로 휘발시켜 건조시킨다. 잔류물을 0.2 mL 아세트산 에틸에 재용해시킨 후 GC에 주입한다.

■ 참고문헌 ■

1 Pawliszyn, J. *Comprehensive Sampling and Sample Preparation*, Elsevier, **2012**, Ch 2.08.

2 Jacob, J.; Boey, F. J. *Mater. Sci.* **1995**, *30*, 5321.

3 Eskilsson, C. S.; Bjorklund, E. *J. Chromatogr. A* **2000**, *902*, 227.

4 Dean, J. R. *Extraction Techniques in Analytical Sciences*, John Wiley & Sons Ltd., Chichester, UK, **2009**.

5 Hu, E.; Cheng, H. *Microchim ACTA* **2013**, *180*, 703.

6 MacCrehan, W. A.; White, C. M. *Anal. Bioanal. Chem.* **2013**, *405*, 4511.

7 Huang, M.-C.; Chen, H.-C.; Fu, S.-C.; Ding, W.-H. *Food Chem.* **2013**, *227*, 233.

8 Chen, S.; Zhang, H. *Anal. Bioanal. Chem.* **2013**, *405*, 1623.

9 Lagunas-Allue, L.; Sanz-Asensio, J.; Martinez-Soria, M. T. *J. Chromatogra. A* **2012**, *1270*, 62.

10 Xu, H.; Shi, X.; Ji, X.; Du, Y.; Zhu, H.; Zhang, L. *Food Chem.* **2012**, *135*, 251.

11 Liu, H.; Shao, J.; Li, Q.; Li, Y.; Yan, H. M.; He, L. *J. AOAC Int.* **2012**, *95*, 1138.

12 Ghasemzadeh-Mohammad, V.; Mohammadi, A.; Hashemi, M.; Khaksar, R.; Haratian, P. *J. Chromatogr. A* **2012**, *1237*, 30.

13 Azzouz, A.; Ballesteros, E. *Sci. Total Environ.* **2012**, *419*, 208.

14 Niell, S.; Pareja, L.; Gonzalez, G.; Gonzalez, J.; Vryzas, Z.; Cesio, M. V.; Papadopoulou-Mourkidou, E.; Heinzen, H. *J. Agric. Food Chem.* **2011**, *59*, 7601.

제 7 장

가속 용매 추출법

7.1 원리

가속 용매 추출법(Accelerated Solvent Extraction, ASE)은 가압 유체 추출법(pressurized fluid extraction, PFE) 또는 가압 액체 추출법(pressurized liquid extraction, PLE)이라고도 하며, 유기 용매를 사용하여 끓는점 이상의 온도(100~180°C)와 높은 압력(1,500~2,000 psi)에서 유기 화합물을 추출하는 방법으로, 고체 시료의 추출에 있어서 신속성, 효율성, 경제성을 고려한 시료 전처리 방법이며 1990년대에 선보인 추출 장치이다. 실온과 대기 압력하에서 추출하는 것에 비해 높은 온도와 압력에 있는 액체 용매를 사용하여 추출하면 추출률이 증가하는데, 이는 용해도와 질량 이동 효과 및 표면 평형의 파괴 영향 때문이다.[1]

7.1.1 용해도와 질량 이동 효과

높은 온도에서는 용매가 분석 물질을 용해하는 능력이 증가한다. 예를 들면, 50°C에서 150°C로 증가할 때 anthracene의 용해도는 10배 이상 증가하기도 한다. n-Eicosane과 같은 탄화수소 화합물의 용해도는 동일한 온도 증가에서 수백 배까지 증가할 수 있다.[2] 또한 온도가 증가함에 따라 유기 용매 내에서 물의 용해도는 증가된다. 따라서 낮은 온도와 압력에서 분석 물질을 용해하고 있던 용매들이 물에 의해서 차단된 시료의 구멍으로부터 빠져 나오기 쉬워진다.[3] 그리고 추출 온도가 증가함에 따라서 확산 속도가 빨라지는데, 온도가 25°C에서 150°C로 증가할 때 확산 속도는 2~10배 증가한다.[4]

정지 시간 동안에 새로운 용매가 ASE 장치로 주입되면서 질량 이동이 증가하여 추출 속도가 빨라진다. 이는 새로운 용매를 넣어주면 추출 장치 셀 내의 용매와 시료 매트릭스의 표면 간의 농도 기울기가 증가하게 되고, 농도 기울기가 커질수록 질량 이동 속도는 더 빨라지기 때문이다.

7.1.2 표면 평형의 파괴

온도가 증가하게 되면 van der Waals 힘, 수소 결합, 매트릭스의 활성 위치와 용질 분자 간의 쌍극자 인력 등에 의한 용질과 매트릭스 간의 상호 작용이 파괴된다. 열에너지는 탈착 과정에 필요한 활성화 에너지를 감소시킴으로써 용질들 간의 응집력, 용질과 매트릭스 간의 접착력을 극복할 수 있게 되며, 수소 결합까지도 약화된다. 온도가 높을수록 액체 용매의 점성도가 감소하여 매트릭스 입자들에 대한 침투가 쉬워져서 추출률이 증가한다. 또한 온도가 증가하면 용매, 용질, 매트릭스의 표면 장력이 감소하여 용매가 시료 매트릭스를 더 잘 적실 수 있다. 이러한 효과들로 인하여 용매와 분석 물질들 간의 접촉이 더 용이하게 되어 추출률이 증가될 수 있다.

추출 과정 동안에 용매에 충분한 압력이 가해지면 끓는점 이상의 온도에 도달하게 된다. 높은 압력은 매트릭스 구멍에 갇혀 있는 분석 물질을 시료로부터 추출하기 쉽게 하여 대기 압력 조건에서는 용매에 의해서 접촉이 불가능했던 매트릭스의 영역까지도 용매의 침투가 가능하게 해 준다. 예를 들어, 분석 물질이 시료의 구멍에 갇혀 있고 물이 구멍 입구를 차단하고 있다면 용매는 분석 물질과 접촉이 불가하고 따라서 추출이 안 될 것이다. 하지만 높은 온도와 용매의 표면 장력의 감소가 동반된 높은 압력에서는 용매가 시료의 구멍으로 들어가서 분석 물질과 접촉할 수 있게 도와줄 것이다.

7.2 장치의 구성 및 작동 절차

7.2.1 장치의 구성

가속 용매 추출(ASE) 장치는 그림 7.1과 같이 용매 전달 펌프, 질소 공급 장치, 추출 셀, 오븐, 수집 용기 등으로 구성되어 있다. 추출을 위해서는 먼저 스테인리스강으로 만든 **추출 셀**에 고체 시료를 적재한 후 셀의 뚜껑을 손으로 조여서 닫아준 다음, 셀을 carousel에 장착하면 이 carousel은 추출을 위해서 오븐(실온에서 200°C까지 조절이 가능) 속으로 이동한다. 셀은 용매가 끓는점 이상의 온도에서도 액체 상태를 유지할 수 있도록 높은 압력(500~ 3,000 psi)을 견뎌낼 수 있게 설계되어 있다. 용매를 펌프질하여 셀로 흐르게 설계되어 있으며, 용매는 단일 용매 또는 2~4가지의 다른 용매를 혼합하여 사용할 수 있게 되어 있다. 용매가 시료 셀을 통해서 흐르면 밸브가 닫히면서 셀의 압력이 증가하는데, 용매는 가열됨에 따라 팽창하기 때문에 밸브가 닫힐 때 셀 내의 압력은 증가하게 된다.

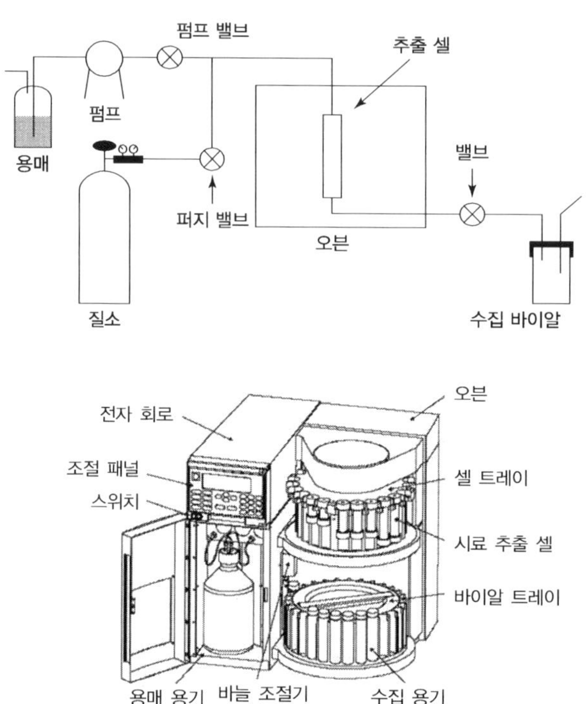

[그림 7.1] 가속 용매 추출(ASE) 장치의 구성

7.2.2 작동 절차

ASE 방법의 단계는 그림 7.2와 같다. 시료를 추출 셀에 적재하면 용매가 펌핑되어 추출 셀 안으로 들어간 후에 셀은 원하는 온도와 압력까지 가열된다. 가열 시간은 보통 5~9분 정도이며 100~200°C까지 가열될 수 있다. 이런 방법을 "**선채움 방법(prefill method)**"이라고 하며, 용매를 가열하기 전에 시료를 먼저 가열하는 방법은 "**선가열 방법(preheat method)**"이라고 한다. 하지만 '선가열 방법'은 휘발성 분석 물질의 손실이 쉽게 일어나기 때문에 일반적으로 '선채움 방법'을 더 선호한다.

가열 후에는 정적 혹은 동적으로, 또는 이 둘의 혼합 방법으로 추출이 진행될 수 있다. 동적인 방법에서는 추출 용매가 시스템을 통해서 흐르지만 정적인 방법에서는 용매의 흐름이 없다. 동적인 방법이 추출 효율이 좋기는 하지만 용매의 소모량이 매우 많기 때문에 흔하게 사용하지는 않는다. 정적인 추출 시간은 99분까지 가능하지만 보통은 5분 정도이다. 추출 후에는 새로운 용매를 사용하여 수집 바이알을 씻어 준다. 세정(flush) 부피는 셀 부피의 5~150%인데 보통은 60% 정도를 사용한다. 일반적으로는 한 번만 세정을 하지만 5회까지 반복 세정이 가능하게 되어 있다. 전체 세정 부피는 순환 횟수로 나누어지며 각 순환마다 동일한 부피가 사용된다. 마지막 세정이 끝난 후에는 질소[보통 150psi 압력으로 1분 퍼지(purge)]를 사용하여 용매를 퍼지시켜서 수집 바이알에 모은다. 현재 시판되고 있는 ASE 장치는 동일한 작동 조건에서 연속적으로 24개 시료를 처리할 수 있다. 셀을 오븐으로 넣거나 빼내는 작업은 자동으로 수행될 수 있으며, 추출물에 대한 필터링은 필요 없으나 기기 분석 전에 농축 또는 정제가 필요한 경우가 있다.[5]

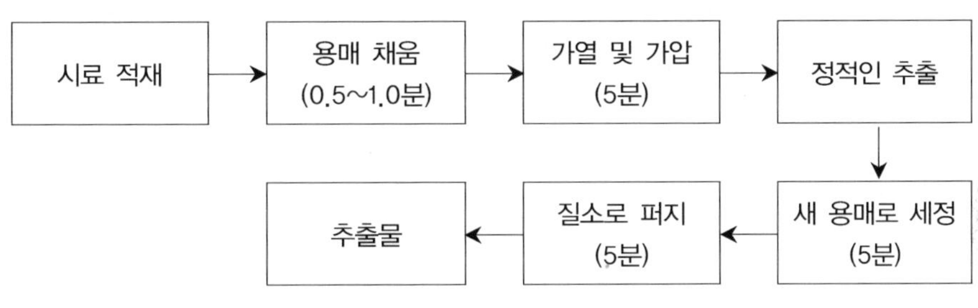

[그림 7.2] ASE 장치의 작동 절차

7.3 시료 전처리

가속 용매 추출(ASE)법에서 효과적인 추출을 위해서는 다음 몇 가지의 시료 전처리가 필요하다.

7.3.1 분쇄

효과적인 추출이 일어나기 위해서는 용매가 분석 물질과 접촉이 많아야 하기 때문에 시료 표면적의 노출이 클수록 추출은 빨리 일어난다. 따라서 입자의 크기가 큰 시료는 추출 전에 대략 0.5 mm 이하의 입자 크기로 분쇄시키는 것이 효율적이며, 일반적인 막자사발이나 전기 분쇄기와 밀(mill)을 사용하면 된다. 토양이나 퇴적물 시료는 분쇄가 필요 없으나 추출 전에 자갈이나 끈적한 물질은 제거해야 한다. 폴리머 시료로부터 첨가제 화합물을 효과적으로 추출하기 위해서는 분쇄 과정이 필요한데, 폴리머나 고무 제품은 낮은 온도(예 액체 질소 환경)에서 분쇄해야 한다. 동물이나 식물 조직은 분쇄기나 균질화기를 사용하여 균질화한다.

7.3.2 분산

크기가 작은 입자들은 압력이 가해질 경우 서로 응집할 수 있다. 응집되어 있는 시료 입자들은 효율적인 추출을 방해하므로 Thermo Scientific 사의 모래(예 Ottawa Sand)나 규조토(예 ASE Prep DE)와 같은 비활성 물질을 사용하여 시료를 분산시키는 것이 좋은데, 이들에 대한 바탕 시험을 먼저 수행함으로써 오염 여부를 확인할 필요가 있다. 바다 모래를 분산제로 사용하는 것은 피하는 것이 좋은데, 이는 모래에 포함된 작은 입자들이 장치의 튜브를 막을 염려가 있기 때문이다. 토양이나 퇴적물 시료에서 추출할 경우에는 시료가 완전히 건조되지 않으면 분산제를 섞어 주면 된다.

7.3.3 건조

추출에 사용되는 용매와 분석 물질에 따라 달라지기도 하지만 효과적인 추출을 위해서 시료가 완전히 건조될 필요는 없다. 시료 중에 물이 많이 존재하면 무극성 유기 용매가 분석 물질에 접근하는 것을 방해할 수 있다. 아세톤이나 메탄올과 같은 극성 용매나 혼합 용액(헥세인/아세톤, 염화 메틸렌/아세톤)은 적셔진 시료의 추출에 적합하다. 건조제의 선택은 시료의 형태에 따라 달라지는데, 과일이나 채소와 같이 젖어 있고 부드러운 매트릭스에는 셀룰로스가 적합하다. 고온에서 용해되는 황산 마그네슘은 ASE를 위한 건조제로 적합하지 않다. 또한 황산 소듐도 추출 과정에서 용해되어 출구에서 석출될 수 있으므로 사용하지 않는 것이 좋다. 오븐에서 건조시키거나 동결 건조를 하는 것도 건조 방법으로 대체될 수 있으나 휘발성 화합물에 대해서는 주의해야 한다. Dionex와 같은 회사에서는 고유 브랜드의 건조제(Dionex ASE Prep DE)를 판매하고 있는데 사용량은 다음과 같다. 건조해 보이는 시료는 시료 4 g에 건조제 1 g을 넣으며, 젖어 보이는 시료는 시료 4 g에 건조제 2 g을 넣는 것이 바람직하다.

또한 무극성 용매를 사용할 경우에는 시료를 건조시키는 것이 중요하다. 규조토와 같은 건조제를 직접 시료에 넣어줌으로써 건조가 가능하며, 황산 소듐은 무극성 용매(헥세인, 헵테인, 톨루엔 등)에만 사용한다.

7.4 추출에 영향을 미치는 요소들

7.4.1 용매

사용되는 추출 용매는 분석 물질이 시료 매트릭스에서 떨어져 나올 때 분석 물질을 용해시킬 수 있어야 하며 추출 용매의 극성도는 분석 물질의 극성도와 유사해야 한다. 넓은 범위의 화합물을 추출하기 위해서는 극성도가 다른 용매들을 혼합한 혼합 용매를 사용할 수 있다. 또한 용매 선택에 있어서 농축이나 유도체화 등 추출 후에 추가적으로 진행될 다른 시료 전처리 절차에 적합한 용매여야 하며 경제적인 면도 고려되어야 한다. 예를 들어, polycyclic aromatic 화합물을 추출하여 GC나 GC/MS로 분석하기 위해서는 다이클로로메테인/아세톤 또는 아세톤이 용매로 적합하고, HPLC로 분석하고자 할 때는 아세토나이트릴이 적합하며 일반적으로 용매가 극성일수록 덜 선택적이다. 물과 완충 용액이 용매로 사용될 수도 있는데, 강산(예 염산, 질산, 황산 등)은 장치의 스테인리스강과 반응할 수 있으므로 사용하지 않는 것이 바람직하다. 꼭 필요한 경우에는 아세트산이나 인산 같은 약산이 사용되기도 하지만 1~10%(v/v) 범위 내에서 사용되어야 한다.

7.4.2 온도

ASE 추출에서 가장 중요한 요소가 추출 온도인데, 온도가 증가함에 따라 추출 용매의 점성도가 감소하면서 매트릭스를 적시는 능력이 증가하여 분석 물질을 용해하게 된다. 또한 증가된 열에너지는 분석 물질과 매트릭스의 결합을 끊는 데 도움이 되며, 매트릭스 표면으로 분석 물질을 확산시키는 데 기여한다. 일반적인 온도 범위는 75~125°C이며 보통은 100°C이다. 온도를 설정할 때는 분석 물질과 시료 매트릭스의 열적인 안정성을 고려해야 하며, 추출 용매를 탈기체화시켜 줌으로써 화합물의 산화에 의한 분해를 최소화할 수 있다. 시료가 추출 셀 내에서 녹는 경향이 있을 경우에는 셀룰로스 재질의 Soxhlet thimble을 사용하기도 한다.

7.4.3 압력

용매가 끓는점 이상에서도 액체 상태로 시스템을 통해서 빠르게 움직이게 하기 위해서는 압력 조절이 필요하다. 따라서 ASE에서는 용매가 액체 상태를 유지하기 위해 필요한 문턱값 압력만 유지하면 되기 때문에 압력 변화가 추출에 영향을 미치지는 않는다. 일반적으로 1,000~2,000 psi의 압력이면 되는데 보통은 1,500 psi이다.

7.4.4 순환 횟수

추출 과정이 추출 용매에 대한 용해도의 한도에 도달했을 경우에는 새로운 용매를 넣어서 다시 추출 과정을 반복할 수 있다. 예를 들어 순환 횟수를 2회로 한다면 추출 용매의 양을 1/2로 나누어서 추출한 후에 정지 시간이 지난 후 1회에 추출한 용매는 수집 용기에 회수한다. 이후에 1회에 추출이 이루어진 동일한 시료에 대해서 나머지 1/2의 용매를 새롭게 넣어서 추출 과정을 거치게 된다. 마지막 순환 추출이 끝난 후에는 질소에 의한 퍼지 단계가 시작된다. 이는 전체적으로는 동일한 양의 용매를 사용하여 단지 여러 번 나눠서 추출한다는 것이다. 이런 방법은 분석 물질의 농도가 매우 높거나 용매가 매트릭스에 침투하기 어려운 시료에 대해서 실시한다.

7.4.5 흡착제

추출하기 전에 흡착제를 추출 셀에 넣은 후 시료를 흡착제 위에 올려놓고 추출하면 추출하는 동안에 원하지 않는 물질들이 추출 용매와 함께 수집 용기로 빠져 나가지 않고 흡착제에 달라붙게 되므로 추출의 선택성이 개선된다. 이를 위해서는 실리카, 플로리실, 알루미나 등이 사용되는데, 지질(lipid)이 많이 포함된 식품이나 동물 조직으로부터 무극성 유기 화합물을 추출할 경우 이들을 사용하여 지질을 효과적으로 제거할 수 있다. ASE에서 사용되는 흡착제는 표 7.1에 나타내었다.

[표 7.1] ASE에 사용되는 흡착제[5]

흡착제	용도
Silica	무극성 지질 제거
Florisil	무극성 지질 제거
Alumina	무극성 지질 및 색소 화합물 제거
Acid-impregnated silica gel	지질 제거
C18 resin	유기물, 지질, 색소 제거
Ion-exchange resin	이온성 방해 물질 제거
Copper powder	황 제거
Carbon	PCDDs, PCDFs, coplanar PCBs의 정제
XAD-2	물로부터 PAH 흡착

힌트 **ASE 추출법과 관련한 EPA(미국환경보호청) 표준 방법의 파라미터들**

파라미터	준휘발성 화합물, 유기인·염소계 농약, PCBs	PCDDs, PCDFs	Diesel Range Organics
오븐 온도(°C)	100	150~175	175
압력(psi)	1500~2000	1500~2000	1500~2000
정류 시간(min)	5(선가열 시간 5분 후)	5~10(선가열 시간 7~8분 후)	5~10(선가열 시간 7~8분 후)
세정 부피	셀 부피의 60%	셀 부피의 60~75%	셀 부피의 60~75%
질소 퍼지	150 psi에서 60초	150 psi에서 60초	150 psi에서 60초
순환 횟수	1	2 또는 3	1

응용

- **개요** 혈분(blood meal) 중에 잔류하는 동물용 의약품을 가속 용매 추출법(ASE)으로 추출한 후 LC/MS로 분석[6]
- **시료** 혈분
- **분석 물질** 진정제, 베타 차단제 등 16종 동물용 의약품
- **시료 전처리** 혈분 2 g에 내부 표준 물질과 0.2 g EDTA, 0.1 g ammonium formate, 7 g 해사(sea sand)를 첨가하여 혼합한 다음 11 mL 스테인리스강

용기에 옮기고, 80°C에서 메탄올/아세토나이트릴(80 : 20) 용액으로 5분에 2 사이클로 150 bar에서 추출한다. 추출 용기는 3분 동안 선가열하고 추출 전에 55분 동안 가열한다. 추출물은 80% 세정 부피로 60초 동안 질소로 퍼지시켜서 끄집어 낸다. 약 20 mL ASE 추출물을 −26°C에서 3시간 동안 보관하고 8000×g과 4°C에서 10분 동안 원심분리시켜서 지방을 제거한다. 지방이 제거된 추출물은 회전 증발기를 사용하여 200 μL까지 휘발시키고 50 mM ammonium formate/acetonitrile(1 : 4) 2 mL로 재용해시킨다. 재용해된 시료 1 mL를 분산 고체상 추출법(d-SPE)으로 정제하여 LC/MS에 주입하여 분석한다.

- **기타** 분산제로 해사(sea sand)를 사용하였다.

- **개요** 고체상 슬러지와 저질에 잔류하는 에스트로겐(estrogens) 화합물을 가속 용매 추출법(ASE)을 사용하여 추출한 후 액체-액체 추출법, 고체상 추출법 등을 이용하여 정제한 다음, LC/MS로 분석[7]
- **시료** 활성 슬러지, 저질
- **분석 물질** 에스트로겐 화합물[estrone (E1), 17β-estradiol (E3), 17α-ethinyl estradiol (EE2)] 및 bisphenol A (BPA)
- **시료 전처리** 물과 섞인 활성 슬러지 시료를 채취한 후 sodium azide를 넣고 3500 rpm에서 10분 동안 원심분리하여 상층액은 버리고 활성 슬러지를 valve bag에 담아 −20°C에서 보관한다. 저질(sediment) 시료는 grab sampler를 사용하여 채취한 후 iron box에 넣고 −20°C에서 보관한다. 두 시료는 모두 동결 건조시키고 건조된 시료를 막자사발에서 부순다. 슬러지는 0.5 g, 저질은 5 g을 재서 Florisil 5 g과 완전히 혼합한 후 추출 용기(66 mL)에 넣는다. 추출 용매는 아세톤/메탄올(1 : 1) 혼합 용액을 사용한다. ASE 추출은 80°C, 1500 psi에서 8분씩 2회 수행하여 두 추출물을 혼합하고 회전 증발기에서 1 mL까지 농축시킨 후 질소 증발기를 사용하여 완전히 건조하여 액체-액체 추출법, 고체상 추출법 등의 정제 과정을 거친 후 LC/MS/MS로 분석한다.

시료 중 세균 억제

환경 시료 채취 시 세균의 활동을 억제하기 위해서 sodium azide (NaN_3)를 첨가한다.

- **개요** 물고기 중에 잔류하는 HBCDs와 TBBPA를 가속 용매 추출법(ASE)을 사용하여 추출한 후 고체상 추출법(SPE)을 이용하여 정제한 다음 LC/MS/MS로 분석[8]
- **시료** 물고기
- **분석 물질** 내연제로 사용되는 HBCD isomers 및 TBBPA
- **시료 전처리** 수분이 포함된 물고기 시료 10 g을 추출 용기에 넣고 추출 용매(n-hexane/acetone 혼합 용액)와 섞은 후 1500 psi 압력, 60°C 온도에서 3 사이클 추출한다. 가열 시간은 5분, flush volume은 40%, purge time은 300초이다. 추출물은 황산 소듐이 담긴 분별 깔때기를 통과시킨 후 질소를 사용하여 용매를 휘발시켜서 건조시킨 후 메탄올/물(4 : 1) 용액 0.5 mL에 재용해시킨 후 GPC에서 정제시킨 다음 LC/MS/MS로 분석한다.

- **개요** 육류 중에 잔류하는 17종의 항생제와 avermectin류를 가속 용매 추출법(ASE)으로 추출한 후 LC/MS/MS로 분석[9]
- **시료** 육류(소고기와 돼지고기 식품)
- **분석 물질** 17종의 항생제와 avermectin류 약물
- **시료 전처리** 육류의 근육, 간, 콩팥 등을 균질화시킨 후 실험 전까지 −18°C에서 보관한다. 시료 2 g을 원심분리 시험관에 넣고 EDTA로 처리된 모래 12 g을 분산제로 넣고, 막자사발에서 건조 상태가 될 때까지(15분 이내) 갈아 준다. 혼합물을 22 mL 스테인리스강 추출 용기에 넣고, 145 psi 압력의 질소를 추출 장치에 공급하여 추출 용기를 퍼지한다. 아세토나이트릴/메탄올(1 : 1) 혼합 용액을 추출 용매로 사용하여 60°C, 1500 psi에서 10분 동안 2 사이클 추출한다. 물 세정 부피는 용기 부피의 60%, 선가열은 2분, 퍼지 시간은 60초이다. 추출물을 진공 증류 장치에서 휘발/건조시킨 후 잔류물은 5 mL 메탄올로 세척하고, 질소를 사용하여 휘발/건조시킨 후 HPLC의 이동상에 재용해시켜서 LC/MS/MS에 주입하여 분석한다.
- **기타** 분산제인 모래는 시료 2 g당 12 g이 사용되었고, 금속류를 제거하기 위해서 120 g의 모래에 0.1 M EDTA가 240 mL 사용되었으며, 모래는 100°C에서 완전히 건조시켰다.

- **개요** 집의 먼지, 공기, 입자들에 존재하는 polybrominated diphenyl ethers (PBDEs)의 양을 측정하기 위해서 가속 용매 추출법(ASE)을 이용하여 추출하고 GC-μECD와 GC/MS로 분석[10]

- **시료** 집 먼지, 컴퓨터 먼지
- **분석 물질** Polybrominated diphenyl ethers (PBDEs)
- **시료 전처리** 집의 먼지는 진공 청소기를 사용하여 수집하고, 컴퓨터 먼지는 브러시와 핀셋을 사용하여 채취하고 분석 전까지 -5°C에서 보관한다. 시료 전처리 전에는 체(sieve)로 걸러서 머리카락이나 카펫 섬유를 제거한다. 추출 용매로는 n-hexane, dichloromethane/n-haxane을 사용하며 추출 용매의 부피는 30 mL, 추출 시간은 15~20분(1 사이클), 온도는 150°C, 압력은 6 MPa이었다. 추출물을 회전 증발기를 사용하여 6 mL로 농축시키고, 다시 질소 증발기를 사용하여 1 mL까지 농축시킨다. 이를 GC-μECD와 GC/MS에 주입하여 분석한다.

- **개요** 소라고둥과 복어에 잔류하는 tetrodotoxin을 가속 용매 추출법(ASE)으로 추출한 후 LC/MS/MS로 분석[11]
- **시료** 소라고둥, 복어
- **분석 물질** Tetrodotoxin
- **시료 전처리** 복어와 소라고둥(껍질을 제거)을 균질화한 후에 동결 건조시킨다. 고속 용매 추출(ASE) 장치를 이용하여 2 g 시료를 0.03 M acetic acid 10 mL를 사용하여 75°C, 1500 psi에서 15분 동안 1 사이클 추출한 후 LC/MS에 주입한다.

- **개요** 감초(*Radix Glycyrrhizae*) 시료로부터 carbamate 농약을 가속 용매 추출법(ASE)으로 추출한 후 고체상 추출법(SPE)으로 정제한 다음 LC/MS/MS로 분석[12]
- **시료** 감초
- **분석 물질** Methomyl, carbaryl을 비롯한 carbamate 살충제 15종
- **시료 전처리** 감초를 잘게 부수고 체로 걸러서 20°C 이하에서 보관한다. 바닥이 셀룰로스 디스크가 깔린 추출 용기에 시료 5 g을 넣고 뚜껑을 닫은 후 추출 장치에 장착한다. 추출 용매는 아세토나이트릴이고 추출 압력은 10.3 MPa, 가열 시간은 5분, 정적 추출 시간은 5분이다. 셀 부피의 60%로 아세토나이트릴 세척 후 120초 동안 질소로 2 static cycle을 퍼지한다. 추출물을 40°C에서 용매를 휘발시켜 건조한 후 잔류물을 10 mL 아세토나이트릴로 용해한 후 고체상 추출(SPE)법을 사용하여 정제하고 LC/MS에 주입하여 분석한다.

- **개요** 토양과 식물에 잔류하는 의약 물질과 살균제를 가속 용매 추출법(ASE)으로 추출한 후 LC/MS를 사용하여 분석[13]
- **시료** 토양, 식물
- **분석 물질** 의약 물질 및 살균제 42종
- **시료 전처리** 토양은 40°C에서 6시간 동안 건조한 다음, 체를 통과시켜 거른 후 4°C에서 보관하며, 식물은 −30°C에서 보관하고 녹인 후 잘게 썰어서 플라스틱 용기에 보관한다. 건조된 토양 시료 5 g, 잘게 썬 식물 3 g을 33 mL 추출 용기에 넣고 토양 입자들과 추출 용매 간의 접촉 면적을 넓히고 추출 용기가 막히지 않게 하기 위해서 규조토 5 g과 섞어 준다. 추출 온도가 50°C, 추출 압력은 1500 psi, 5분씩 2 사이클, 50% flush volume, 질소로 60초 동안 퍼지하며 추출 용매는 토양의 경우 acetone/citric acid 0.2 M(5 : 5)(수산화 소듐으로 pH를 4.5로 조절), 식물의 경우 methanol/citric acid 0.2 M (5 : 5)(수산화 소듐으로 pH를 4.5로 조절)를 사용하였다. 추출 후에 1 M Na_2−EDTA 100 μL를 추출물에 첨가하고 정제수로 50 mL까지 채운 다음 2800×g 속도로 15분 동안 원심분리한 후 토양은 10 mL, 식물은 16.6 mL의 수용액을 취해서 토양은 50 mL가 되도록 물로 묽히고, 식물은 85 mL가 되도록 묽혀서 고체상 추출(SPE)의 적재할 시료로 사용한다.

- **개요** 식품 포장재에 잔류하는 polychlorinated biphenyls (PCBs)를 가속 용매 추출법(ASE)을 사용하여 추출하고 GC−ECD를 이용하여 분석[14]
- **시료** 식품 포장재
- **분석 물질** Polychlorinated biphenyls (PCBs)
- **시료 전처리** 0.5×0.5 cm로 자른 10 g의 포장재 시료를 가속 용매 추출 장치의 조건으로는 오븐 온도가 80°C, static time 5분, flush volume 60%, purge time 60초, static cylcle 2회인 조건에서 아세토나이트릴로 추출하였다. 추출물을 플라스크에 넣어서 회전 증발기를 사용하여 55°C에서 건조시킨 다음 냉각한 후에 헥세인 5 mL로 용해하고 황산 용액 0.8 mL를 가하여 시료 중에 있는 지방을 제거한다. 추출물을 다시 원심분리하고 고체상 추출법(SPE)에 의한 정제 과정을 거친 후 GC−ECD에 주입하여 분석한다.

- **개요** Oak chip에 함유된 휘발성 물질을 가속 용매 추출법(ASE)으로 추출한 후 GC/MS로 분석[15]
- **시료** 병마개로 사용되는 구운 Oak chip과 굽지 않은 Oak chip

- **분석 물질** 휘발성 화합물(furaneol, 2,3-dighydro-3,5-dighydroxy-6-methyl-4H-pyran-4-one, 5-hydroxymethylfurfural)
- **시료 전처리** Oak chip을 잘게 갈아서 체로 걸러내서 톱밥으로 만든다. 11 mL 추출 용기에 톱밥 시료 1.5 g에 규조토 2 g을 첨가하고, 추출 용매인 dichloromethane을 넣고 60°C까지 올린다. 1500 psi 압력에서 10분 동안 2회 추출한다. 추출물을 40°C에서 회전 증발기를 사용하여 휘발시킨 후 마지막에는 질소를 사용하여 200 μL까지 농축시킨 후 GC/MS로 분석한다.

■ 참고문헌 ■

1 Richter, B. E.; Jones, B. A.; Ezzell, J. L.; Porter, N. L. *Anal. Chem.* **1996**, *68*, 1033.

2 Pitzer, K. S.; Brewer, L. *Thermodynamics*, 2nd ed., McGraw-Hill, New York, **1961**, ch. 18.

3 Sekine, T.; Hasegawa, Y. *Solvent Extraction Chemistry*, Marcel Dekker, New York, **1977**.

4 Perry, R. H.; Green, D. W.; Maloney, J. O. *Perry's Chemical Engineers' Handbook*, 6th ed., McGraw-Hill, New York, **1984**, Ch. 3.

5 Pawliszyn, J. Comprehensive *Sampling and Sample Preparation*, Elsevier, **2012**, Ch 2.08.

6 Choi, J.-H.; Lamshoft, M.; Zuhlke, S.; Park, K. H.; Shim, J.-H.; Spiteller, M. *J. Chromatogr. A* **2012**, *1260*, 111.

7 Chen, Q.; Shi, J.; Wu, W.; Liu, X.; Zhang, H. *Microchem. J.* **2012**, *104*, 49.

8 Dam, G.; Pardo, O.; Traag, W.; Lee, M.; Peters, R. *J. Chromatogr. B* **2012**, *898*, 101.

9 Tao, Y.; Yu, G.; Chen, D.; Pan, Y.; Liu, Z. Wei, H.; Peng, D.; Huang, L.; Wang, Y.; Yuan, Z. *J. Chromatogr. B* **2012**, *897*, 64.

10 Krol, S.; Zabiegala, B.; Namiesnik, J. *J. Chromatogr. A* **2012**, *1249*, 201.

11 Nzoughet, J. K.; Campbell, K.; Barnes, P.; Cooper, K. M.; Chevallier, O. P.; Elliott, C. T. *Food Chem.* **2013**, *136*, 1584.

12 Ru-zhen, Y.; Jin-Hua, W.; Ming-lin, W.; Rong, Z.; Xiao-yu, L.; Wei-hua, L. *J. Chromatogr. Sic.* **2011**, *49*, 702.

13 Chitescu, C. L.; Oostering, E.; Jong, J.; Stolker, A. A. M. *Talanta*, **2012**, *88*, 653.

14 Li, Z.; Li, D.; Ren, J.; Wang, L.; Yuan, L. Liu, Y. *Food Control* **2012**, *27*, 300.

15 Alanon, M. E.; Diaz-Maroto, M. C.; Perez-Coello, M. S. *Int. J. Food Sci. Tech.* **2012**, *47*, 816.

제8장

액체상 미량 추출법

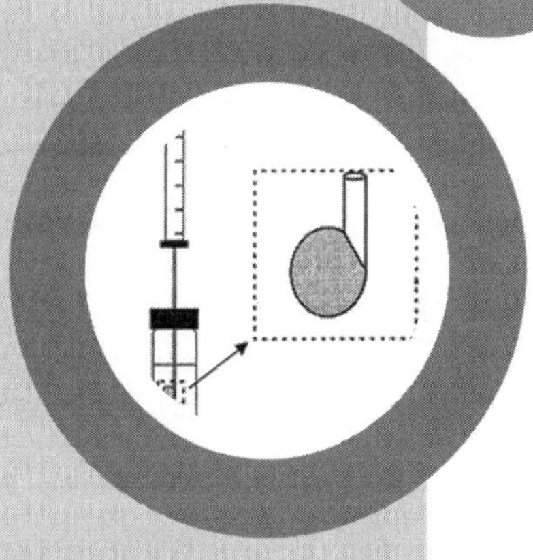

액체상 미량 추출법(Liquid Phase Microextraction, LPME)은 매우 적은 양(0.5~100 μL)의 추출 용매를 사용하여 고체나 액체, 기체 시료로부터 추출과 농축, 정제가 동시 또는 간단한 방법에 의해 이루어지게 하는 추출 방법이다.

액체상 미량 추출법은 다양한 방법이 개발되고 있는데, 미량의 추출 유기 용매를 시료에 직접 노출시켜서 분석 물질을 추출하는 방법과 시료와 추출 용매 사이에 얇은 막(맴브레인)을 두어 지방이나 단백질 등 거대 분자의 이동을 차단하고 분자량이 작은 유기 화합물만을 추출하는 방법 등이 있다.

8.1 단일방울 미량 추출법

단일방울 미량 추출법(single-drop microextraction, SDME)은 액체상 미량 추출법의 시초라고 할 수 있는데, 이 방법은 미량 주사기에 물과 섞이지 않는 추출 유기 용매를 넣어 수용액 시료에 담가서 주사기 바늘 끝에 유기 용매를 매달리게 한 후 유기 용매에 분석 물질이 추출되게 하는 방법(그림 8.1)으로, 1990년대 중반에 처음 발표되었다(정적인 미량 추출법).

그 후 동적인 미량 추출법이 개발되었는데 추출 용매를 미량 주사기에 넣은 후 주사기 바늘을 수용액 시료에 넣어서 수용액 시료를 반복적으로 주사기 안으로 끌어당기고 밀어내는 피스톤 동작을 통해서 주사기 내부의 벽면에 유기 용매에 의해서 생기는 얇은 막과 시료가 접촉하면서 분석 물질이 추출 유기 용매로 질량 이동이 이루어짐으로써 추출하는 방법이다.

단일방울을 시료와 직접 접촉시키지 않고 휘발된 분석 물질이 존재하는 헤드스페이스에 노출시켜서 물이나 토양, 식품 등으로부터 헤드스페이스로 휘발된 휘발성 화합물들을 추출하는 방법이 있는데, 이를 **단일방울 헤드스페이스 미량 추출법**(headspace single-drop microextraction, HS-SDME)라고 한다.

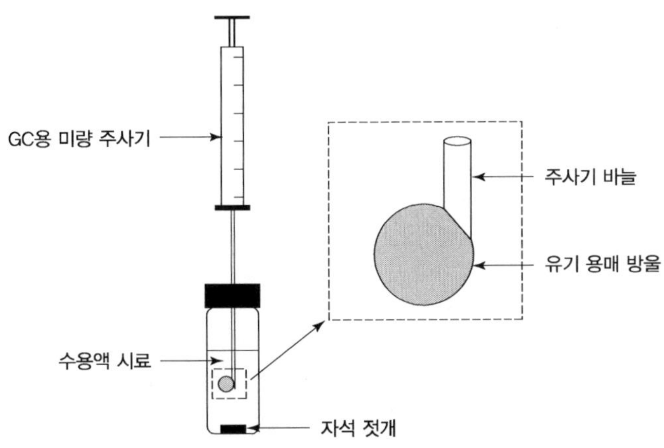

[그림 8.1] 정적인 단일방울 미량 추출법

8.1.1 원리

액체상 미량 추출법에 있어서 고려해야 하는 요소들로는 분석 물질의 휘발성, 용해도, 소수성, 이온화도 등이 있으며, 이들 외에 시료의 온도, 염석 효과, 저어 주기 효과 등이 있다.

분석 물질이 들어 있는 수용액 시료에 물과 섞이지 않는 추출 유기 용매를 직접 노출시킬 경우 2-상(two phase) 시스템이 되는데, 이 경우 질량 이동과 평형에 대한 모델 식은 다음과 같다:[1,2]

$$\frac{1}{\beta_{oo}} = \frac{1}{\beta_o} + \frac{K_{ow}}{\beta_w} \qquad \text{식 (8.1)}$$

$$k = \frac{A_i \cdot \beta_{oo} \cdot [K_{ow} \cdot (\frac{V_o}{V_w}) + 1]}{V_o} \qquad \text{식 (8.2)}$$

[k: 평형 속도 상수, A_i: 유기층과 수용액층 간의 경계 면적, β_{oo}: 유기상에 대한 전체 질량 이동 계수(cm/s), β_o: 유기상에 대한 질량 이동 계수(cm/s), β_w: 수용액에 대한 질량 이동 계수(cm/s), V_o: 추출 유기 용매의 부피, V_w: 수용액상의 부피, K_{ow} : 유기상과 수용액상 간의 분포비]

추출 정도에 대한 초기 예측을 위해서 K_{ow} 값으로 1-octanol/water 분배 분포비를 사용하기도 하는데, 일반적인 LPME 실험에서 1-octanol이 많이 사용되고 있으며 K_{ow} 값은 문헌들로부터 쉽게 얻을 수 있기 때문이다. 하지만 분포비(K_{ow})가 용매에 따라 1-octanol/water 분포비와 많은 차이가 있음을 알아야 한다.

위 식으로부터 A_i, β_o, β_w가 최소이고, V_w가 최대일 때 평형에 도달하는 데 필요한 시간(평형에 도달하는 속도)은 최저가 된다는 것을 알 수 있다. 즉 수용액으로부터 추출 용매로의 질량 이동 계수(β)가 최대가 되고, 물의 부피(V_w)가 최소가 되면 평형에 더 빨리 도달한다. 실제로 SDME 실험에서 유기 용매 방울은 구형(그림 8.1)이며 이때 표면적/부피비는 최소가 된다.

수용액 시료의 부피를 2 mL에서 20 mL로 증가시키면 추출될 수 있는 분석 물질의 양은 증가할 수는 있지만 샘플링 시간(즉 추출 시간)은 급격히 증가할 것이다. PAHs와 같이 분자량이 큰 준휘발성 분석 물질은 분자량이 작은 화합물에 비해 수용액 상에서 유기 용매 상으로의 질량 이동 계수가 더 작기 때문에 SDME로 추출하는 데 어려움이 있다. 반면에, 분자량이 작고 휘발성이 더 큰 화합물은 SDME와 HS-SDME 방법에서 수용액상으로부터 유기 용매상으로 질량 이동이 빨리 일어난다.

다음 식은 평형에서 수용액 시료의 부피(V_w), 추출 유기 용매의 부피(V_o), 유기상과 수용액상 간의 분포비 K_{ow}, 물에 있는 분석 물질의 원래 농도(C_w^o)의 평형에서 분석 물질의 농도 의존성을 나타낸다.[3]

$$C_o = \frac{K_{ow} \cdot C_w^o}{1 + K_{ow} \cdot (V_o / V_w)} \qquad \text{식 (8.3)}$$

이 식을 평형 상태에서 유기상으로 추출되는 분석 물질의 양(n)으로 정리하면 다음과 같다.

$$n = \frac{K_{ow} \cdot V_o \cdot C_w^o \cdot V_w}{K_{ow} \cdot V_o + V_w} \qquad \text{식 (8.4)}$$

식 (8.4)로부터 평형에서 추출된 분석 물질의 양은 분석 물질의 K_{ow}가 증가함에 따라 증가함을 볼 수 있다. 예를 들어 벤젠은 K_{ow}가 148이고, pyrene는 K_{ow}가 135,000인데 수용액 시료 1 mL에 10 ng이 들어 있을 때 1-octanol 1 μL로 추출할 경우 벤젠은 1.29 ng이 추출되고 pyrene은 9.93 ng 추출된다. 하지만 물의 부피가 20 mL로 증가(농도는 여전히 10 ng/mL)할 경우 추출되는 벤젠의 양은 1.46 ng이고, pyrene은 174 ng이 된다. 따라서 K_{ow}가 1000 이하인 경우에는 수용액 시료의 부피가 추출되는 분석 물질의 양에는 거의 영향을 미치지 않지만, K_{ow}가 매우 큰 물질의 경우는 크게 영향을 미치는 것을 알 수 있다.

HS-SDME에서는 2-상이 아닌 3-상 시스템으로 생각해야 하는데, 추출 유기 용매 방울이 수용액이나 고체 시료 위에 있는 헤드스페이스에 위치하고 있는 미량 주사기 바늘에 매달려 있기 때문에 수용액(고체) 시료 상/헤드스페이스(기체) 상/추출 용매 상의 3-상 시스템이 된다. 3-상 시스템에서 시료가 수용액인 경우에는 분석 물질의 공기(기체)/물의 분배를 증가시키기 위해서 시료를 저어 주기도 한다. 이 경우 분석 물질의 농도(C_o)는 다음과 같다:[3]

$$C_o = \frac{K_{ow} \cdot C_w^o}{1 + \dfrac{K_{aw} \cdot V_a}{V_w} + \dfrac{K_{ow} \cdot V_o}{V_w}} \qquad \text{식 (8.5)}$$

(K_{aw}: 공기/물 분배 계수, V_a: 헤드스페이스 부피, V_w: 수용액의 부피)

헤드스페이스의 부피가 물의 부피에 비해서 매우 작게 되면 위 식(8.5)에서 $\dfrac{K_{aw} \cdot V_a}{V_w}$ 항은 무시할 수 있기 때문에 식 (8.3)과 같이 2-상 시스템이 된다. 휘발성 물질에 대해서는 HS-SDME 모드가 SDME 모드에 비해 추출 속도가 빠르지만, 분자량이 큰 준휘발성 화합물과 매우 극성이 큰 화합물들에 대해서는 추출 속도도 느리고 추출률도 낮게 된다.

HS-SDME 3상에서 평형 상태에서 추출된 분석 물질의 양(n)은 다음과 같다:

$$n = \frac{K_{ow} \cdot V_o \cdot C_w^o \cdot V_w}{K_{ow} \cdot V_o + K_{aw} \cdot V_a + V_w} \qquad \text{식 (8.6)}$$

위 식에 의하면 분석 물질을 더 많이 추출하기 위해서 물이나 공기를 담고 있는 용기(V_w)가 클 필요는 없으며 최소 부피의 헤드스페이스(V_a)를 사용하는 것이 좋다는 것을 알 수 있다. 또한 K_{ow} 값이 매우 크다고(10^4 이상) 해서 반드시 많은 양의 분석 물질이 추출되는 것은 아니다.

8.1.2 단일방울 미량 추출법

단일방울 미량 추출법(single drop microextraction, SDME)은 수용액 시료 내에서 미량 주사기의 바늘 끝에 추출 유기 용매 방울을 만들어줌으로써 직접 추출 용매를 시료에 노출시켜서 분석 물질을 추출한다(그림 8.1). 방울의 크기는 일반적으로 1~3 μL 정도이며 밀도가 크고 점성도가 낮은 클로로폼과 같은 용매는 무거워서 주사기에 오래 매달려 있지 못하고 바로 떨어지게 되므로 염을 첨가하여 물의 밀도를 높여 주는 것이 좋다. 시료의 온도가 높고 빠른 속도로 저어 주기를 하면 방울은 주사기 바늘을 따라 올라가게 되고 방울이 만들어지지 않게 되어서 SDME 추출을 할 수 없게 될 수 있다. 또 수용액이 미량 주사기 속으로 들어가게 되면 첨가한 염이나 시료에 녹지 않는 물질들에 의해서 분석 기기(GC나 HPLC)를 손상시킬 염려가 있기 때문에 원래 유기 용매 방울 부피보다 0.1~0.2 μL 정도 적게 취해서 분석하는 것이 바람직하다.

한편, SDME는 추출 유기 용매의 방울 크기에 한계가 있고 높은 속도로 시료를 저어 줄 수 없다는 단점이 있다. SDME에 많이 사용되는 용매로는 1-octanol, toluene, xylene, decane, tetradecane 등이 있다. m-xylene과 같은 끓는점이 낮은 용매는 PAHs와 같은 끓는점이 높은 화합물을 추출하는 데 사용되며, naphthalene과 같이 끓는점이 낮은 분석 물질들은 1-octanol, tetradecane과 같은 끓는점이 높은 유기 용매로 추출하는 것이 효율적이다. GC 분석에 있어서 분석 물질보다 끓는점이 낮은 용매를 추출 용매로 사용한 경우는 분할-비분할 GC 주입 방법을 사용하고, 분석 물질보다 끓는점이 높은 추출 용매를 사용하는 경우는 분할 주입 방법을 사용하는 것이 바람직하다. HPLC를 사용하여 분석하고자 할 경우에는 추출 용매가 HPLC 용매 시스템에서 섞이지 않기 때문에 추출 용매를 휘발시킨 후 아세토나이트릴이나 메탄올로 재용해시킨 후 기기에 주입하여 분석한다.

8.1.3 헤드스페이스 단일방울 미량 추출법

헤드스페이스 단일방울 미량 추출법(Headspace - single drop microextraction, HS-SDME)은 휘발성 유기 화합물의 추출에 매우 유용한 방법으로 SDME 방법에 비해서 크로마토그램 상에서 바탕선이 상대적으로 깨끗하다(그림 8.2).

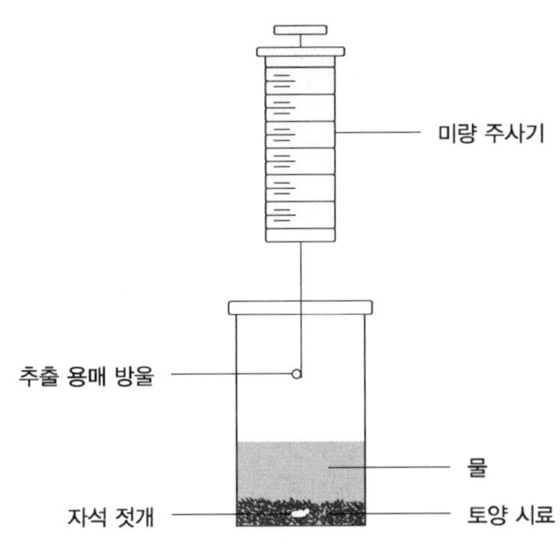

[그림 8.2] HS-SDME 추출법

HS-SDME 추출법에서는 추출률을 향상시키기 위해서 시료의 온도를 높여서 추출을 할 수도 있고 염을 첨가하기도 한다. 시료 혼합물 중에 있는 끓는점이 낮고 휘발성이 큰 화합물은 끓는점이 높은 화합물보다 낮은 온도에서 더 효율적으로 추출될 것으로 예상된다. 하지만 끓는점이 낮은 화합물은 온도 증가에 따라 추출량이 최고점까지 증가하다가 다시 감소하게 되는데, 이는 부분적으로 더 휘발성이 있는 시료들의 손실이 있기 때문이기도 하지만 높은 추출 온도에서는 공기/용매 방울 간의 분배가 감소하기 때문이다.

휘발성 화합물의 일반적인 추출 시간은 HS-SDME에서는 5~15분, SDME에서는 15~60분으로, HS-SDME 추출이 SDME 추출보다 시간이 덜 걸린다. HS-SDME 추출에서 일반적으로 사용되는 추출 용매로 휘발성 화합물에 대해서는 1-octanol, tetradecane, hexadecane이 좋고, 끓는점이 높은 화합물에 대해서는 m-xylene과 toluene이 효과적이다.

8.1.4 동적인 액체상 미량 추출법(Dynamic liquid phase micro-extraction)

SDME와 HS-SDME 추출 방법에서는 추출하는 동안 추출 용매가 정지하고 있는 상태이므로 시료와 접촉하고 있는 면적으로만 질량 이동이 일어나기 때문에 접촉 단면적도 좁고 농도 기울기도 낮아서 추출 시간이 길어지고 추출률도 낮아질 수 있다. 따라서 분석 물질들의 확산을 빠르게 하고 시료와 추출 용매의 접촉면에서 농도 기울기를 증가시켜서 질량 이동이 빨리 그리고 많이 일어나게 할 필요가 있는데 이 방법 중의 하나가 '동적인 액체상 미량 추출법(Dynamic liquid phase microextraction)'이다.

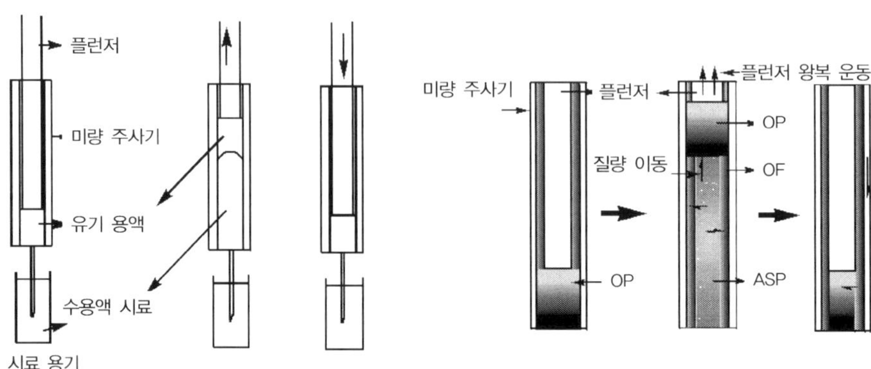

[그림 8.3] 동적인 LPME 방법

동적인 액체상 미량 추출법의 절차는 다음과 같다. 그림 8.3과 같이 미량 주사기 내에 추출 유기 용매(OP)를 채우고 시료(수용액 또는 헤드스페이스)(ASP)를 주사기로 빨아들인다. 이 과정에서 주사기 내부의 표면에 얇은 추출 용매 막(OF)이 형성되면서 추출 용매와 시료 사이에서 분석 물질의 분배, 즉 추출이 일어난다. 이후에 시료를 주사기 밖(시료)으로 밀어낸 후 시료를 다시 빨아들여서 추출이 이루어지도록 하는데, 이런 반복 작업을 30~100번 정도 실시함으로써 동적인 액체상 미량 추출을 수행한다.

추출 용매의 양은 2~4 μL 정도이며 미량 주사기로 취하는 시료의 양은 5~6 μL 정도이면 되고, 주사기 플런저의 움직임 속도는 추출 용매의 점성도에 따라 다르지만 1 μL/sec 정도가 적합하다.

액체상 미량 추출법에서 추출에 영향을 미치는 요소들로는 용매-시료간 상호 작용, 산-염기 효과, 표면에 흡착 정도, 온도, 이온 세기 효과 등이 있다.

8.2 Hollow fiber – liquid phase microextraction

얇은 막을 이용한 미량 추출법에서는 hollow fiber 얇은 막을 이용한 hollow fiber liquid-phase microextraction(HF-LPME)가 대표적이다. 이는 속빈 화이버(hollow fiber) 벽에 있는 구멍과 원통 내부(lumen)를 추출 용매(물 또는 섞이지 않는 유기 용매)로 채운 후 수용액 시료에 담가서 분석 물질이 얇은 막(속빈 화이버 벽)에 고정된 유기 용매를 통해서 원통 내부에 있는 추출 용매로 추출한 후에 추출 용매를 직접 GC나 HPLC 등에 주입하는 방법이다.

1999년에 처음 발표된 HF-LPME 방법은 상업화된 고체상 미량 추출법(SPME)의 소모성 고체상에 대한 경제적인 문제와 더불어 HPLC에서 분석하기에는 어느 정도 한계점이 있다는 것을 보완하고, 단일방울 미량 추출법(SDME)에서 용매 방울의 불안정성 등을 보완한 방법이다.[4] 2–상 추출 시스템에서는 받개 용액이 물과 섞이지 않는 유기 용매이며, 이 받개 용액이 GC에 적합한 용액인 경우에는 직접 GC에 주입하여 분석한다. 또한 받개 용액이 수용액이 될 수도 있는데, 이 경우는 속빈 화이버 얇은 막 벽면이 유기 용매로 고정되게 하므로 수용액 시료/속빈 화이버 얇은 막에 있는 유기 용매/받개 용매(수용액), 즉 3–상 추출 시스템이 되며 받개 용액을 역상 HPLC나 CE (capillary electrophoresis)에 직접 주입하여 분석할 수 있다. 시료의 부피는 수십 μL 에서 수백 mL까지 가능하며, 추출 용매인 받개 용액의 부피는 보통 2~30 μL 정도이다.

시료 대 받개 용액(추출 용매)의 부피비가 매우 크기 때문에 분석 물질에 대한 매우 높은 농축 효과를 나타낼 수 있으며, 사용되는 유기 용매의 양도 μL 단위이기 때문에 유해한 유기 용매의 사용이 적어서 친환경적인 추출 방법이다. 또한 복잡한 생체 시료나 환경 시료로부터 분석 물질을 추출하고 정제할 수 있는 효과적인 시료 전처리 방법이다.

8.2.1 원리

앞에서 언급한 바와 같이 HF-LPME에는 받개 용매가 유기 용매인 2–상 시스템(유기 용매/수용액)과, 받개 용매로 수용액이 사용되는 3–상 시스템(수용액/유기 용매/수용액)이 있다. 속빈 화이버는 소수성 얇은 막이기 때문에 수용액은 배척하고 유기 화합물만을 통과시킨다. HF 얇은 막 벽과 내부(lumen)를 유기 용매로 채워 두면 이온성 화합물은 이들이 용해되어 있는 수용액 시료 내에서 이온 형태 또는 중성 형태로 존재할 것이다. 이들 중에서 중성 형태로 존재하는 화학종은 얇은 막에 고정되어 있는 유기 용매에 용해된 후 얇은 막을 통과하여 내부에 있는 유기 용매에까지 용해됨으로써 추출이 이루어진다. 따라서 수용액 시료에 들어 있는 분석 물질을 추출하기 위해서는 먼저 산성 또는 염기성 분석 물질의 이온화를 억제하여 중성 형태로 유지하기 위해서 시료의 pH를 조절해 준다. 그림 8.4와 같이 액체 고정(지지) 얇은 막으로 사용되는 속빈 화이버 조각을 속빈 화이버 양쪽 끝이 받개 용매를 주입하고 꺼낼 수 있도록 안내 튜브에 연결시킨 U-type으로 할 수도 있고, 한쪽 끝(시료에 잠긴 부분)을 밀봉시킨 막대 형태(rod type)로 할 수도 있다.

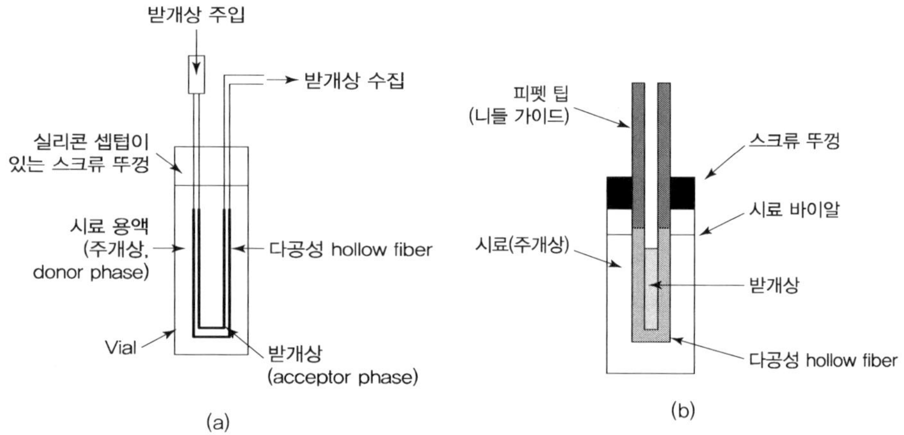

[그림 8.4] 일반적인 HF-LPME의 형태: (a) U-type; (b) rod-type

■ 2-상 HF-LPME

2-상 HF-LPME에서는 분석 물질이 수용액 시료[주개상(donor phase)]로부터 유기 용매[받개상(acceptor phase)]로 추출되는데, 유기 용매는 속빈 화이버의 내부와 얇은 막 구멍에 채워져 있으며 다음과 같이 나타낼 수 있다:

$$A_{\text{sample}} \rightleftharpoons A_{\text{acceptor}}$$

(A_{sample}: 시료 용액 내에 있는 분석 물질의 양, A_{acceptor}: 받개 용액 내에 있는 분석 물질의 양)

분포 계수 $D_{\text{acceptor/sample}}$는 다음과 같다:[3]

$$D_{\text{acceptor/sample}} = \frac{C_{\text{eq.sample}}}{C_{\text{eq.acceptor}}} = \alpha_{\text{D}} \cdot K_{\text{acceptor/sample}} \qquad \text{식 (8.7)}$$

($C_{\text{eq.acceptor}}$: 평형 상태의 받개 용액에서 분석 물질의 농도, $C_{\text{eq.sample}}$: 평형에서 시료 중에 있는 분석 물질의 농도, $K_{\text{acceptor/sample}}$: 분석 물질의 분배 계수, α_{D}: 시료 중에 있는 분석 물질의 전체 농도 중에서 추출된 분율)

앞에서 설명한 대로 유기 용매상으로 추출되는 물질들은 전하를 띠지 않고 양성자화되지 않은 것들이며, 전하를 띤 산성 음이온이나 양성자화된 염기들은 추출되지 않고 수용액에 머물러 있게 된다. 따라서 추출되는 분율(α)은 다음과 같은 pH와 pK_a와의 관계를 갖게 된다:[3]

$$\alpha = \frac{1}{1 + 10^{s \cdot (\mathrm{pH} - \mathrm{p}Ka)}} \qquad \text{식 (8.8)}$$

여기서 s는 산에 대해서는 1, 염기에 대해서는 −1이다.

추출 효율(E)은 다음과 같이 나타낼 수 있다:

$$E = \frac{D_{\mathrm{acceptor/sample}} \cdot V_{\mathrm{acceptor}}}{D_{\mathrm{acceptor/sample}} \cdot V_{\mathrm{org}} + V_{\mathrm{sample}}} \qquad \text{식 (8.9)}$$

(V_{org}: 사용된 유기 용매의 부피(속빈 화이버의 벽면 구멍에 있는 유기 용매의 부피 + 내부에 있는 유기 용매의 부피), V_{sample}: 시료의 부피, V_{acceptor}: 속빈 화이버 내부에 있는 부피)

위 식에 나타낸 바와 같이 추출 효율은 분포 계수, 유기 용매의 부피, 시료의 부피에 의존함을 알 수 있다.

한편, 분석 물질의 농축 인자(enrichment factor, E_{e})는 추출 후 받개 용액에 있는 분석 물질의 농도($C_{\mathrm{acceptor.end}}$)와 시료 용액에서 분석 물질의 초기 농도($C_{\mathrm{initial}}$)의 비로 나타낸다:[5]

$$E_{\mathrm{e}} = \frac{C_{\mathrm{acceptor.end}}}{C_{\mathrm{initial}}} \qquad \text{식 (8.10)}$$

■ 3-상 HF-LPME

3-상 HF-LPME에서는 분석 물질이 속빈 화이버의 벽면의 구멍에 고정되어 있는 유기 용매를 통해서 수용액 시료(주개상)로부터 추출되고, 계속해서 속빈 화이버의 내부에 있는 수용액 받개상으로 들어가게 된다:[6]

$$A_{\mathrm{sample}} \rightleftharpoons A_{\mathrm{org}} \rightleftharpoons A_{\mathrm{acceptor}}$$

평형에서 추출 효율(E)은 다음과 같다:

$$E = \frac{D_{acceptor/sample} \cdot V_{acceptor}}{D_{acceptor/sample} \cdot V_{acceptor} + D_{org/sample} \cdot V_{mem} + V_{sample}} \qquad \text{식 (8.11)}$$

($V_{acceptor}$: 속빈 화이버의 내부에 있는 수용액 상의 부피, V_{mem} : 속빈 화이버 벽면의 구멍에 고정된 유기 용매의 부피)

위 식에서 알 수 있듯이, 추출 효율은 두 개의 분포 계수(받개상과 시료, 유기상과 시료), 시료의 부피, 유기 용매의 부피, 받개상의 부피에 의존한다. 높은 추출 효율을 위해서는 적절한 유기 용매를 선택하고, 수용액의 pH를 조절해야 하며, 시료와 유기 용매상의 부피가 가능하면 적을수록 유리하다. HF-LPME는 LLE에 비해서 낮은 극성도 물질의 추출에 유리하여 극성 물질에 대해서는 높은 농축 효과를 나타낸다.

HF-LPME는 시료에 있는 분석 물질의 양이 전부 소모될 때까지 전량 추출이 행해진다. 따라서 시료의 부피가 작아야 하고 분포 계수($D_{acceptor/sample}$)가 커야 한다. 3-상 HF-LPME에서는 추출 분율인 $\alpha_A \approx 0$, 즉 받개상 중에 있는 분석 물질의 분율이 거의 영(0)에 가까워야 하고, $\alpha_D \approx 1$, 즉 시료 중에 있는 분석 물질의 분율이 대부분이 되도록 시료와 받개 용매의 pH를 조절하면 전량 추출이 가능하다. 따라서 염기성 화합물들을 추출하고자 할 때는 시료 용액의 pH를 염기성으로 조절하고 받개 용액의 pH는 충분히 산성으로 조절해 주어야 한다.

8.2.2 HF-LPME의 분석법 개발

HF-LPME 방법은 장치가 간단하고 간편하여 실험실에서 직접 제작할 수 있으며, 1회용 속빈 화이버를 사용하기 때문에 이월(carry-over) 효과에 대한 염려가 없다. HF-LPME 추출법을 위해서 준비해야 할 도구로는 속빈 화이버, 미량 주사기, 시료 바이알, 자석 젓개만 있으면 된다. HF-LPME 추출에서 일반적으로 많이 사용되는 속빈 화이버는 polypropylene 재질이며 내경이 600 ㎛, 벽 두께가 200 ㎛, 동공 크기는 0.2 ㎛이고 75%의 다공성을 가진 것을 사용한다. U-type일 경우는 길이가 8 cm 정도이며, rod-type일 때는 3~4 cm 정도이므로 이에 맞게 잘라서 사용한다.

미량 주사기는 받개 용매를 속빈 화이버에 주입하고 추출 후에 용매를 취하는 데 사용하므로 이에 적합한 미량 주사기(보통은 10~25 μL 용량)면 되고, U-type에서는 속빈 화이버에 연결해서 추출 시간 동안 이를 지탱하는 역할도 한다. 시료 용기는 시료의 대류를 막지 않을 정도로 좁지 않으면 되고, 실험실에서 흔히 사용하는 5 mL 바이알이 적합하다. 추출률을 높이고 시간을 단축시키기 위해서는 저어 주기가 필요한데, 진동이나 자석 젓개를 사용하여 저어 준다. 자석 젓개 막대를 사용할 경우에는 오염을 조심해야 하며 진동이나 자석 젓개의 속도는 800~1200 rpm 정도인데 최적의 실험 조건을 찾아야 한다.

위의 장치들이 마련되면 추출 모드, 시료 부피, 받개상의 부피, 시료 주개상의 pH, 받개상의 pH, 추출 유기 용매, 첨가제, 대류, 추출 시간 등과 같은 요소들이 실험에 영향을 미치게 되므로 최적의 실험 조건을 확립할 필요가 있다.

■ 추출 모드

앞에서 설명한 바와 같이 2–상과 3–상 HF–LPME가 있기 때문에 받개상을 유기 용매(2–상 HF–LPME)로 할 것인지 혹은 수용액(3–상 HF– LPME)으로 할 것인지는 분석 물질의 극성도와 분석하고자 하는 기기의 종류, 즉 GC를 사용할 것인지 아니면 HPLC나 CE를 사용할 것인지에 따라 달라진다. GC를 사용하고 분석 물질의 극성도가 낮을 때는 2–상 HF–LPME 추출 방법을 우선적으로 고려하는 것이 바람직하다. 3–상 HF–LPME 시스템이 사용될 때는 받개상이 수용액이기 때문에 추출한 후 HPLC나 CE에 직접 주입이 가능하다. 3–상 시스템에서는 받개상(물)으로 역추출(back extraction)이 일어나야 하므로 분석 물질은 수용액에서 이온성 화학종으로 전하를 띨 수 있는 산성 또는 염기성 성질의 물질이어야 한다. 전하를 띠지 않는 화합물은 수용액에서의 용해도가 낮기 때문에 유기상(속빈 화이버의 벽면의 동공에 고정된 유기 용매)으로부터 받개상(속빈 화이버 내부에 채워진 물)으로의 분배가 매우 작아지므로 추출에 효율적이지 못하다.

■ 유기 용매의 종류

2–상이나 3–상 HF–LPME에서 유기 용매는 속빈 화이버 벽면에 있는 구멍들에 고정시키는 용매이며, 2–상 HF–LPME 경우에는 속빈 화이버의 내부에 있는 받개 용액과 동일한 용매이다. 유기 용매는 분석 물질의 분배 계수에 영향을 미치며 결국은 추출률과 추출 시간 등에 영향을 미친다. 일반적으로 사용되는 용매는 1–octanol, dihexylether, toluene 등이며, 이들은 물에 대한 용해도가 작고 휘발성이 상대적으로 작은 유기 용매들이다. 2–상 HF–LPME에서는 GC에 직접 주입이 가능한 용매이어야 하기 때문에 이 점을 고려해야 하며, 3–상 HF–LPME에서는 시료 수용액과 받개 수용액 사이에서 중간 매체의

역할을 하기 때문에 분석 물질의 분포 계수가 높아야 한다. 또한 유기 용매의 극성도는 속빈 화이버 재질의 극성도와 비슷해서 속빈 화이버에 유기 용매를 잘 고정시킬 수 있어야 한다.

■ 시료의 pH

수용액 중에 존재하는 산성이나 염기성 분석 물질을 추출하고자 할 때는 시료의 pH가 매우 중요하지만, 수용액에서 전하를 띠지 않는 중성 화합물에서는 pH가 추출률에 크게 영향을 미치지 않는다. 중성 화합물은 2-상 HF-LPME에서만 추출이 가능하며, 추출률은 시료와 추출 유기 용매상 간의 분포 계수에만 의존한다.

한편, 산성이나 염기성 화합물들은 2-상 HF-LPME나 3-상 HF-LPME 시스템에서 추출이 가능하며 시료의 pH 영향을 받게 된다. 염기성 화합물인 경우는 수용액 시료의 pH를 높여서 염기성으로 조절해 줌으로써 수용액보다는 유기 용매에 잘 용해되는 중성 화학종으로 변하게 하여 속빈 화이버의 벽면에 고정되어 있는 추출 유기상을 통해서 질량 이동이 일어나게 한다. 반대로, 산성 화합물인 경우는 수용액의 pH를 낮추어서 산성으로 조절해 줌으로써 수용액에서 음전하를 띠고 있는 화학종을 중성 화학종으로 바뀌게 하여 속빈 화이버의 벽면에 있는 유기 용매를 통과하여 최종적으로는 속빈 화이버 내부에 있는 받개상으로 추출이 일어나게 한다.

따라서 분석 물질의 pK_a 값을 아는 것이 중요하며 염기성 분석 물질을 추출할 경우에는 시료의 pH를 분석 물질의 pK_a보다 2~3 정도 높게 조절해 주고, 산성 분석 물질의 경우에는 분석 물질의 pK_a보다 2~3 정도 낮게 시료의 pH를 조절해 주는 것이 추출률을 높이는 방법이다.

■ 받개상의 pH

3-상 HF-LPME에서 받개상의 pH는 역추출을 가능하게 하는 매우 중요한 요소이다. 산성이나 염기성 분석 물질은 시료 용액에서는 전하를 띠고 있으나 시료 수용액의 pH를 조절해 줌으로써 중성 화학종으로 변하면서 속빈 화이버 벽면에 고정되어 있는 유기 용매상으로 질량 이동이 일어난다. 2-상 HF-LPME에서 속빈 화이버 내부는 속빈 화이버 벽면에 고정시킨 유기 용매와 동일한 유기 용매 받개상이 있지만, 3-상 HF-LPME에서는 속빈 화이버 내부의 받개상이 수용액이어야 한다. 속빈 화이버 벽면의 동공에 있는 유기 용매상에 머물러 있는 중성 형태의 분석 물질이 받개상으로 질량 이동이 일어날 수 있도록

하기 위해서는 받개상의 pH를 조절하여 분석 물질이 잘 용해될 수 있는 환경으로 만들어 주어야 한다. 따라서 산성 화합물을 추출하기 위해서는 받개상의 pH를 염기성으로 조절해 주고, 염기성 화합물을 위해서는 산성으로 조절해 준다.

보통은 산성 분석 물질에 대해서는 받개상의 pH를 분석 물질의 pK_a보다 3~4 정도 높게 조절해 주고, 염기성 화합물의 경우에는 해당 물질들의 pK_a보다 3~4 정도 낮게 조절해 주는 것이 추출률을 높이는 방법이며, pH 조절 시 완충 용량이 좋은 완충 용액을 사용하는 것이 바람직하다.

■ 시료의 부피

시료의 부피는 실험에 사용될 수 있는 시료 매트릭스의 양, 분석 물질의 대략적인 농도, 분석 목적에 따른 검출 한계(LOD) 및 정량 한계(LOQ)에 따라 달라질 수 있으며 50 μL ~10 mL 범위이다. 하지만 일반적으로는 시료 부피가 증가하면 평형에 도달하는 시간이 길어지고, 식 (8.9)와 식 (8.11)에 따라 회수율이 감소하기 때문에 가능하면 시료의 양이 적을수록 유리하다.

■ 받개상의 부피

받개상의 부피는 속빈 화이버의 내부에 채운 유기 용매(2-상 HF-LPME) 혹은 물(3-상 HF-LPME)의 부피에 해당하며 시험자가 사용하는 화이버의 길이나 내경에 따라 달라지는데 보통 2~30 μL 정도이다. 유기 용매의 경우에는 휘발을 고려하여 너무 적은 양이 아닌 최소한 10 μL 정도 되는 것이 좋으며, 식 (8.9)와 식 (8.11)에 따라 받개상의 부피가 증가하면 회수율은 증가할 수 있지만 농축 인자 값은 감소(즉 받개상에서의 농도는 감소)하게 된다. 따라서 받개상을 직접 분석 기기에 주입할 경우에는 받개상의 부피를 줄이는 것이 유리하고, 받개상을 농축시켜서 분석할 경우에는 받개상의 부피를 증가시킴으로써 회수율을 높여서 추출된 분석 물질의 절대량을 높이는 것이 바람직하다.

■ 첨가제

수용액 시료에 염을 첨가함으로써 수용액 시료에서의 분석 물질의 용해도를 감소시켜서 유기 용매상(2-상 HF-LPME에서는 받개상까지 포함)으로 질량 이동을 증가시킬 수 있다. 일반적으로 염화 소듐(NaCl)이 많이 사용되고 있는데 염이 첨가되면 추출률을 높아지는 것이 보통이지만, 경우에 따라서는 아무런 영향을 받지 않거나 역효과가 나타나는 경우도 있다. 3-상 HF-LPME 경우에 극성 화합물들의 추출률을 증가시키기 위해서 중간 매개체로 소수성 이온쌍 시

약을 시료 용액에 첨가하여 추출 효율을 높이는 방법도 있다.[7]

■ 추출 시간

HF-LPME는 평형 추출 방법이므로 추출 시간이 증가하면 추출률이 증가하고, 평형에 도달하게 되면 추출 시간이 늘어나더라도 더 이상의 추출은 없게 된다. 추출 시간은 보통 15~45분 정도이지만 분포 계수, 시료의 부피, 저어 주기 효과, 속빈 화이버의 표면적 등에 의해 달라진다.

■ 저어 주기

분석 물질들이 수용액 시료로부터 속빈 화이버 얇은 막을 잘 통과하여 받개상으로의 질량 이동을 증가시키기 위해서 저어 주기를 하는데, 보통은 자석 막대를 사용하거나 진동을 이용한다. 정치된 상태에서는 시료의 일부분만이 속빈 화이버와 접촉하게 되므로 농도 기울기가 작아서 질량 이동에는 한계가 있기 때문에 저어 주기를 통해서 새로운 시료층이 속빈 화이버와 접촉함으로써 농도 기울기가 증가하여 질량 이동이 빨라지면서(추출 시간 단축) 이동량(추출률)도 많아지게 된다. 보통은 1000~1200 rpm에서 최대 효과를 나타내지만 더 높은 속도에서는 공기 방울이 생기거나 고정된 유기 용매상의 안정성에 문제가 생겨서 오히려 추출에 악영향을 미치게 되므로 주의해야 한다.

8.3 분산 액체-액체 미량 추출법

분산 액체-액체 미량 추출법(Dispersive Liquid-Liquid Microextraction, DLLME)은 세 종류의 용매 시스템, 즉 수용액 시료, 분산 용매, 추출 용매에 기초한 추출 방법으로서 적은 양의 유기 용매를 사용하는 간단하고 빠른 추출 방법이다. 아세톤과 같은 물과 잘 섞이는 친수성인 분산 용매 수백 μL ~1 mL와 사염화 탄소와 같은 물과 섞이지 않는 소수성인 추출 용매 수십 μL 의 혼합물을 분석 물질이 들어 있는 수용액 시료에 신속하게 첨가함으로써 추출이 이루어진다(그림 8.5).

분산 용매와 추출 용매의 혼합 용액을 수용액 시료에 신속하게 첨가하면 수용액 시료는 뿌옇고 탁해지는데, 이는 추출 용매가 수용액 시료 속에서 분산 용매의 도움을 받아서 분산이 이루어지면서 아주 작은 방울들을 형성하기 때문이다. 뿌연 용액이 형성된 후에 추출 용매와 수용액 시료 간에 접촉하는 표면적이 매우 크게 되어 중성 형태로 존재하는 분석 물질은 추출 용매로의 질량 이동이 일어나며 짧은 시간에 평형 상태에 도달하게 되므로 추출 시간이 빨라진다. 따라서 DLLME 방법은 다른 LPME 추출 방법에 비해서 추출 시간이 짧으면서 추출 효율이 높다. 분산이 이루어진 후에는 원심분리기를 이용하여 추출 용매와 수용액 시료를 분리한 후에 추출 유기 용매를 취해서 GC나 HPLC에 주입한다.

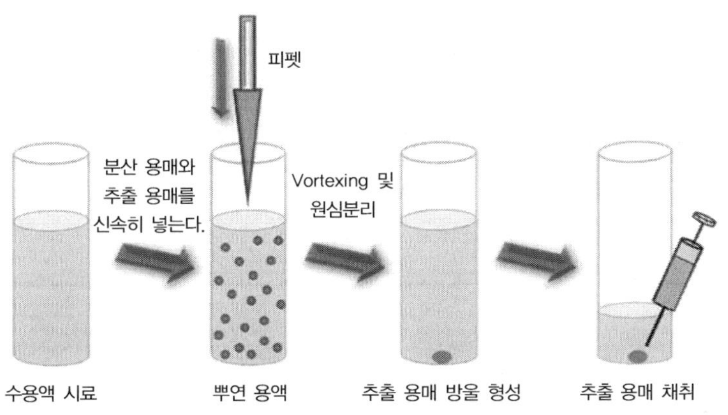

[그림 8.5] DLLME의 추출 과정

8.3.1 DLLME의 추출 효율에 영향을 미치는 요소들

DLLME의 추출 효율에 영향을 미치는 인자로는 추출 용매의 성질과 부피, 분산 용매의 성질과 부피, 이온 세기, pH, 추출 시간 등이 있다.[3]

■ 추출 용매의 성질과 부피

DLLME에서 사용되는 추출 용매는 분석 물질에 대해서 높은 분배 계수를 가져야 하고 선택성이 좋아야 하며 수용액과 섞이지 않는 유기 용매여야 한다. 또한 분석 기기에 대한 호환성, 분산 용매에 대한 용해도, 끓는점, 밀도, 점성도, 독성, 안정성, 가격 등도 추가적으로 고려해야 한다. 이런 점들을 고려할 때 사용 가능한 용매로서 물보다 밀도가 큰 용매로는 carbon tetrachloride, chloroform, tetrachloroethylene, 1,1,2,2,-tetrachloroethane, 1,2-dibromoethane, dichloromethane, 1,2-dichlorobenzene, 1,1,1-trichloroethane과 같은 할로젠화 용매와 carbon disulfide, nitrobenzene과 같은 비할로젠 용매들이 있다.

물보다 밀도가 큰 할로젠화 용매들은 시험자나 실험실에 유해하므로 할로젠화 용매보다는 독성이 덜하고 물보다 밀도가 작은 용매를 사용할 수 있지만 이들은 수용액 위에 뜨기 때문에 추출 후 취하는 데 다소 어려움이 있다. 밀도가 물보다 작은 비할로젠화 용매들은 알코올류와 알케인류 화합물들로 2-dodecanol, 1-dodecanol, 1-undecanol, 1-octanol, hexadecane, cyclohexane, 1-nonanol, naphta, tri-n-butyl phosphate, toluene, xylene, n-hexane 등이 있다.

또한 이온성 액체가 사용되기도 하는데 주로 alkylammonium, dialkylimidazolium, alkylpyridinium과 같은 quaternary nitrogen 양이온, Cl^-, $AlCl_4^-$, PF_6^-, BF_4^-, $N(CF_3SO_2)_2^-$, $CF_3CO_2^-$, $CF_3SO_3^-$ 등과 같은 음이온들로 구성된 이온성 액체들이다. 이들은 양이온과 음이온을 구성하는 성분들의 크기와 성질에 따라 물리·화학적 성질이 달라지고, 증기 압력이 매우 작고 열적인 안정성이 좋고, 물과 유기 용매에 섞이기 때문에 일반적인 유기 용매를 대신해서 사용될 수 있다. 주로 사용되는 이온성 액체로는 1-butyl-3-methylimidazolium hexafluorophosphate, 1-hexyl-3-methylimidazolium hexafluorophosphate, 1-octyl-3-methylimidazolium hexafluorophosphate, 1-hexylpyridinium hexafluorophosphate, 1,3-dibutylimidazolium hexafluorophosphate, 1-isooctyl-3-methylimidazolium hexafluorophosphate, 1,3-diisooctylimidazolium hexafluorophosphate 등이 있다.

추출 용매의 부피는 추출 효율에 직접적으로 영향을 미치게 되는데 DLLME에서 추출 효율을 나타내는 데는 일반적으로 나타내는 농축 인자(enrichment factor, EF)가 사용된다. 이는 추출이 이루어진 후에 추출 용매 내에서 분석 물질의 농도와 추출 전 시료 중에서 분석 물질의 농도의 비로 나타낸다. 따라서 추출 용매의 부피가 커지면 EF가 작아지며, 추출 용매와 시료상 간의 표면적이 감소하게 되어 불안정한 뿌연 용액이 만들어지기 때문에 추출 용매의 양을 가능한 한 최소로 하는 것이 바람직하며 보통은 10~50 μL 정도이다.

■ 분산 용액의 성질과 부피

분산 용액은 추출 용매와 수용액에 둘 다 섞일 수 있는 용매여야 한다. 분산 용매의 부피가 작으면 뿌연 상태가 적절하게 만들어지지 않으며, 부피가 크면 시료의 극성도가 감소되어 분석 물질의 분배 계수가 감소하게 되므로 추출 효율이 현저하게 떨어지는 경향을 보이게 되므로 적절한 부피가 필요한데, 일반적인 분산 용매와 시료의 부피비는 1 : 5 ~ 1 : 10 정도이다. 수용액 시료에도 잘 섞이고 추출 용매에도 잘 녹는 용매로는 methanol, acetonitrile, acetone, ethanol, tetrahydrofuran, isopropyl alcholol, tert-butyl methyl ether, dimethylformamide 등이 있다.

휘발성과 독성이 있는 유기 용매를 대신하여 추출 용매에서와 마찬가지로 이온성 액체가 사용되기도 하는데 1-butyl-3-methylimidazolium hexafluorophosphate, 1-octyl-3-methylimidazolium hexafluorophosphate 등이 사용되고 있다. 또한 양쪽성 분자인 계면활성제가 사용되기도 한다.

■ 이온 세기

DLLME 추출법에서는 용액의 이온 세기가 증가할 때 두 가지 상반된 효과가 관찰된다. 염화 소듐(NaCl), 질산 포타슘(KNO_3)과 같은 염을 첨가하여 이온 세기를 증가시키면 수용액 시료 내에서 추출 용매의 용해도가 감소되기 때문에 추출 용매상의 부피가 약간 증가되므로 농축 효과가 약간 줄어들 수는 있다. 하지만 염석 효과로 인하여 추출률이 증가하여 전체적인 농축 효과가 증가하게 된다. 일반적으로 분석 물질이 친수성인 경우는 염을 첨가하면 농축 인자 값이 증가한다.

■ 시료의 pH

이온화되는 화합물은 수용액에서 이온 형태로 존재하므로 이를 가능하면 완전히 비이온 상태(중성형)로 전환시켜 유기 용매로 추출하기 위해서 수용액의 pH를 조절해 준다. 산성 분석 물질을 추출하기 위해서는 수용액 시료의 pH를 낮추어 주고, 염기성 분석 물질을 추출하기 위해서는 시료의 pH를 높여 주어야 하는데 일반적으로 분석 물질의 $pK_a \pm 2$ 정도가 바람직하다.

■ 추출 시간

DLLME에서는 분산 용매와 추출 용매의 혼합 용액을 시료에 주입하는 순간부터 원심분리를 시작하기 전까지의 시간을 추출 시간으로 정의하는데, 일반적으로 추출 효율은 추출 시간과 무관한 것으로 알려져 있다.

응용

- **개요** 두 가지 형태의 액체상 미량 추출법(LPME)를 이용하여 chlorobenzene 류를 분석[8]
- **시료** 수용액
- **분석 물질** 1,2,3-Trichlorobenzene, pentachlorobenzene
- **시료 전처리** 정적인(static) LPME: 10 μL 미량 주사기에 톨루엔 1 μL를 취하고 시료가 들어 있는 4 mL 바이알에 바늘 끝을 잠기게 한다. 주사기의 플런저를 눌러 톨루엔 1 μL를 시료에 15분 동안 노출시켜서 분석 물질이 수용액과 톨루엔에 분배가 이루어지도록 한다. 플런저를 당겨서 톨루엔 방울을 바늘 안으로 들어가게 한 후 주사기를 시료로부터 꺼낸 후 GC 주입구에 주입한다.

  동적인(dynamic) LPME: 10 μL 미량 주사기에 톨루엔 1 μL를 취하고 시료가 들어 있는 4 mL 바이알에 바늘 끝을 잠기게 한다. 수용액 시료 3 μL를 2초 이내에 끌어당기고 3초 정도 기다리고, 끌어당겼던 시료 3 μL를 다시 2초 이내에 수용액 시료로 밀어내고 3초를 기다린다. 이런 과정을 3분 이내에 20회 반복한 후 마지막으로는 주사기에 톨루엔을 1 μL 남기고 나머지는 밀어낸다. 주사기를 시료로부터 꺼낸 후 GC 주입구에 주입한다.
- **기타** 미량 주사기를 이용한 LPME 방법에서 초창기 논문이며 최대 인용 횟수를 가지고 있는 논문이다.

- **개요** 감자 crisp에 잔류하는 acrylamide를 단일방울 미량 추출법(SDME)으로 추출하여 GC로 분석[9]
- **시료** 감자 crisps
- **분석 물질** Acrylamide
- **시료 전처리** 감자 crisps 시료 50 g을 잘게 갈아서 균질화시킨 후 ethyl hexanoate 20 mL를 가하고 50분 동안 저어 준다. 시료 용액 6 mL를 10 mL 바이알에 넣고 자석 젓개 막대를 넣는다. 10 μL GC용 미량 주사기에 3.5 μL 물을 채우고 주사기 바늘을 시료 용액에 담근 후 물을 주사기로부터 밀어내어 방울을 만들고 자석 젓개 막대를 저어 주면서 9분 동안 추출한 다음, 다시 물방울을 주사기에 집어넣은 후 시료로부터 주사기를 꺼내서 GC에 주입한다.

- **기타** acrylamide는 극성이 커서 유기 용매로는 추출이 잘 되지 않고 극성이 큰 물에 잘 용해된다는 점에 착안하여 시료가 수용액이고 추출 용매가 유기 용매인 일반적인 방법과는 반대로, 시료가 유기 용매이고 추출 용매가 물인 시스템을 사용함으로써 RP(역상)-SDME라는 용어를 사용하였고, 물을 직접 GC에 주입하였는데 이는 극성 정지상인 DBWAX 컬럼을 사용하였기 때문이다.

- **개요** 소변 중에 존재하는 benzene ethylamine 유도체들을 동적인 액체상 미량 추출법(LPME)로 추출한 후 GC로 분석[10]
- **시료** 소변
- **분석 물질** Ephedrine을 비롯한 benzene ethylamine 화합물 5종
- **시료 전처리** 소변 시료 4 mL을 바이알에 넣고 10 μL 주사기에 ethylacetate 2 μL를 넣어서 실험실에서 제작한 컴퓨터 프로그램 가능한 dynamic LPME 장치에 장착한 후 시료를 2 μL 씩 40회 당겼다 밀었다 해서 추출한 후 GC에 주입하여 분석한다. 시료의 pH는 14, 염석 효과를 위한 염의 양은 375 mg/mL이다.
- **기타** 동적인 추출법의 정밀도 및 정확도를 높이고 수작업의 불편함을 개선시킨 동적인 LPME 장치이다.

- **개요** 환경 수질 시료에 잔류하는 내분비계 장애 물질(endocrine disrupting compounds)을 3-상 HF-LPME 추출법으로 추출한 후 HPLC로 분석[11]
- **시료** 환경 폐수
- **분석 물질** n-octylphenol, n-nonylphenol
- **시료 전처리** Polypropylene 속빈 화이버 (내경 600 ㎛, 두께 200 ㎛, 동공 크기 0.2 ㎛)를 13 cm로 자른 후 아세톤으로 세척하여 건조시킨 후 dihexyl ether에 5초 동안 잠기게 해서 동공에 dihexyl ether를 고정시키고 과량의 용매는 초음파 세척기에서 25초 동안 물로 세척한다. 화이버 내부를 pH 9인 수용액(주개상) 30 μL로 채운 후 화이버 양쪽을 밀봉한다. pH 2로 조절된 수용액 시료(받개상) 50 mL에 밀봉된 화이버를 잠기게 한 후 자석 젓기 막대를 넣어서 300 rpm으로 20분 동안 저어 주면서 추출한다. 추출이 끝난 후 화이버 한쪽 끝을 개봉하여 받개상(수용액)을 취해서 HPLC에 주입하여 분석한다.

힌트 3-상 LPME에서 pH

- 3-상 LPME 시스템에서 주개상과 받개상은 수용액이며 중간에 속빈 화이버 벽에

는 유기 용매가 고정되어 있다.

- 따라서 pK_a가 10.15인 n-octylphenol과 n-nonylphenol을 받개상으로 추출하기 위해서는 주개상의 pH를 염기성(pH 9)으로 조절해 줌으로써 분석 물질들이 중성 형태를 띠게 하여 속빈 화이버 벽에 있는 유기 용매에 분배가 이루어진 후, 계속해서 속빈 화이버 내부에 있는 산성(pH 2) 받개상으로 추출되도록 한다.

- **개요** 커피 중에 존재하는 퓨란 화합물을 헤드스페이스(HS)-액체상 미량 추출법(LPME)으로 추출한 후 GC/MS로 분석[12]
- **시료** 커피 분말
- **분석 물질** Furan, 2-methylfuran, 2,5-dimethylfuran, 2-vinyl furan, 2-(methoxymethyl) furan, furfural
- **시료 전처리** 커피 분말 0.2 g을 17 mL 바이알에 넣고 증류수 10 mL를 가한 후 자석 젓개 막대(700 rpm)도 함께 넣는다. 바이알을 가열(43°C)하면서 주사기에 추출 용매(n-dodecane) 3 μL를 넣어서 바이알에 넣어 용액 위 1 cm에 장착한 후 플런저를 밀어서 용매 방울을 만들어 헤드스페이스에 15분 동안 노출시킨다. 추출이 완료된 후 용매 방울을 주사기에 끌어들인 후 GC/MS에 주입하여 분석한다.

 **HS-LPME에 적합한 추출 용매**

- 헤드스페이스(HS)-액체상 미량 추출법(LPME)에 적합한 유기 용매는 끓는점이 높고, 증기 압력이 낮고, 크로마토그래피 성질이 좋으며, 순도가 높고, 분석 물질의 분배 계수가 높은 것이어야 한다.
- 위의 조건을 만족하는 대표적인 용매로는 1-octanol, n-decane, n-dodecane 등이 있다.

- **개요** 수용액 시료 중에 잔류하는 pyrethroid계 살충제를 HF-LPME 방법으로 추출/정제 후 GC/MS로 분석[13]
- **시료** 수용액 시료(빗물, 샘물, 지하수)
- **분석 물질** Phenothrin을 비롯한 pyrethroid계 살충제 9종
- **시료 전처리** 속빈 화이버의 양쪽을 밀봉하고 1 cm 길이로 자른 후 유기 용매(1-octanol)에 30초 동안 담근다. 과량의 용매를 제거하기 위해 정제수에 담

근 후 10 mL 수용액 시료에 화이버를 옮겨서 6시간 동안 매달아 놓는다. 1500 rpm에서 자석 젓개 막대로 저어 준 다음 화이버를 50 μL isooctane 용액(GC 주입 용액)으로 옮기고 15분 동안 초음파 수조에서 분석 물질을 화이버로부터 GC 주입 용액으로 이동시킨 후 화이버를 꺼내어 용액을 GC/MS에 주입하여 분석한다.

- **기타** 얇은 막 추출에서 극성 화합물, 산, 알코올 기능기가 있는 화합물들의 농축 효과를 높이기 위해서 trioctyl phosphine oxide (TOPO)가 변형제로 사용되기도 한다.

- **개요** 우유 중에 잔류하는 melamine을 HF-LPME 방법으로 추출하여 HPLC를 사용하여 분석[14]
- **시료** 우유
- **분석 물질** Melamine
- **시료 전처리** 단백질을 제거하고 단백질로부터 수용액(물)상으로 분석 물질을 추출하기 위하여 우유 10 g에 1% trichloroacetic acid 용액 100 mL를 가한다. 혼합 용액을 초음파 수조에서 20분 동안 초음파 처리한 후 4000 rpm (3400×g)에서 10분 동안 원심분리한다. 상층액을 비커로 옮기고 citric acid 완충 용액을 사용하여 pH를 5로 조절한 다음, 이를 HF-LPME의 주개상으로 사용한다. 10 cm로 자른 속빈 화이버의 한쪽 끝을 밀봉하고 초음파 수조에서 아세톤으로 30분 동안 세척 후 공기 중에서 건조시킨다. D2EHPA (di-2-ethylhexyl phosphoric acid)가 20% 혼합된 undecanone 용액에서 20초 동안 속빈 화이버를 적신 화이버에 받개상(1 M 염산)으로 채워진 주사기를 연결한다. 화이버를 25 mL 주개상 시료에 잠기게 한 후 자석 젓개 막대로 추출 시간 동안 저어 준다. 추출이 끝난 후 받개상을 주사기로 취해서 HPLC에서 분석한다.
- **기타** 화이버에 적셔 준 추출 용매로 이온쌍 시약(D2EHPA)을 사용함으로써 추출 효율을 높였다.

- **개요** 사람의 혈장 속에 있는 fluoxetine과 norfluoxetine을 액체상 미량 추출법(LPME)으로 추출한 후 유도체화 시약과 함께 GC 주입구에 주입하여 유도체화시킨 다음, GC/MS로 분석[15]
- **시료** 혈장
- **분석 물질** Fluoxetine, norfluoxetine

- **시료 전처리** 혈액을 헤파린 처리된 튜브에 채취한 후 혈장을 분리하고 단백질을 침전시키기 위해서 20% zinc sulfate (in 0.5 M NaOH) 용액을 혈장 시료에 1 : 10 비율로 첨가한 후 30초 동안 vortexing 하고, 10분 동안 방치한 후 3500 rpm에서 15분 동안 원심분리하여 상층액을 LPME 시료로 사용한다. Polypropylene 속빈 화이버를 적셔 주기 위해 추출 유기 용매에 5초 동안 담근다. 추출 용매(n-hexyl ether) 10 μL를 화이버에 채운 다음, 시료 용액(0.1 M phosphate buffer 4 mL + 시료 1 mL)에 넣고 저어 주면서(700 rpm) 30분 동안 추출한다. GC용 주사기에 유도체화 시약인 MSTFA 1 μL를 채우고 다시 공기를 동일한 양만큼 채운 후에 유기 용매 추출물을 2 μL 취해서 GC/MS 주입구에 주입하여 분석한다.
- **기타** 유도체화 시약과 분석 물질이 추출된 용매를 동일한 주사기에 채운 후 높은 온도의 GC 주입구에 주입하여 주입구에서 유도체화(acylation 반응)가 이루어진 후 GC/MS로 분석하는 방법이다.

- **개요** 유아 분유 중에 함유된 iodine을 헤드스페이스(HS)-단일방울 미량 추출법(SDME)으로 추출한 후 GC-ECD로 분석[16]
- **시료** 분유
- **분석 물질** Iodine
- **시료 전처리** 분말 시료 1.2 g을 막자사발에 넣고 3 mL 정제수와 2 M 수산화 포타슘 용액 2 mL, 황산 아연 용액(10%) 1 mL를 첨가한다. 혼합물을 전기 히터에서 완전히 건조시킨 후 막자사발 뚜껑을 닫은 후 500°C에서 2시간 동안 가열한다. 혼합물을 냉각시킨 후 황산 아연 용액 1 mL를 첨가한 후 다시 위와 같은 재 만들기(ashing) 과정을 반복한다. 잔류물을 50 mL 정제수에 녹인 다음 3000 rpm에서 5분 동안 원심분리하고 상층액을 LPME 추출을 위해 사용한다. 1-octanol과 3-pentanone 혼합 용액 3 μL를 채운 주사기를 방울을 만든 후 수용액 시료에 iodine을 발생하기 위해 1 M H_2O_2 1 mL가 가해지고 1.5 M $ZnSO_4$가 포함된 2 M H_2SO_4 수용액 5 mL에 30분 동안 노출시켜서 추출한다.

재 만들기(ashing) 과정

Iodine의 손실을 최소화하고 전체 iodine을 재(ash)에서 iodide로 머물게 하기 위해서 재 만들기 과정을 거치게 되는데, 시료 중에 함유된 유기 물질들을 완전히 분해하는 방법으로 황산 아연(zinc sulphate, $ZnSO_4$)과 수산화 포타슘(potassium hydroxide, KOH)을 사용하는 알칼리 재 만들기 과정이 있다.

- **개요** 혈액 중에 존재하는 phosphatidylethanol을 분산 액체-액체 미량 추출법(DLLME) 방법으로 추출한 후 LC/MS로 분석[17]
- **시료** 혈액
- **분석 물질** phosphatidylethanol
- **시료 전처리** 혈액 0.2 mL에 메탄올 950 μL를 넣고 10분 동안 원심분리하여 단백질 침전을 시킨다. 이후 물 1.4 mL를 넣고 분산 용매로 dichloromethane이 230 μL 포함된 아세톤 630 μL를 신속히 시료에 넣고 흔들어 준다. 원심분리 후에 생성된 방울을 주사기를 사용하여 100 μL 취하여 다른 유리 바이알에 옮긴다. 유기 용매를 40°C에서 질소 증발시킨 후 이동상 100 μL에 재용해시켜서 LC/MS에서 분석한다.

힌트 분산 액체-액체 미량 추출법(DLLME)의 추출 용매와 분산 용매

- 분산 액체-액체 미량 추출법(Dispersive liquid-liquid microextraction, DLLME)에서 추출 효율에 가장 크게 영향을 미치는 요소는 추출 용매와 분산 용매이다.
- 추출 용매는 물보다는 밀도가 커야 하고 물에 대한 용해도는 작아야 하며, 주로 chlorobenzene, carbon tetrachloride, tetrachlorethylene, carbon disulphide 등이 사용된다.
- 분산 용매는 추출 용매에 녹아야 하고 물과는 섞이지 않아야 하며, acetone, methanol, acetonitrile, ethanol 등이 사용된다.

■ 참고문헌 ■

1 Jeannot, M. A.; Cantwell, F. F. *Anal. Chem.* **1996**, *68*, 2236.
2 Kokosa, J. M.; Przyjazny, A.; Jeannot, M. A. *Solvent Microextraction: Theory and Practice*, John Wiley, Joboken, NJ, **2009**.
3 Pawliszyn, J. *Comprehensive Sampling and Sample Preparation*, Elsevier, **2012**, Ch 2.09.
4 Pedersen-Bjergaard, S.; Rasmussen, K. E. *Anal. Chem.* **1999**, *71*, 2650.
5 Ho, T. S.; Pedersen-Bjergaard, S.; Rasmussen, K. E. *J. Chromatogr. A* **2002**, *963*, 3.
6 Pedersen-Bjergaard, S.; Rasmussen, K. E.; Brekke, A.; Ho, T. S.; Halvorsen, T. G. *J. Sep. Sci.* **2005**, *28*, 1195.
7 Ho, T. S.; Reubsaet, J. L. E.; Anthonsen, H. S.; Pedersen-Bjergaard, S.; Rasmussen, K. E. *J. Chromatogr. A* **2005**, *1072*, 29.
8 He, Y.; Lee, H. K. *Anal. Chem.* **1997**, *69*, 4634.
9 Kaykhaii, M.; Abdi, A. *Anal. Methods* **2013**, *5*, 1289.
10 Myung, S.-W.; Yoon, S.-H.; Kim, M. *Analyst* **2003**, *128*, 1443.
11 Villar-Navarro, M.; Ramos-Payan, M.; Fernandez-Torres, R.; Callejon-Mochon, M.; Bello-Lopez, M. A. Sci. *Total Environ.* **2013**, *443*, 1.
12 Chaichi, M.; Mohammadi, A.; Hashemi, M. *Microchem. J.* **2013**, *108*, 46.
13 San Roman, I.; Alonso, M. L.; Bartolome, L.; Alonso, R. M. *Talanta* **2012**, *100*, 246.
14 Gao, L.; Jonsson, J. A. *Anal. Lett.* **2012**, *45*, 2310.
15 Oliveira, A. F. F.; Figueiredo, E. C.; Santos-Neto, A. J. *J. Phramaceut. Biomed.* **2013**, *73*, 53.
16 Akhoudzadeh, J.; Chamsaz, M.; Yazdinezhad, S. R.; Arbaz-zavvar, M. H. *Anal. Method.* **2013**, *5*, 778.
17 Cabarcos, P.; Cocho, J. A.; Moreda, A.; Miguez, M.; Tabernero, M. J.; Fernandez, P.; Bermejo, A. M. *Talanta* **2013**, *111*, 189.

제9장

헤드스페이스 추출법

헤드스페이스 추출법(Headspace extraction)은 고체나 액체 등의 시료 매트릭스로부터 휘발성 화합물들을 빈 공간에 휘발시켜서 추출하는 방법이며 이 방법으로 추출한 물질들은 보통 GC 또는 GC/MS를 사용하여 분석한다. 헤드스페이스 추출법에는 정적인(static) 방법과 동적인(dynamic) 방법이 있는데, 정적인 방법은 휘발성 분석 물질을 일정 시간 동안 시료 위에 있는 공간[즉 헤드스페이스(headspace)]으로 휘발시킨 다음, 평형에 도달한 후 헤드스페이스에 존재하는 분석 물질을 취해서 GC 또는 GC/MS에 주입하거나 또는 자동화된 장치를 이용하여 주입하는 일반적인 헤드스페이스 방법을 일컫는다. 동적인 방법은 시료 매트릭스에 연속적으로 기체를 흘려주면서 분석 물질을 휘발시켜서(퍼지, purge) 흡착제에 흡착시킨 후에(트랩, trap) 가열하여 분석 물질을 탈착시켜서 GC 또는 GC/MS에 주입하여 분석하는 방법으로, 정적인 방법과는 달리 시료와 기체상 간의 평형이 아닌 분석 물질을 매트릭스로부터 완전히 제거시키는 방법이며 흔히 "퍼지 & 트랩(purge & trap)" 방법이라고 한다.

9.1 정적인 헤드스페이스 추출법

정적인(static) 헤드스페이스 방법은 고체나 액체 시료로부터 휘발성 유기 화합물을 분석하기 위한 가장 일반적인 방법으로 전형적인 분석 방법은 다음과 같다. 액체나 고체 시료를 10~20 mL 시료 용기에 넣은 후 시료를 가열하여 분석 물질들을 휘발시켜서 시료 용기의 상층에 있는 공간(헤드스페이스)으로 보낸 후에, 헤드스페이스에 존재하는 분석 물질의 양과 시료 매트릭스에 존재하고 있는 분석 물질의 양이 평형에 도달하면 헤드스페이스에 추출된 분석 물질 일정량을 취해서 GC에 주입하여 분석한다. GC에 주입하는 방법으로는 gas tight 주사기로 직접 채취해서 주입하는 방법(수동 채취/주입 방법)(그림 9.1)과 자동으로 일정량을 GC 주입구에 주입시키는 autosampler(자동 채취/주입 방법)를 이용하는 방법(그림 9.2)이 있다.

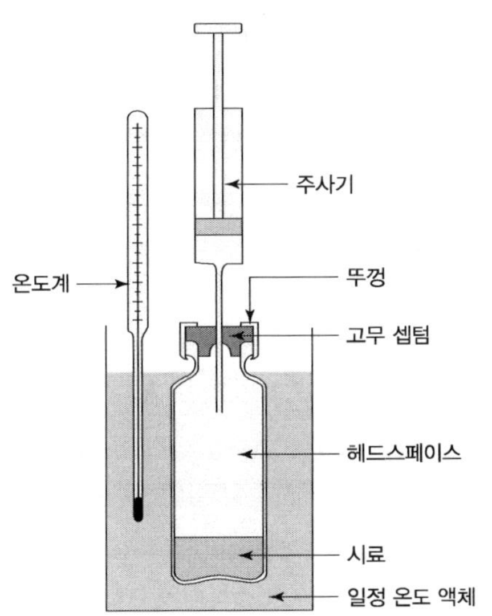

[그림 9.1] 헤드스페이스법에서 수동 채취 방법

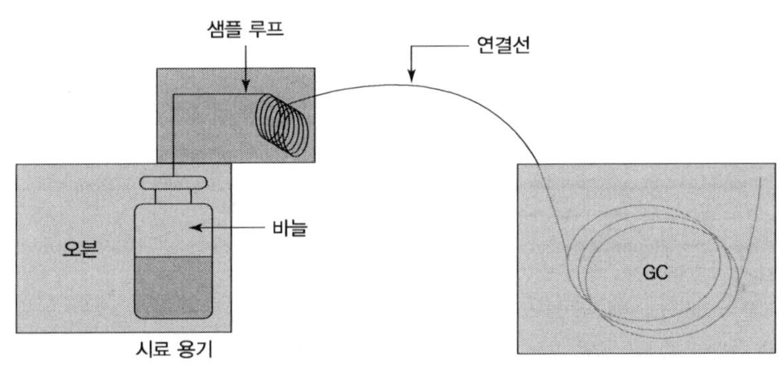

[그림 9.2] 자동 주입 장치를 갖춘 정적인 헤드스페이스법

정적인 헤드스페이스법에서 시료 준비 절차는 다음과 같다. 고체 시료의 경우는 효과적인 분석을 위해서 시료 매트릭스의 물리적인 상태를 변화시켜 줄 필요가 있다. 첫 번째 방법은 고체 시료를 분쇄하거나 갈아서 작은 분말로 만들어 시료의 표면적을 넓혀줌으로써 휘발성 분석 물질들이 헤드스페이스로 잘 분배되게 하는 방법이다. 이때 분석 물질은 고체 매트릭스와 헤드스페이스 간에 분배 평형을 이루고 있다. 두 번째 방법은 고체 시료를 미리 용액에 용해하거나 분산시키는 방법으로, 분석 물질들이 헤드스페이스로 분배되는 속도가 빨라져서 평형에 더 신속하게 도달할 수 있다. 또한 고체 시료에서 직접 휘발시키는 것보다 액체나 용액 상태의 시료를 다루는 것이 쉬우며, 액체에서는 고체 시료에서 나타나는 분석 물질의 확산 경로에 대한 문제점도 없고 평형에 도달하는

시간도 일정하기 때문에 이 방법을 사용하는 것이 바람직하다.

추출 효율을 비롯하여 감도, 정밀도, 정확도 등에 영향을 미치는 요소로는 시료 용기의 부피, 시료의 부피, 온도, 압력, 매트릭스의 형태 등 여러 가지가 있으며, 이들은 분석 물질의 종류와 매트릭스의 성질에 따라 달라진다.

9.1.1 원리

정적인 헤드스페이스 방법은 분배 평형과 관련된 시료 전처리 방법으로, 휘발성 화합물들이 기체상(헤드스페이스)으로 휘발되는 속도와 액체상(시료)으로 농축되어 들어가는 속도가 동일하며 이들이 부분 압력을 생성한다(그림 9.3). 따라서 액체상에 있는 휘발성 분석 물질의 농도와 기체상에서의 농도(부분 압력)는 재현성 있는 관계를 나타낸다. 이러한 관계를 분배 계수(K)로 표시하며 기체상 중에 있는 분석 물질의 농도(C_G)와 시료상(C_L) 중에 있는 분석 물질의 농도의 비로 나타낸다:[1]

$$K = \frac{C_L}{C_G}$$

한편, 액체상의 부피(V_L)과 기체상의 부피(V_G)의 비를 상비(phase ratio)(β)로 나타낸다:

$$\beta = \frac{V_G}{V_L}$$

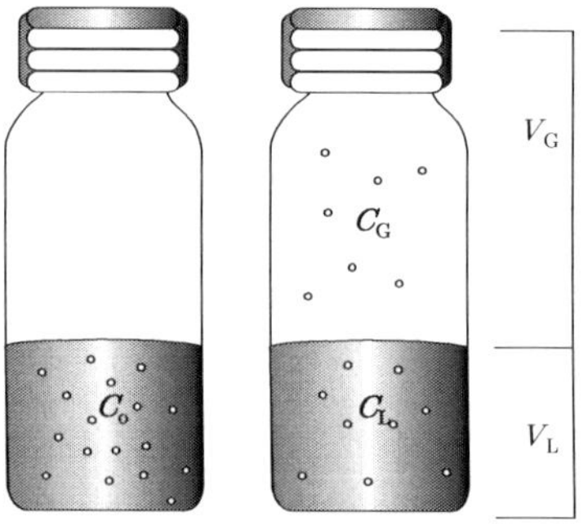

[그림 9.3] 정적인 헤드스페이스 시료 채취에서 평형

헤드스페이스의 감도를 조절하는 중요한 요소는 분석 물질의 분배 계수(K)와 상비(β)이며 다음과 같이 표현된다:[2]

$$C_{\mathrm{G}} = \frac{C_{\mathrm{o}}}{K+\beta} \qquad \text{식 (9.1)}$$

[C_{G}: 헤드스페이스에 있는 분석 물질의 농도, C_{o}: 액체 시료에서 분석 물질의 최초 농도, K: 분배 계수, β: 상 부피비(phase volume ratio)]

수용액 시료인 경우에 추출 온도에 의해 조절되는 K와 두 상(액체 시료상과 헤드스페이스 기체상)의 상대적인 부피에 의해 조절되는 파라미터들은 시료 매트릭스에 대한 분석 물질의 용해도에 의존한다. 분배 계수가 큰 분석 물질에 대해서는 상비(phase ratio) 혹은 상 부피비보다는 온도의 영향이 더 크다. 이는 분석 물질 대부분은 액체상에 머물고 있으며 시료 용기를 가열하면 헤드스페이스로 휘발을 촉진시키기 때문이다. 분배 계수가 작은 분석 물질의 경우는 온도보다는 시료와 헤드스페이스의 부피가 감도에 더 큰 영향을 미친다. 이는 휘발성 분석 물질의 대다수가 이미 시료 용기의 헤드스페이스에 있고 시료 매트릭스로부터 빠져나올 분석 물질이 그리 많지 않기 때문이다. 그림 9.4에서 보는 바와 같이 온도 증가에 따라서 ethanol이나 methyl ethyl ketone 같은 극성 분석 물질의 피크 면적은 증가함을 보이나, toluene, n-hexane, tetrachloroethylene과 같은 무극성 분석 물질은 변하지 않고 동일함을 알 수 있다.

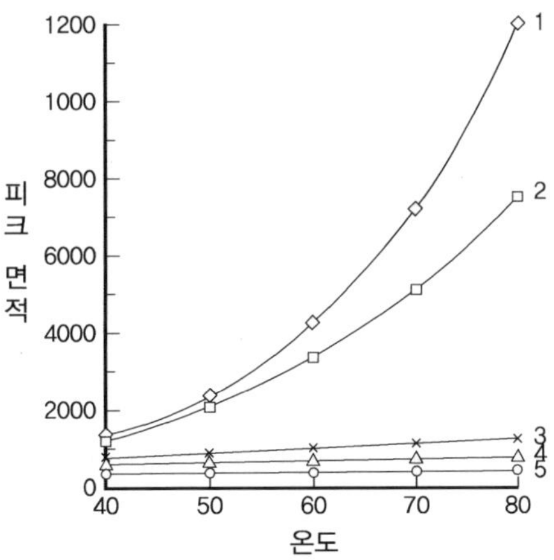

[그림 9.4] 헤드스페이스법에서 휘발성 유기 화합물의 극성도에 따른 온도 영향: 1) Ethanol, 2) Methyl ethyl ketone, 3) Toluene, 4) n-Hexane, 5) Tetrachloroethylene[3]

한편, 수용액 시료 내에서 분석 물질의 용해도와 시료 부피의 영향은 다음과 같다. 수용액 매트릭스에서 극성 분석 물질들은 시료의 부피에 대한 영향이 작지만, 무극성 분석 물질들은 시료 부피에 대한 영향이 매우 크다. 예를 들어 그림 9.5 (a)와 (b)에서 볼 수 있듯이 무극성 화합물인 cyclohexane은 시료 부피가 1 mL에서 5 mL로 변할 때 피크 면적이 크게 증가하는 반면, 극성 화합물인 1,4-dioxane의 경우 부피 변화에 대해서 피크의 변화가 거의 없음을 알 수 있다.

한편, 동일한 부피라 할지라도 염석 효과를 내기 위해서 염화 소듐을 첨가한 경우[그림 9.5 (c)]에 피크 면적이 크게 증가함을 볼 수 있는데, 이는 분석 물질이 수용액에서의 용해도가 감소하면서 휘발되어 헤드스페이스로 올라갔기 때문이다.

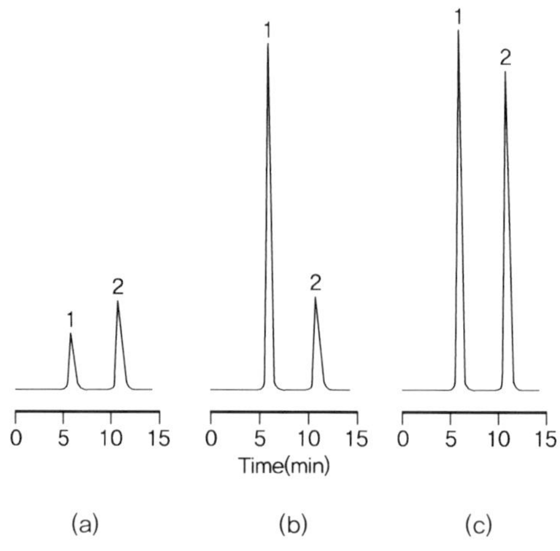

[그림 9.5] Cyclohexane (1)과 1,4-dioxane (2)의 용액 부피에 따른 영향과 염 첨가의 영향: (a) 1 mL 용액 (b) 5 mL 용액 (c) 5 mL 용액에 NaCl 첨가[3]

분배 계수가 큰 분석 물질은 상비 β의 영향이 크다. 예를 들면 에탄올은 분배 계수 K가 1000 근처인데 10 mL 시료 용기에 시료 용액 1 mL와 5 mL를 각각 채웠을 경우에 헤드스페이스에서 분석 물질의 농도는 $C_G = C_0/(1000+9)$와 $C_G = C_0/(1000+1)$로 두 계산 결과는 거의 차이가 없다. 하지만 K가 작은 분석 물질은 β의 영향이 의미가 있게 된다.

9.2 동적인 헤드스페이스 추출법(퍼지 & 트랩)

9.2.1 원리

극미량 분석 또는 시료 중에 함유되어 있는 분석 물질 전체량을 전부 추출하고자 할 때는 동적인 헤드스페이스 추출법을 사용하는 것이 유리한데, 이 방법을 일반적으로는 '퍼지 & 트랩(purge & trap)' 방법이라고 한다. 퍼지 & 트랩 방법도 정적인 헤드스페이스 추출법과 마찬가지로 시료 매트릭스로부터 분석 물질들이 휘발되는 것에 기초하고 있다. 하지만 퍼지 & 트랩 방법에서는 휘발성 분석 물질들이 시료상과 기체상(헤드스페이스) 사이에서 평형 상태에 있지 않고 계속해서 기체를 흘려보내 시료로부터 분석 물질들을 제거시키기 때문에 시료상과 헤드스페이스 기체상 간에 농도 기울기가 존재하면서 소모성 추출이 일어나기 때문에 동적인 헤드스페이스 추출법이라고 한다.

정적인 헤드스페이스 기법에서는 시료 매트릭스의 종류가 평형에 크게 영향을 미칠 수 있다는 문제점이 있다. 시료 매트릭스에 대해서 높은 용해도를 가진 화합물을 분석할 때는 매트릭스 효과 때문에 낮은 감도를 나타내며 시료의 양이 감도에 영향을 미칠 수 있다.

반면에, 동적인 헤드스페이스 기법인 퍼지 & 트랩 농축은 매트릭스 효과를 줄여 주며 정적인 헤드스페이스 기법에 비해서 감도를 증가시킨다. 휘발성 유기 화합물을 포함하고 있는 시료를 퍼지 용기에 넣은 후 비활성 기체를 정해진 시간 동안 일정한 유속으로 시료에 불어넣는다. 휘발성 화합물들은 시료로부터 제거되어(purge) 시료 위의 헤드스페이스로 이동한 후 흡착 트랩(trap)으로 이동하여 농축된다(그림 9.6). 퍼지 과정이 끝난 후 트랩 장치는 신속하게 가열되어 역류 운반 기체를 이용하여 분석 물질을 탈착시켜서 GC 컬럼으로 이동시킨다. purge & trap 모드에서는 운반 기체가 수용액 시료를 통과하여 흘러서 휘발성 물질들을 흡착제 물질로 이동하도록 6-port 밸브가 작동하며[그림 9.6 (a)], 탈착(desorb) 모드에서는 트랩에 흡착되어 농축된 휘발성 물질들이 탈착되어 크로마토그래프로 유입되도록 밸브가 스위칭된다[그림 9.6 (b)].

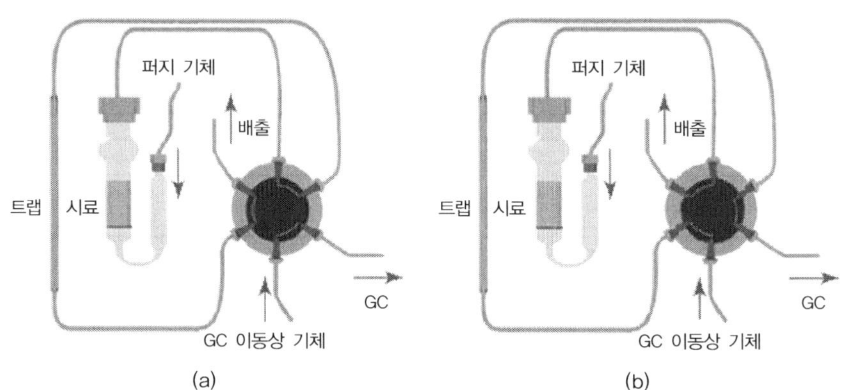

[그림 9.6] 퍼지 & 트랩 장치에서 (a) 퍼지 & 트랩 모드 및 (b) 탈착 모드

9.2.2 퍼지 & 트랩 장치

퍼지 & 트랩 장치는 퍼지 기체와 탈착(운반) 기체의 유속이 분리되어 흐르도록 설계되어 있으며, 퍼지와 탈착을 위한 기체로는 일반적으로 헬륨(He) 기체가 사용된다. 퍼지 기체의 유속은 30~50 mL/min이며, 탈착 기체의 유속은 10~ 80 mL/min 범위인데 GC 컬럼의 형태에 따라 다르다. 탈착 기체는 유속 조절기를 사용하여 조절할 수 있다. 보통은 GC 주입구의 유속 조절기가 사용되지만, 별도의 유속 조절기를 퍼지-트랩 장치의 뒷면에 있는 탈착 기체 주입구에 연결하여 사용할 수도 있다.

퍼지-트랩 시스템에 사용되는 **퍼지 용기**[즉 스파저(sparger)]에는 세 가지 형태가 있으며 일반적인 크기로는 5 mL와 25 mL가 있다. 대부분의 수용액 시료의 분석을 위해서는 frit 스파저가 사용된다. Frit은 많은 양의 작은 기체 방울을 만들어서 시료를 통과하게 하여 퍼지 효율을 증가시킨다. Fritless 스파저는 입자 성분들이 많은 시료나 거품이 일어나는 산업폐수 시료에 사용되는데 기체 방울을 적게 생성하여 퍼지 효율은 감소하지만 frit을 사용하지 않음으로써 거품의 생성을 감소시킬 수 있다. Needle 스파저는 토양, 저질 혹은 고체 시료를 퍼지할 때 사용되며, 좁은 바늘이 시료 속으로 주입되어 퍼지 기체를 적게 방출하는 데 사용된다.

퍼지 기체와 탈착 기체의 흐름은 자동화된 **스위치 밸브**(보통은 6-포트 밸브)에 의해 조절되는데, 밸브를 회전시킴으로써 퍼지-트랩 연속 과정 중에 퍼지 기체와 탈착 기체의 흐름 경로를 변경시킬 수 있으며 시료가 응축이 일어나지 않게 하기 위하여 가열된 구획 내에 놓여 있다(그림 9.6).

시료로부터 퍼지된 휘발성 유기 화합물을 트랩하기 위해서 **흡착제**가 사용된다. 흡착제는 전체 퍼지 과정 동안에 화합물을 붙잡아 두었다가 탈착 단계에서는 분석 물질을 신속하게 방출해야 한다. 흡착제는 화합물의 종류에 따른 고유한 트랩 능력을 가지고 있는데, 가장 약한 흡착제 물질이 트랩의 입구 앞쪽에 있고, 다음에는 더 강한 흡착제가 놓여 있고 계속해서 더 강한 흡착제로 채워져 있다. 휘발성이 큰 화합물은 약한 흡착제는 통과하고 더 강한 흡착제에 의해 머무르게 되며, 휘발성이 낮은 화합물은 더 약한 흡착제에 붙들려 있게 되고 더 강한 흡착제까지는 도달하지 못한다. 이 과정에서 트랩에 있는 흡착제는 극성과 무극성 분석 물질을 붙잡아 두지만 수분이나 메탄올은 붙잡지 않고 통과시키게 된다. 화합물이 모아지면 트랩은 신속하게 가열되고 화합물은 흡착제로부터 탈착되어 역방향으로 흘려주는 운반 기체에 의해 GC 주입구로 보내지게 된다. 일반적으로 사용되고 있는 Tenax 흡착제는 무극성 화합물을 트랩하는 데 우수하며 소수성이므로 수분은 머무르게 못한다. 따라서 휘발성이 큰 화합물은 머무름이 거의 없으므로 강한 흡착제에 트랩시켜야 한다. 실리카 젤은 Tenax 흡착제보다는 더 강한 흡착제인데, 휘발성 유기 화합물을 트랩하는 데 사용하기 위해서는 Tenax 흡착제와 연결하여 사용하는 것이 일반적이며, 실온에서 기체인 극성이며 휘발성이 매우 큰 화합물을 트랩하는 데 사용된다. 하지만 실리카 젤은 친수성 물질이므로 많은 양의 수분도 함께 머무르게 된다는 것을 염두에 두어야 한다.

9.2.3 작동 절차

퍼지 & 트랩 추출법은 다음의 여러 단계를 거치며, 정확하고 재현성 있는 분석 결과를 얻기 위해서는 이들에 대한 이해가 필요하며 전형적인 퍼지 & 트랩 작동 조건은 표 9.1과 같다.

1) **준비 단계:** 'Standby' 모드에서는 퍼지 기체 흐름이 멈추고 트랩은 냉각되어 있으며 시스템은 분석을 시작할 준비가 되어 있다. 탈착 기체(운반 기체)는 트랩을 우회하여 흐르며 이 탈착 기체가 GC의 운반 기체가 되어 컬럼 안으로 곧바로 들어간다[그림 9.6 (a)].
2) **퍼지:** 적심 퍼지(wet purge)를 하는 동안에는 퍼지 기체가 퍼지 용기를 통과하여 시료로부터 휘발성 분석 물질을 분리시켜서 가열된 밸브를 통해서 흡착 트랩으로 분석 물질을 몰고 간다. 분석 물질은 트랩에 모아지고 퍼지

기체는 퍼지 배출구를 통하여 빠져나간다. 일반적인 퍼지 기체의 유량은 30~50 mL/min이며 퍼지 출구에서 측정된다. 퍼지 모드에서 시료는 보통 10~15분 동안 퍼지되며 탈착(운반) 기체는 컬럼으로 흐른다. 운반 기체가 매트릭스에서 기체 방울을 발생시키면 매트릭스 내에 있는 휘발성 물질들은 운반 기체 내부로 확산되어 트랩으로 이동된다. 적심 퍼지 단계에서 시료로부터 떨어져 나와서 트랩에 축적된 많은 양의 수분은 건조 퍼지(dry purge) 단계에서 제거되며, 퍼지 기체는 퍼지 용기를 우회하여 곧바로 트랩으로 향하게 되고, 제거된 수분은 건조 퍼지 기체에 의해서 배출구로 보내진다. 탈착(운반) 기체는 컬럼으로 직접 들어가며 소수성 흡착제로 만들어진 트랩만이 건조 퍼지를 할 수 있으며 건조 퍼지 시간은 1~4분이다.

3) **탈착 예열**: 분석 물질이 흡착제에 트랩되고 과량의 수분이 제거되면 퍼지 기체 흐름은 멈춘다. 이때 트랩은 흡착제의 탈착 온도보다 약 5°C 아래까지 신속히 가열된다. 탈착 예열 단계에서는 시료를 균일하게 휘발시켜서 좁은 시료 띠를 만들어 GC 컬럼으로 시료를 효과적으로 전달하며, 탈착(운반) 기체는 컬럼으로 직접 들어간다[그림 9.6 (b)]. 탈착 예열 단계가 없으면 피크의 꼬리끌림이 나타나서 크로마토그램이 좋지 않다.

4) **탈착**: 탈착 예열 온도에 도달하면 퍼지 & 트랩 밸브가 회전하여 탈착(운반) 기체는 흡착제 트랩의 역방향으로 흘러서 GC 시스템으로 분석 물질을 운반한다[그림 9.6 (b)]. 시료의 이동이 일어나고 있는 동안에 트랩은 최종 탈착 온도까지 가열되는데 탈착 온도는 180~250°C이며 이는 흡착제의 종류와 농축기의 모델에 따라 정해진다. 분석 물질이 GC 컬럼으로 이동하는 동안에 좁은 띠를 유지하도록 탈착 유속이 빨라야 하며, 적절한 탈착 유속은 20 mL/min 이하지만 모세관 컬럼에서 이 유속은 너무 높기 때문에 컬럼의 효율을 유지하기 위해서는 유속을 줄여 주어야 한다. 탈착 시간은 유속과 트랩 온도에 반비례하므로 유속과 트랩 온도가 증가하면 탈착 시간은 감소하며 일반적인 탈착 시간은 2~4분 정도이다.

5) **트랩 굽기**: 탈착 단계가 종료된 후에는 기체를 흘려주면서 트랩을 가열해 줌으로써 잔류하고 있는 시료 성분들이나 오염 물질을 제거한다. 이 단계는 보통 6~10분 정도 지속되며 탈착 온도보다 10~20°C 높은 온도에서 수행되어야 하지만 흡착제의 손상을 막기 위해서는 트랩의 최대 온도를 넘지 않아야 한다.

[표 9.1] 미국 환경보호청(US EPA)의 퍼지 & 트랩 방법을 이용한 수질 시료 중 휘발성 유기화합물분석방법 작동 조건

파라미터	분석 방법	
	8015법	8021/8260법
퍼지 기체	질소 혹은 헬륨	질소 혹은 헬륨
퍼지 기체 유속(mL/min)	20	40
퍼지 시간(min)	15±0.1	11.0±0.1
퍼지 온도(°C)	85±2	실온
탈착 온도(°C)	180	180
탈착 기체 유속(mL/min)	20~60	20~60
탈착 시간(min)	1.5	4

응용

- **개요** 양파 중에 함유된 휘발성 화합물을 헤드스페이스 (HS)-GC/MS를 이용하여 분석[4]
- **시료** 양파
- **분석 물질** 휘발성 di-, tri-sulfides 및 aldehydes 화합물 19종
- **시료 전처리** 양파 껍질을 벗기고 10 mm 조각으로 자른 후 고압 처리를 위해 액체 질소에 동결시킨다. 또한 고압 처리하지 않은 시료는 동결 건조시키고 막자사발에서 갈아서 -80°C에서 보관한다. 위에서 처리한 시료 3 g을 22 mL 헤드스페이스 분석 장치의 바이알에 옮겨서 밀봉한다. 시료를 80°C에서 40분 동안 가열한 후 휘발성 화합물을 Air Monitoring Trap에 10분 동안 농축시키고 120°C에서 3분 동안 탈착시켜서 GC/MS에 연결된 주입구에 직접 주입한다.

- **개요** 화장품 중에 존재하는 alkylamine류를 퍼지 & 트랩 방법으로 추출한 후 이온 크로마토그래피로 분석[5]
- **시료** 화장품
- **분석 물질** Methylamine 등 휘발성 alkylamine류 6종
- **시료 전처리** 화장품 1 g을 45 mL 퍼지 용기에 넣고 물 10 mL와 lithium hydroxide 2 g을 넣은 후 신속하게 50 mM acetic acid 10 mL가 들어 있는 trap tube (receiver)에 연결하고, 퍼지 용기의 노즐 출구를 용액에 잠기게 한다. 퍼지

용기를 90°C의 수조에 잠기게 하고 0.8 mL/min 유속으로 10분 동안 운반 기체(공기)를 사용하여 퍼지시킨 다음, 이온 크로마토그래프에 주입하여 분석한다.

흡착제

퍼지 & 트랩에서 휘발성 물질인 alkylamine들의 트랩 효과를 높이기 위해서 흡착제로 아세트산, 염산, 황산, methanesulfonic acid 등이 사용된다.

Salt(염) 형태 화합물을 free 형태로 전환

Lithium hydroxide(LiOH)는 alkylamine salt를 free alkylamine으로 변환시킬 때 사용된다.

- **개요** 녹조류에 잔류하는 냄새 유발 물질인 geosmin과 2-methylisoborneol을 퍼지 & 트랩 방법으로 추출한 후 GC/MS에서 분석[6]
- **시료** 녹조류
- **분석 물질** Geosmin, 2-methylisoborneol
- **시료 전처리** 5 g 염화 소듐(NaCl)을 첨가한 25 mL 물 시료를 autosampler의 sample loop로 끌어당겨 purge tube에 옮긴다. 고순도 질소를 40 mL/min 유속으로 60°C에서 13분 동안 퍼지시켜서 Tenax-Silica Gel-Charcoal 수착제에 트랩시킨다. 트랩을 200°C에서 0.5분 동안 가열하여 헬륨 기체로 탈착시킨 후 GC에 직접 연결되어 주입된다.

- **개요** 폐수 중에 존재하는 휘발성 유기 화합물(VOCs)을 퍼지 & 트랩 방법으로 전처리한 후 GC/MS로 분석[7]
- **시료** 폐수
- **분석 물질** Benzene, chloroform 등 휘발성 유기 화합물(VOCs) 19종
- **시료 전처리** 냉장고에 보관된 폐수 시료를 퍼지 & 트랩 장치에 넣고 13분 동안 40 mL/min 유속으로 퍼지한 후, 250°C에서 300 mL/min 유속으로 2분 동안 탈착하여 GC/MS에 주입하여 분석하고, 500 mL/min 유속으로 8분 동안 300°C에서 가열한다.

- **개요** 자연수 중에 함유된 냄새 물질을 퍼지 & 트랩 장치로 추출한 후 GC/MS에서 분석[8]
- **시료** 물(자연수)
- **분석 물질** Dimethylsulfide와 geosmin를 비롯한 냄새 유발 물질 8종
- **시료 전처리** 물 25 mL를 autosampler에 의해 purge tube로 옮긴 후, 55°C에서 12분 동안 40 mL/min 유속으로 질소 기체를 불어 넣어 트랩(Tenax)한 후, 4분 동안 헬륨 기체로 180°C에서 4분 동안 탈착하여 GC/MS에 주입하고, 트랩을 200°C에서 12분 동안 가열시킨다.

퍼지 & 트랩의 파라미터

퍼지 & 트랩 추출에서 추출률에 크게 영향을 미치는 요소로는 트랩의 종류(흡착제), 탈착 시간, 시료 온도, 퍼지 시간 등이 있다.

■ 참고문헌 ■

1 Pawliszyn, J. *Comprehensive Sampling and Sample Preparation*, Elsevier, **2012**, Ch 2.02.

2 Ettre, L. S.; Kolb, B. *Chromatographia*, **1991**, *32*, 5.

3 Kolb, B.; Ettre, L. S. Static *Headspace-Gas Chromatography: Theory and Practice*, Wiley-VCH, New York, **1997**.

4 Colina-Coca, C.; Gonzalez-Pena, D.; Vega, E.; Ancos, B.; Sanchez-Moreno, C. *Talanta* **2013**, *103*, 137.

5 Zhong, Z.; Li, G.; Luo, Z.; Zhu, B. *Anal. Chim.* Acta **2012**, *715*, 49.

6 Yuan, B.; Li, F.; Xu, D.; Fu, M.-L. *Anal. Method* **2013**, *5*, 1739.

7 Barco-Bonilla, N.; Plaza-olanos, P.; Fernandez-Moreno, J. L.; Romero-Gonzalez, R. R.; Frenich, A. G.; Vidal, J. L. M. *Anal. Bioanal. Chem.* **2011**, *400*, 3537.

8 Deng, X.; Liang, G.; Chen, J.; Qi, M.; Xie, P. *J. Chromatogr. A* **2011**, *1218*, 3791.

제 10 장

유도체화

크로마토그래피 분석에 있어서 분리 능력 향상, 용해도 변화, 특별한 분석 물질에 대한 선택성 증가, 열적인 안정성 향상, 특정 검출기에 대한 선택적인 표지 물질 부착 등을 위해서는 분석 물질에 대한 **유도체화**(derivatization) 반응이 필요한 경우가 있는데, 이 또한 시료 전처리 과정에 속한다. 일반적인 유기 합성 반응과는 달리 크로마토그래피에서의 유도체화 반응은 신속하고 선택적이어야 하며, 분석 물질과 정량적으로 반응하고 최종 생성물은 하나여야 한다. 유도체화 단계는 시료 전처리 전이나 후에 또는 동시에 수행할 수 있다.

크로마토그래피에서 유도체화 방법은 크게 GC 분석을 위한 유도체화 방법과 HPLC 분석을 위한 유도체화 방법으로 나눌 수 있는데, 그 목적과 방법에 다소 차이가 있다.

10.1 GC와 GC/MS 분석을 위한 유도체화

GC 분석에서 유도체화를 하는 목적은 GC 분석에 적합하도록 화합물의 휘발성을 높이고, 극성도를 낮추고, 열적인 안정성과 특정한 검출기에 대한 검출 능력을 향상시키는 데 있다. 예를 들면, 전자 포획 검출기(ECD)는 불꽃 이온화 검출기(FID)나 열전도도 검출기(TCD)에 비해서 검출 감도가 좋기 때문에 ECD로 검출하기에 적합한 할로젠화물을 분석 물질에 부착시키는 방법이다. 또한 GC/MS 분석에서는 분석의 효율성을 높이기 위해서 특정한 조각 내기(fragmentation)를 생성하기 위해 유도체화를 시키는 경우가 있다. GC 분석을 위한 일반적인 유도체화 방법으로는 실릴화(silylation), 아실화(acylation), 알킬화(alkylation), 에스터화(esterfication) 반응 등이 있다.[1-5]

10.1.1 실릴화 반응

실릴화 반응(silylation)은 GC 분석에서 가장 일반적이며 다양한 유도체화 방법이다. 수산화(hydroxyl, –OH), 카복실산(carboxylic acid, –COOH), 아민(amine, $-NH_2$, =NH), 싸이올(thiol, –SH), 인산(phosphate, $-PO_4$) 등의 기능기들이 포함된 화합물은 휘발성이 낮고 극성도가 커서 GC에서 분석하기 까다롭기 때문에 실릴화 시약을 사용하여 분석 물질을 유도체화하여 분석 물질의 극성도를 낮추고 휘발성을 증가시킬 수 있다.

실릴화 반응은 분석 물질에 있는 산성 수소(또는 활성 수소)를 알킬실릴(alkylsilyl) 기능기로 치환함으로써 분석 물질의 극성도를 낮추고 휘발성이 더 크고 열적으로 안정한 화합물로 유도체화된다. 예를 들면, -OH 기능기에 있는 활성 수소를 trimethylsilyl (TMS) 혹은 butyldimethylsilyl (BDMS)로 대체하는 것이다. Trimethylchlorosilane (TMCS)을 유도체화 시약으로 사용한 반응이 그림 10.1에 나타나 있는데, 이 반응은 tetrahydrofuran (THF) 또는 dimethyl sulfoxide (DMSO)와 같은 비양성자성 용매(aprotic solvent) 환경에서 진행된다. 이 경우에 페놀성 -OH 기능기에 있는 수소를 trimethylsilyl 기능기로 대체하여 양성자성 위치를 차단함으로써 쌍극자-쌍극자 상호작용을 감소시킨다. 또한 무극성 정지상 컬럼을 사용하는 GC에서 분석 물질의 휘발성을 증가시켜서 크로마토그래피 분리 성질을 향상시킬 수 있다.

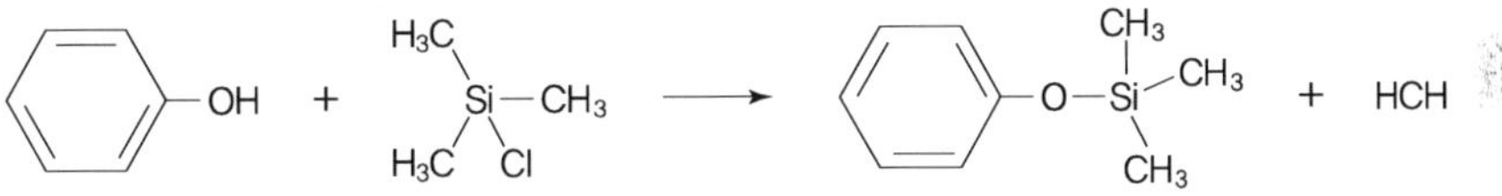

Phenol + TMCS ⟶ Phenol의 실릴 유도체 + HCH

[그림 10.1] Trimethylchlorosilane (TMCS)을 이용한 실릴 유도체화 반응

실릴 유도체화 시약을 선택할 때는 분석하고자 하는 화합물에 대한 반응성과 선택성을 고려해야 하며, 유도체화된 분석 물질이 안정해야 하고, 유도체화가 끝난 후 유도체화 시약으로부터 생겨난 부산물의 양이나 성질들도 고려되어야 한다. 일반적으로 사용되는 실릴 유도체화 시약에 대한 실릴화 반응의 세기를 나타내면 다음과 같으며 BSA는 가장 강한 실릴 유도체화 시약으로 HMDS보다 더 강한 Si-O 결합을 형성한다[6]:

HMDS < TMCS < MSA < BSTFA < TMSI < TMSDEA < MSTFA < BSA

힌트 유도체화 시약의 이름

- HMDS: Hexamethyldisilizane
- TMCS: Trimethylchlorosilane
- MSA: *N*-methyl-*N*-trimethylsilyl acetamide
- BSTFA: N,O-Bis(trimethylsilyl)trifluoroacetamide
- TMSI: N-trimethylsilylimidazole
- TMSDEA: *N,N*-Diethyl-1,1,1-trimethylsilylamine

- MSTFA: *N*-Methyl-*N*-(trimethylsilyl) trifluoroacetamide
- BSA: N,O-Bis(trimethylsilyl)acetamide

TMS 유도체화 반응에서는 반응 속도를 증가시키기 위해서 반응 촉매로서 trimethylamine이나 pyridine과 같은 염기를 사용하는 것이 일반적이다. BSA는 알코올, 아민, 페놀, 싸이올 등 다양한 기능기를 효과적으로 유도체화시키는 보편적인 유도체화 시약이지만, 높은 온도의 GC 검출기나 컬럼에서 산화를 일으켜서 SiO_2를 형성하여 FID 검출기를 오염시킬 수 있기 때문에 이 점을 유의해야 한다. 따라서 FID 검출에서는 BSA 대신에 BSTFA를 사용하기도 한다. BSTFA는 더 빨리 완전하게 반응하는 경향이 있고 부산물도 휘발성이 커서 용매 피크에 묻혀버리기 때문에 크로마토그램이나 스펙트럼을 방해하지는 않는다. MSTFA는 BSA와 유사하게 여러 기능기에 대해서 반응성을 가진 유도체화 시약이며, BSTFA나 MSTFA에 TMCS를 혼합하여 사용하면 반응의 안정성에 도움이 된다.

카복실산(-COOH)을 TMS 유도체화시키는 것은 쉽지만 유도체화된 화합물의 안정성은 그다지 좋지 않다. 따라서 trimethylsilyl 기능기 대신에 butyldimethylsilyl이 있는 시약을 사용하면 더 안정된 실릴 유도체화를 시킬 수 있다. 일반적으로 실릴 유도체화 시약은 수분에 민감하므로 보관에 유의하여 시약의 비활성화를 방지하고, 반응 시에도 수분이 없는 환경에서 반응시킴으로써 원치 않은 부반응을 감소시켜야 한다. 또한 유리 재질의 반응 용기는 반응 전에 비활성화시키고 반응 후에 생성물을 옮길 때도 질소 환경에서 취급해야 부반응에 의한 부산물을 줄일 수 있다.

생성물의 안정성을 증가시키고 선택성을 향상시키기 위해서 실릴 유도체화 시약들을 혼합해서 사용하기도 한다. 예를 들어 TMCS/BSA/TMSI, HMDS/TMCS/pyridine, TMSIM/TMCS 등의 혼합물을 사용하면 phenol, carboxylic acid, carbohydrate 등의 -OH 기능기에 안정한 반응을 할 수 있어서 부가 생성물들이 적은 깨끗한 크로마토그램을 얻을 수 있고 반응 속도도 빠르다.

실릴 기능기를 도입하면 질량 분석기에 대한 성질을 개선할 수 있는데, GC/MS에서 실릴 기능기는 이온의 세기가 강하게 나타나며 조각화 패턴도 깨끗하여 구조 규명에 유용하다. 또한 선택 이온 모니터링(selected ion monitoring, SIM)을 사용할 경우에도 검출 감도를 향상시키고 화합물 규명에 유리하므로 미량 분석에 유용한 유도체화 방법이다.

실릴화 반응에는 많은 종류의 용매와 혼합 용매가 사용되고 있으며, 실릴 유도체화 반응은 활성 수소에 대한 유도체화 반응이기 때문에 시료 매트릭스를 용해시키기 위한 용매를 사용하여야 하는데 alcohol, acid, amine, thiol, aldehyde류의 용매는 사용하지 않아야 한다. 대부분의 실릴 유도체화는 수분에 취약하지만 butyldimethylsilyl기가 있는 시약은 그나마 수분에 강한 편이다. Acetonitrile, DMF, DMSO, DTE, THF와 같은 비양성자성 또는 극성 용매들은 부산물이나 불완전한 유도체화 물질의 생성을 최소화하기 위해서 건조시켜서 사용하는 것이 바람직하다.

유도체화 시약이 액체이면 시약을 과량 넣어 주어서 그 자체를 용매로 사용할 수 있기 때문에 추가적인 용매가 필요하지 않아서 오염을 최소화할 수 있다. 또한 촉매를 필요로 하는 반응도 있는데 가장 널리 사용되는 촉매는 피리딘이다. 이는 염기성이며 TMCS와 같은 유도체화 시약이 사용될 경우에 HCl 받개로 작용하면서 용매로도 작용한다. 하지만 피리딘은 부반응이 일어나서 여러 가지 부산물을 생성하므로 크로마토그램이 깨끗하지 않고 시험자에게 노출될 경우에 건강을 해칠 우려가 있기 때문에 주의를 기울여야 한다.

10.1.2 아실화 반응

아실 유도체는 실릴 유도체보다 휘발성이 크고 극성이 덜한 유도체화 반응이다. 하지만 carbohydrate, amino acid와 같은 화합물에 대해서는 쉽게 반응이 일어나며 부산물도 적게 생성되지만, 대부분의 카복실산 및 카복실산과 유사한 기능기를 가진 화합물에 대해서는 유도체화가 까다롭다. 아실 유도체화(acylation) 시약들은 분석 물질에 있는 –OH, –SH, –NH 등의 활성 수소와 반응하여 ester (RCOOR′), thioester (RCOSR′), amide (RCONR′R″) 등으로 변환된다. 그림 10.2는 일차 아민을 아마이드로 바꾸는 아실화 반응의 예이다.

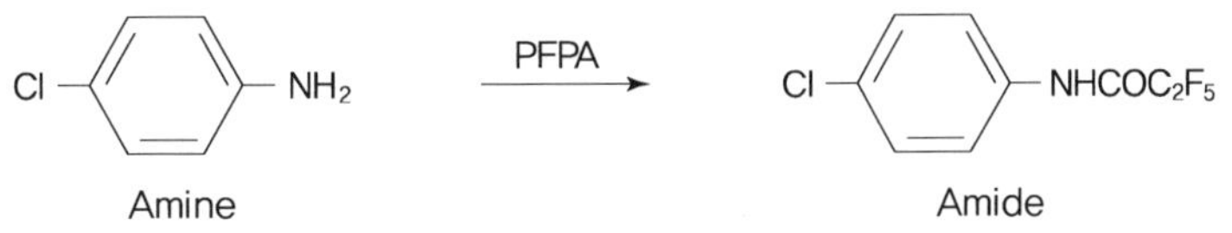

Cl–(benzene ring)–NH_2 —PFPA→ Cl–(benzene ring)–$NHCOC_2F_5$

Amine Amide

[그림 10.2] PFPA 유도체화 시약을 사용한 아실화 반응

아실 유도체화도 활성 수소가 포함된 화합물에 대해서 GC에서의 거동이 열적으로 안정하도록 해 주는 반응이다. 아실화 유도체에 포함되어 있는 카보닐기(carbonyl)는 할로젠화 탄소와 같은 전자를 끌어당기는 기능기가 옆에 있을 경우에 극도의 안정성과 편극화의 증가를 나타낸다. 일반화된 아실 유도체화 방법 중에는 화합물에 perfluoracyl기를 붙여 줌으로써 전자 포획 능력을 향상시켜서 전자 포획 검출기(ECD)에 의한 검출이 가능하게 할 수 있으며, GC/MS의 음이온 모드에서 특징적인 조각 패턴을 나타내게 하는 fluoro-acylation 유도체화 반응이 있다.

아실화 유도체 시약으로는 perfluoro acid anhydrides류와 fluoracylimidazoles류가 있는데, alcohol, phenol, amine류에 대한 fluorinated anhydride 유도체들은 안정하고 휘발성이 커서 간단한 추출 과정을 거치거나 추출 과정이 없이 곧바로 GC에 주입해서 분석이 가능하다. Perfluoro acetic anhydride 유도체들은 산성 부산물을 생성하여 GC의 주입구와 컬럼을 오염시킬 가능성이 있기 때문에 GC에 주입하기 전에 이 부산물을 제거해야 한다. Fluoroimidazole 유도체화 시약은 하이드록시기(-OH), 2차 또는 3차 아민류(-NH, -N-) 등과 반응하여 아실 유도체 생성물을 형성한다. 부산물로 생성된 imidazole은 상대적으로 비활성이므로 분리 과정이 필요 없다. 일반적인 아실 유도체화 반응 시약으로는 MBTFA (N-methyl-bis-trifluoroacetamide), acetic anhydride (AA), PFPA (pentafluoropropionic acid anhydride), HFBA (heptafluorobutyric acid anhydride), TFAA (Trifluoroacetic acid anhydride) 등이 있다.

아실 유도체화 반응은 시약들이 매우 수분에 민감하고 쉽게 가수 분해될 수 있기 때문에 무수 반응 조건이 필요하다. Acyl chloride와 acyl anhydride 유도체화 시약이 아민류와 반응할 때는 GC 컬럼을 손상시킬 수 있기 때문에 과량의 시약과 부반응 산을 제거해야 한다. 일반적으로 사용되는 용매로는 pyridine, triethylamine, trimethylamine, n-haxane, n-heptane, dichloromethane, tetrahydrofuran, diethyl ether, acetonitrile 등이 있으며, pyridine과 triethylamine, trimethylamine은 반응 촉매로 작용할 수 있고 산성 부산물에 대한 받개로 작용할 수 있다.

10.1.3 알킬화 반응

알킬화 반응(alkylation)은 아릴화 반응(arylation)이라고도 하며 R-COOH, R-OH, R-SH, R_2-NH, R-NH_2, R-$CONH_2$, R-CONH-R′ 등에 있는 산성 수

소를 alkyl기, aliphatic기, aliphatic-aromatic기로 치환하는 반응으로, 유도체화 생성물은 GC에서 크로마토그램을 개선시킨다. 주된 알킬화 반응은 분석 물질에 있는 산성 수소가 유도체화 시약의 할로젠이나 다른 이탈 작용기에 의해 친핵 치환이 일어나는 반응으로 그림 10.3과 같다.

$$\underset{\text{Carboxylic acid}}{\text{R-COOH}} \xrightarrow[\triangle]{\text{TMAH}} \underset{\text{Methyl ester}}{\text{RCOOCH}_3}$$

[그림 10.3] 카복실산을 trimethylanilinium hydroxide (TMAH)로 반응시킨 알킬 유도체화 반응

카복실산이나 페놀류에 있는 산성 -OH기는 덜 강력한 염기 촉매를 필요로 하지만, 약한 산성 -OH기가 있는 분석 물질을 알킬화 반응시킬 때는 강력한 염기 촉매가 필요하다. 예를 들어, 유기산을 ester(보통은 methyl ester)로 전환하는 알킬 유도체화 반응이 많이 사용되었는데, 카복실산류를 실릴 유도체화 시키는 것에 비해서 alkyl ester는 안정성이 좋고 유도체화된 생성물을 분리할 수 있고, 이 분리된 물질을 보관할 수도 있다는 장점이 있다.

많이 사용되고 있는 알킬 유도체화 반응은 ether (R-O-R′), thioether (R-S-R′), thioester (R-CO-SR′), N-alkylamine, amide (R-CO-NR_2), sulfonamide (R-SO_2-NR_2) 등이 있는데, 예를 들면 pentafluorobenzyl bromide는 acid를 ester로 변환하고, phenol을 ether로 변환한다.

아민 화합물들을 알킬 유도체로 변환하고자 할 때는 acetic anhydride와 perfluoro-첨가물을 많이 사용하고, 아마이드 화합물에 대해서는 HFBA나 pentafluorophenyl anhydride (PFPA), trifluoro-첨가물(TFAA)을 일반적으로 사용한다. 산성 수소의 세기가 약한 화합물에 대해서는 더 강력한 세기의 알킬화 반응 시약을 사용해야 하지만 너무 센 반응 시약은 선택성이 떨어지거나 원하지 않은 부산물을 생성하고 스펙트럼도 복잡해질 수 있다는 점을 유의해야 한다. 일반적인 알킬 유도체화 시약으로는 4-DMAP (4-dimethylaminopyridine), PFBAY (pentafluorobenzaldehyde), TMAH (trimethylanilinium hydroxide), TFAA (trifluoroacetic anhydride), PFBBr (pentafluorobenzyl bromide) 등이 있다.

10.1.4 에스터화 반응

에스터 유도체화 반응(esterification)은 촉매 존재하에서 분석 물질인 산이 알코올(알코올의 수산화기)과 반응하여 산의 카복실기가 축합(condensation)이 일어나는 반응으로, 카보닐 산소는 양성자화되고 친핵 알코올은 양성 탄소를 공격하여 물을 제거하고 에스터를 생성하는 양성자화와 탈양성자 단계가 연속적으로 일어나는 반응으로 그림 10.4와 같다.

$$\underset{\text{Carboxylic acid}}{\text{R–COOH}} \xrightarrow[\text{HCl}]{\text{MeOH}} \underset{\text{Methyl ester}}{\text{R–COOCH}_3}$$

[그림 10.4] 카복실기 화합물이 알코올과 반응하여 축합이 일어나는 에스터 유도체화 반응

유도체화되지 않은 산은 매우 반응성이 크며 GC를 사용해서 적절하게 분리하기에는 너무 극성이 커서 GC의 컬럼과 비특이적인 상호 작용과 흡착이 일어나서 크로마토그램 상에서 피크의 꼬리끌림이 나타난다. 또한 아미노산들은 휘발성이 매우 작아서 GC로 직접 분석하는 데 어려움이 있지만, N-trifluoroacetyl-N-butylether나 NPTFA와 같은 유도체화 시약으로 유도체를 만들면 그 생성물은 적절한 휘발성을 갖게 됨으로써 GC에서 쉽게 분석이 가능하게 된다. 따라서 카복실산 화합물에 대한 가장 좋은 유도체화 방법은 에스터 반응이다. 에스터 유도체화 시약은 사용이 간편하고 안정하며 크로마토그램 상에 나타나는 유도체화된 alkyl ester 분석 물질 피크가 정량 분석에 적합한 좋은 모양을 나타낸다.

10.2 HPLC와 LC/MS 분석을 위한 유도체화

HPLC 분석을 위한 유도체화 반응은 분석 물질이 검출기에 감응하기에 필요한 발색단(chromophore)(UV-Vis 검출기)이나 형광체(fluorophore) FLD 검출기를 가지고 있지 못한 경우에 수행되는 것이 대부분이다. 경우에 따라서는 친수성 분석 물질을 소수성 물질로 유도체화함으로써 컬럼에서의 머무름 시간을 조정하여 효과적인 분리를 수행하거나 질량 분석기(MS)에서 이온화 억제(ion suppression)를 덜하게 하기 위해서 유도체화시키는 경우가 있다. HPLC

또는 CE 분석에서 유도체화를 실시하는 주요 분석 물질은 aliphatic amine류와 amino acid류 화합물, 그리고 carbonyl과 hydroxyl 치환체를 가진 화합물이다.[1-3,5,7]

10.2.1 컬럼 전/후 유도체화 반응

HPLC 분석에서는 컬럼 전(pre-column)과 컬럼 후(post-column) 유도체화 반응이 있다. 컬럼 전 유도체화 반응은 분석 물질을 유도체화 반응을 시킨 후 유도체화된 물질을 HPLC에 주입하여 분석하는 방법이며, 컬럼 후 유도체화 반응은 분석 물질이 HPLC 컬럼에서 분리된 후 검출기에 도착하기 직전에 유도체화하여 검출하는 방법이다.

컬럼 전 유도체화 방법에서는 유도체화 시약이 HPLC 컬럼에 흡착되거나 반응하지 않아야 한다. 예를 들어 유도체화 시약의 분자량이 분석 물질의 분자량보다 크다든지, 화학적 성질에 영향을 미쳐서 머무름 시간에 크게 영향을 주게 되는 경우는 컬럼 전 유도체화 방법보다는 컬럼 후 유도체화 방법을 선택하는 것이 좋다. 일반적으로는 컬럼 후 유도체화 방법보다는 컬럼 전 유도체화 방법이 많이 사용되고 있는데 이는 유도체화 시약의 선택 폭이 넓고, pH 범위도 넓으며, 반응 조건도 다양하게 조절할 수 있고, 컬럼 후 유도체화 방법과 달리 특별한 유도체화 장치를 설치할 필요가 없기 때문이다. 컬럼 후 유도체화 방법은 컬럼과 검출기 사이에서 반응이 완결되어야 하기 때문에 반응 시간이 매우 빨라야 하고, 분석 물질이 이동상에 용해되어 있기 때문에 이동상 용매의 영향을 고려해야 한다. 또한 반응 후에 반응하지 않고 남아 있는 과량의 유도체화 시약이 걸러지지 않고 검출기로 곧바로 들어가기 때문에 과량의 유도체화 시약이 검출기에 어떤 영향을 미칠 것인지 고려해야 하는 등 많은 한계점이 있다.

10.2.2 유도체화 반응과 검출기

HPLC/UV-Vis, 즉 자외선-가시광선 검출기는 HPLC에서 가장 일반적으로 사용되는 검출기이다. 자외선-가시광선 검출기는 190~800 nm 파장 영역의 빛을 흡수하는 화합물에 대해서 검출이 가능하지만, 이 영역의 빛을 흡수하지 않거나 흡수가 약한 화합물에 대해서는 UV-Vis에 민감한 발색단을 붙여 주는 유도체화 반응을 수행해야 하는데, 보통은 254 nm 영역에서 최대 흡수파장을 나타내도록 한다. 대표적인 예로 알데하이드나 케톤류 화합물은

2,4-dinitrophenylhydrazine(DNPH) 유도체화 시약으로 유도체화(그림 10.5) 시킨 후 UV-Vis 검출기에서 검출하는데, 폼알데하이드의 경우 DNPH 유도체화 후에 310 nm에서 검출한다. 또한 amino acid나 amine류 화합물에 방향족 발색단을 유도체화시키기 위해서 *m*-toluoyl chloride나 benzoly chloride 등을 유도체화 시약으로 사용하기도 한다.

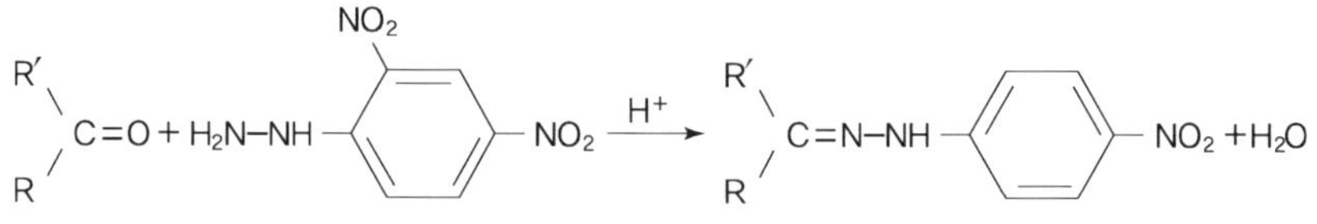

$$R'(R)C{=}O + H_2N{-}NH{-}C_6H_3(NO_2)_2 \xrightarrow{H^+} R'(R)C{=}N{-}NH{-}C_6H_3(NO_2)_2 + H_2O$$

Carbonyl 기 (알데하이드 및 케톤) 2,4-Dinitrophenylhydrazine (DNPH) DNPH-유도체 생성물

[그림 10.5] DNPH 유도체화 시약을 사용한 카보닐 기능기의 유도체화

HPLC의 검출기로서 형광 검출기(fluorescene detector, FLD)는 감도가 좋고 선택성이 좋아서 미량 분석에 많이 이용되는데, 분석 물질에 형광을 나타내는 기능기가 없으면 검출이 안 되기 때문에 형광을 나타내는 기능기를 분석 물질에 붙여야 한다. 예를 들면, FMOC-Cl (Fluorenylmethyloxycarbonyl chloride)는 amine 기능기를 검출하기 위한 유도체화 시약으로 사용되며 유도체화된 분석 물질은 유도체화시키기 전에 검출하는 것보다 최소 100배 이상의 감도를 나타내기도 한다. 또한 형광 유도체화물은 치환되는 위치에 따라 검출 파장이 달라지게 되므로 검출 감도를 높이는 것은 물론이고 구조 규명에도 이용될 수 있다. 예를 들면 carboxyl (-COOH), nitro ($-NO_2$), -NO기들이 방향족 고리에 치환되면 고리가 비활성화되어 파장이 짧아지는 반면, hydroxyl (-OH)와 methoxy ($-OCH_3$) 기능기들은 검출 파장의 위치는 변하지 않고 감도만 증가한다.

10.2.3 Diazo 유도체화 반응

Diazo 유도체화 반응은 diazo 유사체를 생성하는 반응으로 발색단과 형광체를 포함하고 있는 유도체화된 생성물이므로 HPLC의 UV/Vis(470~540 nm)나 형광 검출기에서 검출이 가능하며, 유도체는 대부분 물에서 안정하고 완충 용액 조건에서 산과 염기에 대한 안정성이 우수하다. Ketone 기능기가 있는 화합물의 경우는 p-nitrobenzene diazonium fluorate[8]가 유도체화 시약으로 많이 사용되며, hydroxyl 기능기에는 trimethylsilyl diazomethane[9]나 7-fluoro-4-nitrobenzo-2-oxa-1,3-diazole (NBD-F)[10] 시약이 사용되고, amine류 화합물에는 4-chloro-7-nitrobenzo-2-oxa-1,3-diazole (NBD-Cl)[11]이 사용된다(그림 10.6).

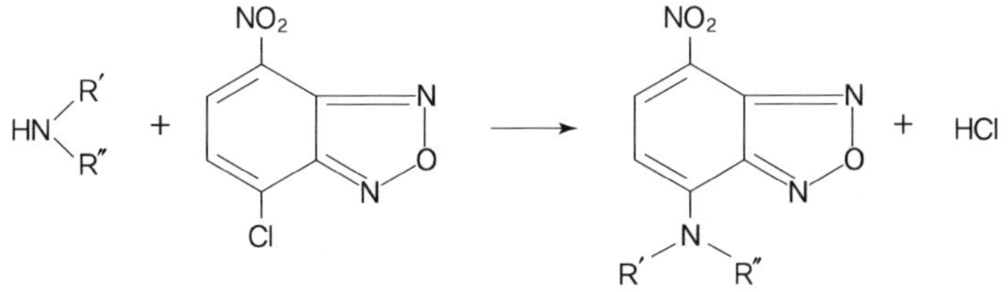

NBD-Cl　　Amine 화합물　　Diazo 유도체 생성물

[그림 10.6] 아민 화합물과 유도체화 시약인 NBD-Cl의 diazo 생성 반응

10.2.4 탈수 반응

탈수 반응(dehydration)은 알코올 화합물을 유도체화시키는 데 사용되는 반응으로 glycol류, hydroxyl-, methyl-, methoxy-치환된 amino 화합물, amino기가 치환된 pyrimidine류에까지 적용되는 반응이며, 보통은 염기 촉매 조건에서 수행된다. 대부분의 경우 낮은 농도로 존재하는 분석 물질을 형광이나 자외선 꼬리를 붙여서 검출하는 데 사용하고 있다. 예를 들면, 알코올을 에스터 화합물로 유도체화하기 위해서 탈수 시약으로 1-ethyl-3-(3-dimethylaminopropyl) carbodiimide hydrochloride (EDC·HCl)를 사용할 수 있으며, aniline, 2-methylaniline, 2-methoxyaniline, 4-chloroaniline 등 aromatic amine류들도 EDC 시약을 사용하여 탈수 반응을 진행한 후 안정한 유도체를 만들어 HPLC의 형광 검출기나 자외선 검출기로 검출한다.[12]

10.2.5 단실화 반응

단실화 반응(dansylation)은 형광 검출기에서 감도를 향상시키고 LC/MS에서 이온화가 잘 되지 않는 화합물들에 대한 이온화 특성을 개선시키는 반응으로 dansyl chloride (5(dimethylamino)naphtha-1-ylsulfonyl chloride)가 대표적인 유도체화 시약이며, amine, amino acid, carbonyl, phenol류 화합물의 유도체에 이용되는 반응이다.[13] Aldehyde와 ketone류를 분석하는 데 1-dimethylamino-naphthalene-5-sulfonylhydrazide (DNSH)를 사용하기도 하는데 naphthalene 골격은 형광 성질이 있어서 형광 검출기는 물론, 자외선 검출기에서도 유도체

화된 화합물의 검출이 가능하다.[14]

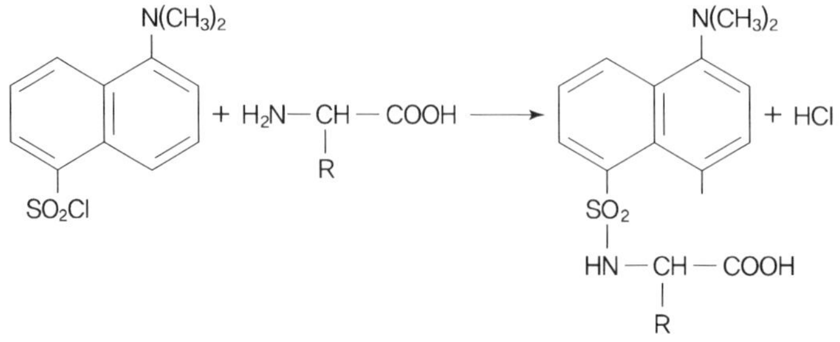

$N(CH_3)_2$, SO_2Cl + $H_2N-CH(R)-COOH$ → $N(CH_3)_2$, $SO_2-HN-CH(R)-COOH$ + HCl

[그림 10.7] Dansyl chloride에 의한 아민 화합물의 단실 유도체화 반응

10.2.6 벤조 유도체화 반응

4-Chloro-7-nitro-2,1,3-benzoxadiazole (NBD-Cl)과 같은 benzooxadiazole 유도체는 amine이나 amino acid 화합물을 유도체화하여 형광을 많이 갖는 **벤조 유도체화(benzo derivatization)** 생성물을 형성한다. 특별히, NDB-Cl은 amine, amino acid, amino sugar 류를 형광 검출기로 검출하는 데 사용된다.[15]

10.2.7 이온쌍 형성

수용액 중에서 이온화가 잘 되는 화합물은 수용액에 대한 친화성이 매우 크므로 유기 용매로 추출하는 데 어려움이 있고, HPLC 분석에서도 꼬리끌림 현상이 나타나서 정량 분석에 어려움이 있다. 따라서 이들 화합물에 대해서는 **이온쌍(ion pair)**을 형성시켜 HPLC에서 크로마토그래피 성질을 향상시키는 방법이 이온쌍 형성 방법이다. 이온쌍을 형성하는 방법에는 두 가지가 있는데, HPLC 분석 전에 수용액 시료 내에서 이온쌍을 형성시켜 추출한 후 HPLC로 분석하는 방법과, HPLC 분석 시에 HPLC 컬럼 내에서 이온쌍을 형성시켜 분석 능력을 향상시키는 방법이 있다.

이온쌍 형성 방법은 분석 물질의 화학 구조상 치환시킬 수 있는 반응성 있는 위치가 부족하여 유도체화 반응은 어렵지만 Lewis 산이나 염기가 존재하는 경우에 사용된다. 이온쌍이 형성되면 화합물의 물리·화학적 성질이 변화되어 극성이 큰 화합물들의 경우에 무극성 또는 약한 극성 컬럼에서 머무름이 증가되어 분석이 용이하다. 예를 들면 trifluoroacetic acid (TFA) 같은 물질을 이온쌍 시약으로 사용하면 2차, 3차, 4차 암모늄 화합물이나 무기 이온과 이온쌍을 형성함으로써 HPLC의 분리 분석에서 큰 효과를 얻을 수 있다.

10.3 유도체화 반응 시 주의 사항

실릴(silyl) 유도체화 시약들은 수분에 매우 취약하여 쉽게 분해된다. 따라서 실릴 유도체화 시약들은 곧바로 사용할 수 있도록 적합한 농도와 단일 또는 혼합 용액 형태로 앰플에 들어 있는 것들이 많이 판매되고 있지만, 독성과 휘발성, 반응성, 수분에 대한 민감성 등이 크기 때문에 취급에 주의를 기울여야 한다.

유도체화 반응 시 유도체화 시약과 접촉하게 되는 유리 기구를 비롯한 사용되는 모든 실험 도구는 완전히 건조되어야 하고, 깨끗해야 하며, 비활성화되어 있어야 한다. 유도체화 반응 용기로는 테플론 재질의 셉텀(septum)이 달린 뚜껑이 있는 바이알을 사용하는데, 바이알은 두께가 두꺼워서 열에 안전하고, 바닥 모양의 heating block과 잘 맞아서 열전달이 잘 되고, 유도체화 시약들이 가열에 의해서 휘발되어 외부로 이탈되지 않도록 밀봉이 잘 된 것이 좋다.

유도체화 시약이 빛에 의해서 분해가 되는 것을 방지하기 위해서는 갈색 바이알에 보관하고 유도체화 반응도 갈색 바이알에서 수행하는 것이 좋다. 수분에 취약한 반응에서는 시료 바이알을 가열하여 완전히 건조시킨 후 질소로 씻어내어 공기와의 접촉을 최소화하는 것이 좋으며, 경우에 따라서는 glove bag 같은 곳에서 바이알을 퍼지시키는 것이 바람직하다.

유도체화 시약을 보관하거나 옮길 때 사용되는 유리 기구는 비활성화되어 있어야 반응이 신속히 진행될 수 있다. 또한 amine, amino acid, amino sugar 등 염기성 분석 물질은 유리 기구의 표면이 약간 산성이므로 비활성화 하지 않으면 유리 기구에 흡착이 일어나서 분석 물질에 손실이 생긴다. 이는 미량 분석에 있어 치명적이기 때문에 반드시 실란화가 필요하다. 실란화된 유리 기구와 바이알은 판매용을 구매해서 사용할 수 있지만, 실험실에서 유리 기구의 표면을 실란화시키거나 비활성화시킬 수 있다. 일반적인 비활성화 방법은 다음과 같다. 톨루엔에 dimethyldichlorosilane (DMDCS)를 5~10% 되도록 용액을 만든 후 건조시킨 유리 기구의 표면과 접촉하도록 30분 정도 방치한다. 그 후에 톨루엔으로 유리 기구를 씻은 다음 메탄올로 연속해서 헹궈 준다. 헹궈 준 유리 기구는 수분과 접촉하지 않게 보관한다.[5]

고가인 유도체화 시약은 앰플에 들어 있기도 하지만 많은 양을 구매해서 여러 번 사용하는 경우도 있는데, 유도체화 시약을 취하거나 옮길 때는 Eppendorf 미량 피펫이나 플런저 끝이 테플론 재질로 되어 있는 air tight 미량 주사기를 사용하는 것이 좋다. 휘발성이 큰 유도체화 시약인 경우는 미량 주사기를 사용하는 것을 추천하며, 사용한 다음에는 메탄올과 같은 용매를 사용하여 주사기를 잘 씻은 후에 몸체에서 플런저를 분리해서 보관하는 것이 바람직하다. 테플론 재질은 비활성이지만 경우에 따라서는 유도체화 시약에 의해서 부식될 염려도 있으므로 이 점을 유의해야 한다.

시약을 원래 병으로부터 소분하여 소량 사용하는 경우에는 수분이 시약병에 들어감으로써 수분이 유도체화 반응을 방해하고 반응 시약을 분해해서 유도체화 수율이 낮아질 수 있기 때문에 시약병은 데시케이터에 보관하는 것이 좋으며, 수분이 들어가지 않도록 파라필름(parafilm) 등으로 시약병을 잘 밀봉한다.

응용

- **개요** 식품 중에 함유된 아미노산(free amino acids)을 실릴화 반응(silylation)에 의해 유도체화한 후 GC/MS로 분석[16]
- **시료** 동물 유래 식품(돼지고기, 햄, 닭고기, 치즈 등)
- **분석 물질** 아미노산(free amino acids) 22종
- **시료 전처리** 시료 5 g에 0.1 M 염산 25 mL를 넣고 4분 동안 균질화한 다음 10,000 rpm, 4°C에서 50분 동안 원심분리한 후 상층액을 유리 섬유에서 필터시킨다. 필터된 시료 100 μL에 acetonitrile 250 μL를 첨가하여 10,000 rpm에서 4분 동안 원심분리하여 단백질을 침전시킨다. 상층액 100 μL를 취하여 120분 동안 건조시킨 후 잔류하는 수분은 dichloromethane 50 μL를 첨가한 후 30분 동안 진공을 유지시켜 줌으로써 건조시킨다. 건조된 시료에 유도체화 시약인 MTBSTFA (N-methyl-N-(tert-butyldimethylsilyl)trifluoroacetamide)와 acetonitrile 50 μL를 가하고 잘 흔들어 섞어준 후 100°C에서 60분 동안 유도체화 반응을 시키고 GC/MS에서 24시간 이내에 분석한다.
- **기타** MTBSTFA에 의한 아미노산의 실릴화 반응

- **개요** 혈액 중에 함유된 cholesterol 및 phytosteros을 실릴화 반응에 의해 유도체화한 후 GC/MS로 분석[17]

- **시료** 혈청
- **분석 물질** Choloeterol, desmosterol, lathosterol, campesterol, β-sitosterol
- **시료 전처리** 혈액을 취해서 원심분리하여 혈청을 얻어서 분석할 때까지 −20°C에서 보관한다. 혈청 100 μL에 2 M KOH 용액(90% ethanol에서) 250 μL를 가한 후 60°C에서 120분 동안 incubator에서 비누화 반응(saponification)을 시킨 후 비누화가 안 된 부분은 n-hexane 1 mL로 추출한다. n-Hexane 용액 500 μL를 유도체화 바이알에 옮긴 후 60°C에서 질소를 사용하여 용매를 휘발시켜 건조시킨다. 건조된 잔유물에 MSTFA : DTE : TMIS (5000 : 10 : 10, w/w/v) 50 μL 가한 후 60°C에서 60분 동안 반응시킨 후 GC/MS에서 분석하였다.
- **기타** N-methyl-N-(trimethylsilyl)-trifluoroacetamide/1,4-dithioerythritol/trimethyliodosilane (MSTFA : DTE : TMIS), N-methyl-N-(tert-butyl-dimethylsilyl) trifluoroacetamide/ammonium iodide (MTBSTFA/NH_4I), N-O-bis-(trimethylsilyl) trifluoroacetamide/trimethylchlorosilane (BSTFA/ TMCS)에 대한 실릴 유도체화 반응을 비교하였다.

비누화 반응(saponification)

지용성인 triacylglycerol을 물에 잘 녹는 화합물로 변환시키기 위해 사용되는 반응이며, KOH를 이용한 알칼리 가수 분해를 실시한다.

- **개요** 혈액에 잔류하는 약물을 MBTFA에 의한 아실화 반응(acylation)에 의해 유도체화시킨 후 GC/MS로 분석[18]
- **시료** 혈액(혈장)
- **분석 물질** Fluoxetine, norfluoxetine
- **시료 전처리** 혈액에서 혈장을 분리한 후 20% zinc sulfate(0.5 M NaOH에서)를 넣고 30초 동안 vortexing한 후 3500 rpm에서 15분 동안 원심분리하여 단백질을 침전시키고 상층액을 취한다. 상층액 시료를 HF-LPME (hollow fiber-liquid phase microextraction) 방법으로 분석 물질을 추출한다. GC용 주사기에 아실화 유도체화 시약인 MBTFA (n-methyl bis-trifluoroacetamide) 1 μL를 취하고 계속해서 공기를 약간 취한 후 HF- LPME에서 추출한 추출물 2 μL를 취하여 GC/MS에 주입하여 분석한다.

- **기타** MBTFA 유도체화 시약을 사용한 아실화 반응을 GC 주입구에서 실시한 예이다.

- **개요** 소고기에 잔류하는 N-methyl-1,3-propanediamine (NMPA)를 액체-액체 추출법으로 추출한 후 아실화 유도체화 시약인 PFAA, TFAA, HFPA로 유도체화시킨 후 LC/MS로 분석[19]
- **시료** 소고기
- **분석 물질** N-methyl-1,3-propanediamine (NMPA)
- **시료 전처리** 소고기 1 g에 4 M KOH 10 mL를 첨가하여 105°C에서 2시간 동안 가수 분해한다. 가수 분해가 끝난 후 7.5 g KOH 펠렛이 들어 있는 50 mL 원심분리 시험관에 옮긴 후 펠렛이 녹도록 vortexing한다. Diethyl ether 10 mL를 넣어서 2000 rpm에서 5분 동안 원심분리한 후 상층액을 취해서 1 M HCl 0.5 mL가 담겨 있는 원심분리관으로 옮긴다. 용액을 500 μL 이하까지 질소로 휘발시키고 n-hexane 1 mL를 가하고 30초 동안 흔들어 준다. 이후 4000 rpm에서 5분 동안 원심분리한 후 상층액인 헥세인층은 버리고 아래에 있는 수용액층을 40°C에서 질소를 사용하여 건조시킨다. 건조된 잔류물에 아세트산 에틸 1 mL를 가하고 아실화 유도체 시약인 PFPA를 넣어서 1분 동안 vortexing한 후 실온에서 30분 동안 반응시킨다. 아세트산 에틸 1 mL를 가하고 1 M K_2HPO_4 (pH 7.4) 2 mL와 정제수 1 mL로 연속해서 씻어 준다. 아래에 있는 수용액층을 버린 후 Na_2SO_4를 넣어서 vortexing한 후 15분 동안 방치한다. 아세트산 에틸층을 1 mL 취해서 아세토나이트릴 1 mL가 들어 있는 원심분리관에 옮긴 후 40°C에서 질소를 사용하여 500 μL 이하로 휘발시킨 후 잔류물을 아세토나이트릴 1 mL로 재용해한 후 LC/MS/MS에서 분석한다.
- **기타** 아실화 유도체를 위해서 trifluoroacetic acid anhydride (TFAA), pentafluoropropionic acid anhydride (PFPA), heptafluorobutyric acid anhydride (HFPA) 3종에 대한 비교 시험이 이루어졌다.

- **개요** 소변 중에 함유된 catecholamines류를 alkyl chloroformate 시약으로 유도체화시킨 후 LC/MS로 분석[20]
- **시료** 소변
- **분석 물질** Catecholamines (Dopamine, epinephrine, norepinephrine)
- **시료 전처리** 소변 시료 1 mL에 n-hexane 1 mL를 넣어서 무극성 방해 물

질을 추출하여 제거한 후, 1 M HCl을 사용하여 pH를 3으로 조절한 후 ethanol/pyridine(4 : 1) 300 μL를 넣고, ethyl chlorofomate 20 μL를 첨가하여 3분 동안 흔들어서 반응을 시킨다. Diethyl ether 1 mL를 넣고 15분 동안 shaking한 후 2100×g에서 10분 동안 원심분리한 다음, 유기층을 취하여 다른 시험관에 옮기고 유기 용매를 질소를 사용하여 휘발시켜 건조시킨 후 100 μL 아세토나이트릴로 재용해하여 LC/MS로 분석한다.

- **기타** 에스터화 반응 시약인 alkyl chloroformate 4종(methyl-, ethyl-, propyl-, isobutyl chloroformate)에 대한 비교 시험이 수행되었다.

- **개요** 5-Fluorouracil을 수용액 환경 시료 중에서 추출하기 위해서 이온쌍 시약을 사용하여 유도체화시켜서 SPE 흡착제에서 머무름을 향상시켜서 분석[21]
- **시료** 수용액
- **분석 물질** 5-Fluorouracil
- **시료 전처리** 역상 수착제인 Isolute ENV$^+$ 수착제를 6mL 메탄올로 컨디셔닝하고, 0.05 M *tert*-butyl ammonium chloride를 탈이온수 6 mL에 첨가한 후 평형화시키고, 수용액 시료 100 mL를 적재한 다음 진공으로 건조시키고, 메탄올 3 mL와 2 mL로 추출한다. 추출물을 질소로 건조시킨 후 아세트산 에틸 150 μL에 재용해시켜서 LC/MS로 분석한다.
- **기타** 역상 SPE 추출 시에 이온쌍 시약을 사용함으로써 이온 교환 SPE 효과를 얻는다.

- **개요** 병아리 조직으로부터 아미노산 이성질체를 분석하기 위해서 diazo 유도체화 반응을 시킨 후 CE-LIF로 분석[22]
- **시료** 병아리 뇌 조직
- **분석 물질** Aspartate, glutamate
- **시료 전처리** 병아리의 뇌 조직을 acetonitrile/water(2 : 1) 혼합 용액에 넣어 5초 동안 균질화한 다음 3000×g 속도로 4°C에서 10분 동안 원심분리하고 상층액을 인공 뇌척수 용액(ACSF)으로 10배 묽힌다. 시료 5 μL를 유도체화 완충 용액인 20 mM borate buffer (pH 8.5) 5 μL와 섞은 후 diazo 유도체화 시약인 NBD-F (4-fluoro-7-nitro-2,1,3-benzoxadiazole) 5 μL를 첨가한 다음 60°C에서 10분 동안 유도체화 반응 후 CE-LIF로 분석한다.

- **개요** 포도주 내에 함유된 biogenic amines을 술폰화 유도체화 후에 LC/MS로 분석[23]
- **시료** 포도주
- **분석 물질** Histamine, serotonin 등 biogenic amine 9종
- **시료 전처리** 포도주 시료 250 μL를 유도체화 용액[0.07 M NQS (1,2-naph-thoquinone-4-sulfonate)+0.1 M HCl (in water)] 250 μL와 수용액 완충 용액(0.125 M $Na_2B_4O_7$+0.1M NaOH) 250 μL와 함께 반응 용기에 넣고 혼합한다. pH를 9.2로 조절한 후 65°C에서 5분 동안 반응 후 LC/MS로 분석한다.

- **개요** 저질(sediment) 중에 잔류하는 fluorotelomer alcohols을 추출한 후 dansyl 유도체화한 다음 LC/MS로 분석[24]
- **시료** 저질
- **분석 물질** Fluorotelomer alcohols 5종
- **시료 전처리** 저질 시료를 냉동 건조시키고 갈아서 0.2 mm 체로 걸러 낸다. 시료 1 g을 원심분리 시험관에 넣고 추출 용매로 아세토나이트릴 4 mL를 넣고 20분 동안 흔들고, 20분 동안 초음파 처리하고, 4000 rpm에서 10분 동안 원심분리한 후 상층액 1 mL를 취해서 2.6 mL 초순수 물로 묽힌 다음 WAX 카트리지에 적재한다. 물 2 mL로 세척한 다음 질소를 불어넣어 건조시키고 아세토나이트릴 1 mL를 사용하여 용출한다. 아세토나이트릴 용출액에 methylene chloride에 녹인 30 mg/mL DNS (dansyl chloride)와 30 mg/mL DMAP (4-(dimethylamino)-pyridine)을 200 μL 첨가한 후 1분 동안 흔들어 준다. 혼합물을 65°C에서 60분 동안 반응시킨 다음 15 mL 원심분리관에 옮겨 정제수 3 mL와 헥세인 6 mL를 가한 후 10분 동안 흔들어 주고 4000 rpm에서 10분 동안 원심분리하여 유기층을 분리하고 실리카 카트리지에 적재한다. Hexane : dichlorormethane(1 : 1) 8 mL로 용출한 다음, 질소로 건조시키고 0.1 mL 아세토나이트릴로 재용해한 후에 LC/MS에 주입하여 분석한다.

- **개요** 혈액과 소변 중에 존재하는 bupropion을 유도체화한 후 LC-FLD로 분석[25]
- **시료** 혈액, 소변
- **분석 물질** Bupropion

- **시료 전처리** 혈장과 소변 시료 1 mL에 1 M NaOH 1 mL를 가해서 60초 동안 vortexing하고 아세트산 에틸 3 mL를 넣고 4500 rpm에서 35분 동안 원심분리한다. 유기층 3.5 mL를 5 mL 유리 용기에 넣고 질소로 휘발시킨다. 100 μL 완충 용액과 100 μL NBD–Cl (4–chloro–7–nitrobenzenofuran)을 잔류물에 넣어서 혼합물을 70°C에서 20분 동안 유지한다. 냉각시킨 후 HCl 100 μL를 넣어서 산성화시킨다. 유기층을 무수 황산 소듐에서 건조시킨 다음 추출물 4.5 mL를 45°C에서 질소로 증발/건조시키고 이동상 용매 1 mL로 재용해한 후 HPLC에서 분석한다.

■ 참고문헌 ■

1 Frei, R.W. Lawrence, J.F. *Chemical derivatization in analytical chemistry*, Plenum Press, New York, **1981**.

2 Blau, K.; Halket, J. *Handbook of Derivatives for Chromatography*, John Wiley & Sons, **1993**.

3 Moldoveanu, S. C.; David, V. *Sample Preparation in Chromatography*, Elsevier Science, **2002**.

4 Drozd, J. *Chemical derivatization in gas chromatography*, Elsevier Scientific Pub. Co., Amsterdam ; New York , **1981**.

5 Knapp, D. R., Handbook *of analytical derivatization reactions*, Wiley, New York, **1979**.

6 Pawliszyn, J. *Comprehensive Sampling and Sample Preparation*, Elsevier, **2012**.

7 Lunn, G.; Hellwig, L. C. *Handbook of derivatization reactions for HPLC*, Wiley, New York, **1998**.

8 Yamato, S.; Shinohara, K.; Nakagawa, S.; Kubota, A.; Inamura, K.; Watanabe, G.; Hirayama, S.; Miida, T.; Ohta, S. *Anal. Biochem.* **2009**, *384*, 145.

9 Veldboer, K.; Vielhaber, T.; Ahrens, H.; Hardes, J.; Streitbuerger, A.; Karst, U. *J. Chromatogr. B* **2011**, *879*, 2073.

10 Khalil, N. Y. *Talanta* **2010**, *80*, 1251.

11 Wei, M.-J.; Zhao, C.-Y. Lu, Y. Zhang, P.; Liu, Y. *Fenxi Hauxue* **2009**, *37*, 907.

12 Zhao, X.; Suo, Y. *J. Sep. Sci.* **2008**, *31*, 646.

13 Tang, Z.; Martin, M. V.; Guengerich, F. P. *Anal. Chem.* **2009**, *81*, 3071.

14 Vogel, M.; Buldt, A.; Karst, U. *Fresenius. J. Anal. Chem.* **2000**, *366*, 781.

15 Haggag, R.; Belal, S.; Shaalan, R. *Sci. Pharm.* **2008**, *76*, 33.

16 Jimenez-Martin, E.; Ruiz, J.; Perez-Palacios, T.; Silva, A.; Antequera, T. *J. Agric. Food Chem.* **2012**, *60*, 2456.

17 Saraiva, D.; Semedo, R.; Catilho, M. C.; Silva, J. M.; Ramos, F. *J. Chromatogr. B* **2011**, *879*, 3806.

18 Oliveira, A. F. F.; Figueiredo, E. C.; Santos-Neto, A. J. *J. Pharm. Biomed. Anal.* **2013**, *73*, 53.

19 Ho, C.; Lee, W.-O.; Wong, Y.-T. J. *Chromatogr. A* **2012**, *1235*, 103.

20 Pyo, W.-Y.; Jo, C.-H.; Myung, S.-W. *Chromatographia* **2006**, *64*, 731.

21 Kosjek, T.; Perko, S.; Zigon, D.; Heath, E. *J. Chromatogr. A* **2013**, *1290*, 62.

22 Wagner, Z.; Tabi, T.; Jako, T.; Zachar, G.; Csillag, A.; Szoko, E. *Anal. Bioanal. Chem.* **2012**, *404*, 2363.

23 Garcia-Villar, N.; Hernandez-Cassou, S.; Saurina, J. *J. Chromatogr. A* **2009**, *1216*, 6387.

24 Peng, H.; Hu, K.; Zhao, F.; Hu, J. *J. Chromatogr. A* **2013**, *1288*, 48.

25 Ulu, S. T.; Tuncel, M. *J. Chromatographic Sci.* **2012**, *50*, 433.

제 11 장

시료의 특성

크로마토그래피 분석에서 시료 전처리 과정은 정성 분석은 물론, 정량 분석을 위한 검출 한계, 정밀도, 정확도 등에 가장 크게 영향을 미치는 요소이다. 전처리 대상 시료로는 생체 시료, 식품 시료, 환경 시료 등으로 매우 다양하며 성질도 다르기 때문에 시료 전처리에 앞서 시료에 대한 일반적인 특성을 인지하고 전처리 과정을 수행하는 것이 효율적이다.

11.1 생체 시료

혈액(혈장, 혈청), 소변, 타액, 모발 등 생체 시료는 질병의 진단, 치료, 예방 등의 목적으로 매우 유용하게 사용되고 있다. 생체 시료는 단백질, 세포, 염(salt), 금속, 생체 분자 등 매우 다양한 종류의 화합물들이 현저하게 다른 농도 차이로 존재하고 있는 매우 복잡한 시료이다. 따라서 시료를 수집, 취급, 보관, 전처리하는 방법에 따라 크로마토그래피 실험 결과는 많은 차이를 나타내게 되는데 실험 결과의 오차의 90% 이상이 이들과 관련된 것들이다.[1]

생체 시료를 분석함에 있어서 목적에 따라 단백질이나 펩타이드와 같은 분자량이 큰 물질이 생체 지표 물질(biomarkers)이 되어 분석될 수도 있고, 의약품이나 기타 내인성 호르몬 등 분자량이 작은 화합물을 분석할 수도 있는데 본 책에서는 GC와 HPLC 분석에 한정된 분자량이 작은 화합물의 분석에 초점을 맞추어 설명하도록 한다.

생체 매트릭스는 여러 가지 복잡한 화합물이 혼합되어 있으며 특히 높은 농도의 단백질이 포함되어 있다. 생체 시료에 들어 있는 약물의 상당 부분이 단백질, glucuronide, sulphate 등에 결합되어 있으며, 결합되지 않은 약물(free drug)들은 단지 낮은 농도로 존재하는 경우가 많다. 따라서 전체 약물의 양을 측정하고자 할 때는 가수 분해에 의해서 약물을 매트릭스로부터 떼어 내는 작업을 우선적으로 수행해야 한다. 가수 분해 방법으로는 효소(β-glucosidase, arylsulphatase, protease, lipase 등)를 사용하거나 산이나 염기를 사용하는 방법을 비롯하여 초음파법, 가열 방법 등도 이용된다.

한편, 인체에 약물을 투여한 후에 생체 시료 중에 존재하는 약물을 검출할 수 있는 기간은 그림 11.1과 같다.

사람이나 동물의 생체 시료에 대한 실험을 하기 위해서는 시료 채취 및 실험 계획과 관련하여 각 소속 기관이나 대학 내 **연구윤리규정**에 입각하여 각종 윤리

위원회의 허가를 받아야 하며 보고서나 논문에도 이에 대한 언급이 필요하다.

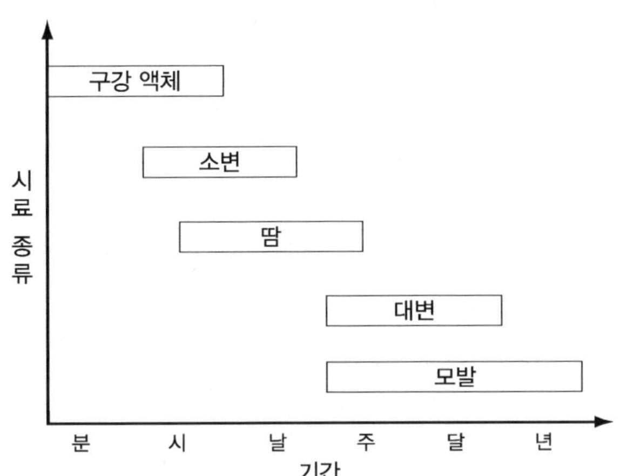

[그림 11.1] 각종 생체 시료들 중에 잔류하는 약물들을 검출할 수 있는 기간[2]

11.1.1 혈액

혈액(blood)은 채취하기까지의 과정이 다소 복잡하지만 다양한 성분을 포함하고 있기 때문에 여러 생체 시료 중에서 가장 많이 사용되는 매트릭스라고 할 수 있다. 혈액은 91%의 물을 비롯하여 단백질, 포도당, 무기질 이온, 호르몬, 이산화 탄소, 혈소판, 지방, 적혈구, 백혈구 등으로 구성되어 있으며[3], 혈장(plasma)이라고 하는 액체에 혈구(blood cell)들이 현탁되어 있다. 혈구들은 적혈구, 백혈구, 혈소판이며, 이들은 적골수(red bone marrow) 내에서 조혈모세포(hematopoietic stem cell)에 의해 생산되고, 단백질은 간에서 생성되고, 호르몬은 내분비샘(endocrine gland)에서 생산되고, 수용액은 시상 하부(hypothalamus)에 의해 조절되고 신장에 의해서 유지되고 있다. 혈액의 주요 기능으로는 산소와 영양분을 조직으로 옮기고, 이산화 탄소, 요소, 젖산과 같은 것들을 제거하고, 신체의 pH와 온도를 조절하고, 몸으로 들어오는 외부 물질을 방어하는 역할 등이 있다. 혈액은 신체 내의 모든 조직과 접촉하며 물을 제외한 혈액 부피의 41~46%가 혈구이고, 혈장이 54~59%이며, 백혈구가 대략 0.7%를 차지하고 있다. 혈액의 부피 중에서 적혈구가 차지하고 있는 부분을 헤마토크리트(hematocrit)라고 한다(그림 11.2).

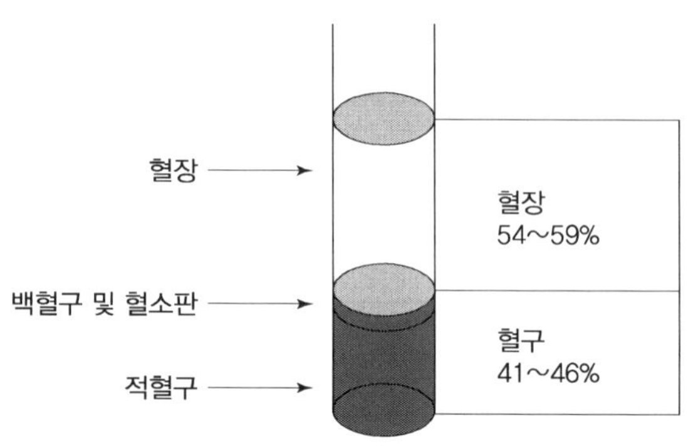

[그림 11.2] 혈액의 구성 성분

크로마토그래피에 의한 화학 분석에서는 전혈(whole blood)은 잘 사용하지 않는데 이는 혈소판과 세포 성분이 시료를 오염시킬 수 있기 때문이며, 많이 사용되는 부분은 혈장과 혈청이다. 혈액을 채취하는 동안에 적절한 항응고제를 섞어 주면 주요 구성 성분인 적혈구는 원심분리에 의해서 투명한 유체인 혈장으로부터 분리될 수 있다. 항응고제를 첨가하지 않은 채로 두면 적혈구는 응고되며, 그 결과 생성된 담황색의 **혈청**(serum)을 채취할 수 있다. 혈청의 매트릭스가 혈장의 매트릭스와 다른 점은 섬유소원(fibrinogen)과 같은 엉킴 요소가 포함되어 있지 않다는 것이다. 따라서 일반적으로 혈장에서 사용된 분석 방법은 어떤 변형도 하지 않고 혈청에서 그대로 사용될 수 있다. 하지만 약물의 존재를 확인하거나, 또는 적혈구로부터 혈장이나 혈청의 완전한 분리가 불가능한 혈액 시료로부터 정량적인 분석 정보가 필요로 한 경우에는 전혈이 사용될 수도 있다.[4]

한편 항응고제가 분석에 방해 요소로 작용할 수도 있는데, 일반적으로 사용되는 항응고제인 해파린(heparin)은 mucopolysaccharide이며 어떤 분석 물질과는 상호작용이 일어날 수도 있다. 혈청과 혈장은 많은 양의 단백질로 구성되어 있기 때문에 약물들의 물리 화학적 성질에 따라 단백질과 결합하는 정도가 다르다. 일반적으로, 산성과 중성 약물은 일차적으로 알부민(albumin)에 결합하며, 염기성 약물은 acid glycoprotein에 결합한다.

단백질 결합은 가역 반응이며 결합된 것과 결합되지 않은 약물들 간에 평형이 존재한다. 단백질 등과 결합하지 않는 약물(free drug)만이 약물 수용체와 상호작용하고 세포의 얇은 막을 통과할 수 있을 뿐만 아니라 혈관 외 분포와 배출에 이용될 수 있다. 따라서 단백질 등과 결합되어 있지 않는 약물을 분석한 결과를 가지고 해당 약물의 전체 농도를 나타낼 수는 없다. 그러므로 추출 전에 유기 용매를 사용하여 단백질을 변형시키거나, 단백질에 강하게 결합된 약물들의 경우는 pH를 조절해서 의약품에 결합되어 있는 단백질을 분리할 필요가 있다.

혈액 시료의 채취에 있어서 일반적인 오차는 시료의 **용혈**(hemolysis) 현상 때문인데, 이는 적혈구가 깨져서 헤모글로빈과 다른 세포 구성 물질이 혈장으로 방출되는 현상이며 혈액을 채취하는 동안에 주삿바늘이 혈관 벽에 너무 가까이 위치해 있거나, 너무 급하게 채취하면 적혈구가 딱딱한 시료 채취 튜브의 벽에 충격을 받아서 일어날 수 있다. 용혈된 시료는 분석 물질이 묽혀지게 되고 세포 구성 성분들에 의해 방해를 받기 때문에 오차가 발생한다.

혈장과 혈청은 가능하면 빨리 분리하는 것이 좋다. 혈장과 혈청이 용혈로 인하여 분리가 어려운 경우에는 전혈을 사용할 수도 있지만, 이 경우에는 시료가 매우 복잡하여 추가적인 시료 전처리 절차가 필요하다. 혈액 시료 채취는 가능하면 작은 양을 채취하는 것이 좋으며 동물로부터는 2~3 mL, 사람으로부터는 5 mL까지가 적합하며 시료 채취 후에 즉각적인 분석이 불가능할 경우에는 혈장과 혈청 시료는 분석할 때까지 −21°C에서 냉동 보관하는 것이 바람직하다. 아울러, 혈액 시료를 다룰 때는 감염을 조심해야 되기 때문에 반드시 장갑과 보안경을 착용해야 한다.

- **혈청:** 혈청은 전혈을 신체로부터 채취한 후 혈소판의 활성화와 다른 응고 요인들로 인해 자연적으로 발생하는 혈액의 응고 후에 채취되는 혈액의 일부로서 전혈 시료가 응고될 때까지 기다린 후 원심분리하면 혈청을 채취할 수 있다. 혈장에서 섬유소원이 제거된 형태로 알부민, 글로불린 등 많은 양의 단백질을 함유하고 있으며 혈장보다는 적은 양의 단백질을 가지고 있다. 단백질을 분석하기 위해서는 혈청을 사용하는 것이 유리한데, 이는 응고 과정에서 살아 남은 단백질들이 안정하기 때문이다.
- **혈장:** 혈장은 전혈에 항응고제를 넣은 후 세포 성분을 제거하기 위해서 원심분리 후에 얻어진 혈액으로, 단백질이 8% 정도 들어 있고 나머지는 용해된 영양분, 전해질, 지질 단백질 입자, 면역 글로불린 항체, 혈액 응고 요소들이다. 혈장은 응고되지 않기 때문에 채취에 시간이 덜 걸리고 혈청에는 존재하지 않는 응고 단백질이 10~20% 더 많이 포함되어 있다.
- **단백질 침전 방법:** 단백질을 포함하고 있는 혈장이나 혈청 시료를 HPLC, LC/MS 등으로 분석할 경우에 HPLC 컬럼에 단백질 흡착이 이루어져서 컬럼을 막을 수도 있기 때문에 단백질을 제거해 주어야 한다. 하지만 소변 시료는 많은 양의 단백질이 포함되어 있지 않기 때문에 굳이 단백질을 침전시킬 필요는

없다. 일반적인 방법으로는 혈장이나 혈청에 6% $HClO_4$, 10% trichloroacetic acid와 같은 산이나 메탄올, 아이소프로판올, 아세토나이트릴, 클로로폼, 아세톤과 같은 유기 용매를 첨가하고 vortex로 혼합한 후 원심분리를 이용하여 분석 물질로부터 단백질을 제거해서 분석한다.[5] 보통은 아세토나이트릴을 혈장이나 혈청 시료에 가해 주면 단백질을 제거할 수 있는데, 아세토나이트릴을 수용액에 첨가하면 단백질의 수용액에서의 용해도가 감소되어 단백질의 침전이 이루어지며, 이후에 원심분리하여 위층을 모으면 단백질이 분리된 시료를 얻을 수 있다. 아세톤이나 메탄올 등을 사용해도 단백질 침전이 가능하지만, 아세토나이트릴보다는 덜 효과적이다(표 11.1). 표에서 나타낸 바와 같이 혈장 1 mL일 때 0.2 mL 아세토나이트릴로는 13.4%의 단백질 침전 효율을 나타내지만 아세톤은 1.5%에 불과하며, 1.0 mL를 사용하였을 경우에 아세토나이트릴은 97.2%, 아세톤은 96.2%, 메탄올은 73.4%의 단백질 침전이 가능하다.

[표 11.1] 단백질 침전 효율 비교[6]

침전제	혈장 1 mL에 첨가한 침전제의 부피(mL)		
	0.2	1.0	2.0
	단백질 침전 효율(%)		
Acetonitrile	13.4	97.2	99.7
Acetone	1.5	96.2	99.4
Methanol	17.6	73.4	98.7
CCl_3COOH(10%)	99.7	99.5	99.8
$HClO_4$(6%)	35.4	99.1	99.1
$CuSO_4-Na_2WO_4$	36.5	97.5	99.9
$ZnSO_4$-NaOH	41.1	94.2	99.3

● 단백질 침전 시료 전처리 예

- 혈장: 정신 분열증 치료제인 Iloperidone 및 주요 대사체 2종에 대한 약동력학 연구를 위하여 혈장 시료 500 μL에 추출 용매인 아세트산 에틸 3 mL를 넣은 후 1분 동안 vortexing한 후 14,000 rpm에서 10분 동안 원심분리하여 단백질을 침전시킨 후, 유기 용매층을 취해서 질소로 휘발시켜 건조시킨 후 이동상 용매에 용해시켜서 LC/MS/MS에 주입하여 분석(Jia, M.; Li, J.; He, X.; Liu, M.; Zhou, Y. Fan, Y.; Li, W. *J. Chromatogr. B*, 2013, *928*, 52.)

- **혈청**: 항생제인 Cefazolin을 분석하기 위해서 혈청 200 μL에 아세토나이트릴 400 μL를 넣은 후 30초 동안 vortexing하고, 10,000 rpm에서 10분 동안 원심분리하여 단백질을 침전시키고 상층액 200 μL를 취해서 질소를 사용하여 휘발시키고, 물로 재용해시켜서 HPLC에 주입하여 분석(Kunicki, P. K.; Was, J. *J. Chromatogr. B*, 2012, *911*, 133.)
- **전혈**: Temsirolimus와 대사체들을 분석하기 위해서 혈액 100 μL에 내부 표준물질과 70% 아세토나이트릴 20 μL를 넣고 30초 동안 vortexing한 후 methanol/0.03 M zinc sulfate(70:30, v/v) 200 μL를 넣고 30초 동안 두 번 vortexing한다. 3,000 rpm에서 10분 동안 원심분리하여 단백질을 침전시킨 후 상층액을 LC-MS/MS에 주입하여 분석(Zhang, X.; Louie, A.; Li, X.; Shi, R.; Kelley, R. K.; Huang, Y. *Chromatographia*, 2012, *75*, 1405.).

11.1.2 소변

소변(urine)은 채취가 쉽고 이용도가 높은 생체 시료로 인체로부터 하루에 1~2 L 정도 채취가 가능하며 영양과 환경의 변화에 무관하게 다소 일정한 성분을 가지고 있다. 대략 95% 정도가 물이며 나머지는 단백질, 무기 이온, 다른 유기 분자(요소, 탄수화물, 요산 등)로 구성되어 있다. 소변에는 단백질 성분이 매우 적은데, 이는 약 40 kDa 이상의 거대 단백질을 신장에서 걸러 내기 때문이다. 소변의 pH는 7 근처이며 섭취하는 약물이나 화학 물질에 의해 4~8 사이로 변할 수도 있다.

몸의 수분 균형을 위해서 소변의 묽혀짐 정도가 다르기 때문에 시험 결과는 **크레아티닌(creatinine)** 1그램당 분석 물질의 농도로 결과를 표시하는 것이 바람직하다. 크레아티닌은 인체 내에서 일정한 속도로 생성되어 소변을 통해서 일정한 속도로 배출되며, 신장으로부터 인체로 재흡수되지 않기 때문에 크레아티닌의 배설을 담당하는 신장의 기능에 이상이 있으면 혈액 중의 크레아티닌 농도가 증가한다. 정상적인 크레아티닌의 농도 범위는 시료가 묽혀지지 않았음을 나타내며, 크레아티닌 농도가 낮은 경우는 시료에 대한 조작 가능성이나 신장의 손상이 있음을 암시한다. 정상인의 소변 중 크레아티닌 농도는 남성은 40~300 mg/dL, 여성은 37~250 mg/dL이다.[7]

전혈이나 혈청, 혈장과 비교해서 소변에는 단백질이 거의 없다고 볼 수 있기 때문에 유기 용매로 분석 물질을 추출한 후 직접 크로마토그래피 분석이 가능하다. 하지만 소변으로부터 얻은 결과치의 해석은 매우 복잡한데, 이는 배출된 소변의 양, pH 변화, 이온 세기, 약을 복용한 후 경과한 시간 등 여러 요인 때문이다. pH의 변화는 추출 효율뿐만 아니라 약물의 제거에도 영향을 미치며 이온 세기도 추출에 영향을 미칠 수 있다.

체내에 들어간 약물은 glucuronic acid나 sulfate와 접합(conjugation)되어 대사되기도 하여 glucuronide 접합체(그림 11.3)와 sulfate 접합체로서 소변으로 배설되며, 이들 접합된 약물은 모약물(parent drug)보다 수용성이 크다. 모약물이나 대사체의 전체 약물(free + conjugation 형태)들의 농도를 측정하기 위해서는 산이나 염기 또는 효소(예 beta-glucuronidase)를 사용하여 가수 분해시켜서 접합된 약물에 대해서 접합 결합을 끊어주어 free drug의 형태로 만들어 준 후 추출하여 분석할 수 있다.

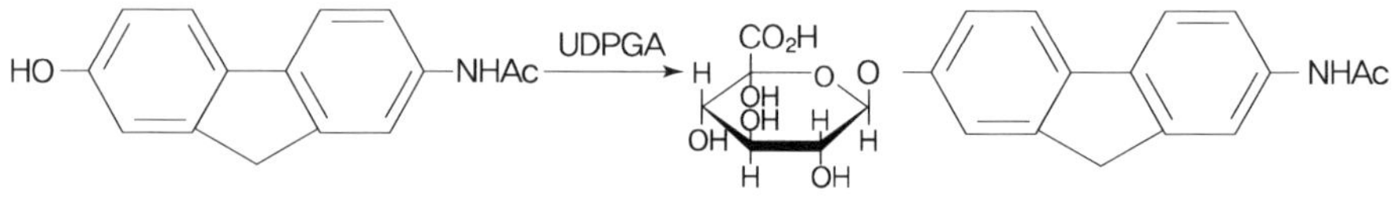

[그림 11.3] 접합(glucuronidation)의 예

시료 채취와 분석이 이루어지는 시간의 간격을 가능한 한 짧게 하는 것이 좋으며, 채취된 소변 시료는 냉장(2~8°C) 또는 냉동(−20~−80°C) 보관하여 박테리아의 성장을 감소시키고 생물학적 변화와 분해를 늦출 수 있다. 또한 시료 채취 직후에 냉장이나 냉동 보관 전에 원심분리를 수행하여 세포와 세포 파괴물을 제거하여 박테리아의 성장을 최소화할 수 있으며, 보존제를 첨가하면 시료의 안정성이 확보될 수 있다. 소변에 사용되는 보존제는 미생물의 성장과 요소의 가수 분해를 촉진하는 효소인 urease의 활동을 저지함으로써 분석 물질을 보존할 수 있는데, 가장 일반적으로 사용되는 보존제로는 소듐 아자이드(sodium azide, NaN_3)가 있다. 또한 소변 시료 채취 시 여성의 경우는 월경 중에는 채취하지 않아야 하며, 남성의 경우는 정액이 남아 있으면 오염의 위험이 있으니 유의해야 하며, 소변 시료를 다룰 때는 반드시 장갑과 보안경을 착용해야 한다.

11.1.3 타액

타액(saliva)은 98%의 물과 2%의 전해질, 무기질, 호르몬, 단백질(대부분 효소), 펩타이드, 면역 글로불린 항체 등으로 구성되어 있으며, 섭취한 식품 중에 존재하는 녹말과 지방을 분해하고 치아를 손상시키는 박테리아의 성장을 막음으로써 치아와 점막 구멍을 보호한다. 타액은 하루에도 여러 번 쉽게 채취할 수 있다는 장점이 있다.

혈장과 비교할 수는 없지만 타액에 존재하는 낮은 농도의 단백질은 약물들과 결합한다. 자극이 없는 상태에서 타액의 pH는 5.6~7.0이며 자극이 주어질 때는 8.0까지 증가한다. 따라서 타액 중에 존재하는 약물의 농도는 타액의 pH, 즉 자극의 정도에 의존하기도 한다. 타액은 채취 시점에 단백질과 결합하지 않고 있기 때문에 실제로 순환되고 있는 약물과 그 대사체의 농도를 추정할 수 있다.[8] 많은 양의 타액을 채취하고자 할 경우에는 고무 밴드, 왁스, 테플론 테잎, 껌 등을 씹거나 사탕을 빨거나 혀에 구연산(citric acid)을 묻혀서 타액의 흐름을 자극할 수 있다. 하지만 소수성(lipophilic) 약물들은 자극 물질에 흡착이 일어날 수 있기 때문에 자극 물질의 선택에 신중해야 하며, 여러 가지 오염에 대해서도 유의해야 한다.

효과적인 분석을 위해서는 타액의 점성도를 감소시키는 것이 좋은데 보통은 초미세 필터 방법인 투석용 얇은 막을 사용하여 박테리아, 음식물 입자, 뮤코다당류를 비롯한 고분자량의 물질을 걸러 낼 수 있다.

11.1.4 모발

모발(hair)에 존재하는 케라틴(keratin)이 중금속(비소, 카드뮴, 수은 등)과 높은 친화성을 나타내기 때문에 모발로부터 금속류를 분석한 지는 오래되었지만, 약물을 비롯한 내인성 호르몬 등 유기 화합물 분석을 위해 모발이 사용되기 시작한 지는 얼마 되지 않았다. 모발에 잔류하는 약물이나 그 대사체의 농도는 다른 생체 물질에 비해서 상대적으로 낮고 분석 방법도 다소 까다롭지만, 다른 시료에 비해서 상대적으로 시료 채취가 쉽고 약물에 노출된 경우 이력을 알 수 있는 시료이다. 따라서 모발은 약물을 검출하는 데 소변과 혈액 다음으로 유용한 생체 시료로 사용되고 있으며, 일반적으로 약물의 친화성이 매우 다양하기 때문에 모발의 형태에 따라 약물의 농도는 변할 수 있다.

모발은 무극성이기 때문에 일반적으로 대사체보다 극성이 덜한 모약물 분자를 흡수하는 경향이 있어서 다른 생체 시료에 비해서 모약물이 대사체들보다 더 높은 농도로 존재한다. 이러한 이유 때문에 모약물이 대사체로 많이 바뀌어서 다른 조직에서는 모약물을 검출하기 힘든 경우에 모약물을 분석하는 데 이용될 수 있는 유용한 매트릭스이다.

모발은 모낭과 솜털로 구성되어 있으며 약물은 모발의 케라틴 매트릭스와 결합한다. 체내에서 순환하는 약물은 먼저 모낭에 모여 있다가 모발이 자람에 따라 모낭을 빠져 나온 후 머리털의 중심에 갇히게 되며 땀, 피지 또는 외부 환경으로부터 나온 약물도 모발에 결합되기도 한다. 모발의 색깔에 따라서 약물들이 다른 농도로 결합하는 것으로 알려져 있는데, 이는 모발의 색깔을 결정하는 melanin, eumelanin, pheomelanin 등의 존재 때문이다.

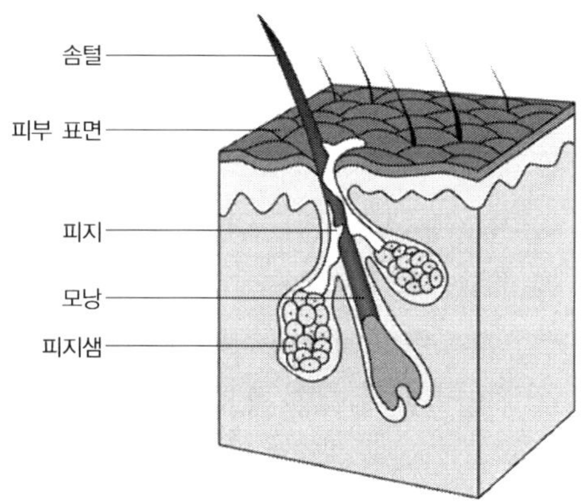

[그림 11.4] 모발의 구성

모발 시료 채취에 있어서 두상의 중심에 있는 정수리 부근의 모근 근처에 있는 머리카락이 시료로 적합한데, 그 까닭은 이 영역의 모발은 자라남에 있어서 변화가 크지 않고 모발 숱도 많고 나이와 성별에 따른 영향을 덜 받기 때문이다.[9] 크로마토그래피에 의한 약물이나 기타 유기 화합물의 분석 시에 사용되는 모발의 크기는 한 가닥에서부터 200 mg 정도까지이며 모근으로부터의 거리는 약물들을 사용한 시점을 반영해 주기 때문에 매우 유용하다. 모발이 담배 연기나 외부 먼지 등에 노출되어 오염이 되는 경우를 조심해야 하며, 머리카락을 화장품 등으로 처리한 경우에도 약물 농도의 변화가 있을 수도 있다.

모발 시료의 장점으로는 시료 채취가 쉽고, 약물에 따라서는 사용한 지 90일 정도까지도 검출이 가능하며, 시료의 조작이나 변형이 힘들고 안정하며, 장기간 보관이 가능하며 시료의 운송이 쉽다는 것이다.[2] 머리카락은 하루에 0.3~0.4 mm씩 지속적으로 자라나기 때문에 소급해서 약물 사용에 대한 이론적인 예측이 가능하다.[10] 하지만 최근에 사용한 약물은 검출할 수 없으며 시료 전처리가 다소 까다롭고, 모발의 색깔과 질감에 따라 약물들이 존재하는 양이 달라

진다는 단점이 있다.[11]

채취된 시료는 잘 세척된 갈색병이나 알루미늄 포일에 싸서 -20°C에서 보관하는 것이 좋다. 시료 분석 전에 모발에 오염된 물질을 제거하기 위해서는 물, 완충 용액, sodium dodecylsulfate, 메탄올, 아세톤, 아이소프로판올 등을 사용한 세정 과정이 필요한데, 물이나 완충 용액보다는 유기 용매를 사용하는 것이 바람직하며 효과적인 추출을 위해서는 모발을 1~3 mm 크기로 잘게 자르거나 삭히는 과정이 필수적이다.[12]

모발 분석에서는 수산화 소듐을 사용하여 모발을 가수 분해하여 삭혀서 추출하는 것이 일반적인데, 이때 알칼리 조건에서 안정한 화합물은 추출률이 좋지만 cocaine 같은 약물은 benzoylecgonine으로 대사되기 때문에 주의해야 한다.

모발 시험 학회(Society of Hair Testing, SOHT)는 법과학에서 모발 분석에 관한 시료 전처리 방법을 제시하고 있다.[13]

11.2 식품 시료

크로마토그래피에 의한 식품 시료 분석에서 시료 전처리 방법은 우선적으로 지방(fat) 함량을 고려해야 하는데, '지방'과 '비지방' 식품 매트릭스는 지방 함량 2~5%를 경계로 하는 것이 일반적이다.[14] 지방 식품은 매트릭스가 매우 복잡하기 때문에 추출 시 분석 물질이 지방과 함께 추출되는 것을 피해야 하고, 추가적인 정제 과정이 필요하며,[15] 동물 사료의 경우는 많은 양의 단백질과 탄수화물이 포함되어 있기 때문에 시료 매트릭스를 취급하기가 매우 까다롭다.

고체 시료에 수분이 존재하면 이는 매트릭스나 분석 물질이 가수 분해 등에 의해서 변형되어 최종 분석 결과에 영향을 미칠 수 있다고 생각해야 한다. 또한 수분 함량은 대기 조건에 따라 변하기 때문에 분석 물질의 함량은 건조된 시료의 질량에 대해서 얼마가 되는지를 측정하는 것이 바람직한데, 시료의 건조는 고체 시료를 부수고 걸러 내는 단계에 앞서서 수행되는 것이 일반적이다.

수분을 제거하는 방법으로는 진공 건조 방법이 좋은데, 이는 가열하는 동안에 가수 분해 반응이 일어나거나 화학적인 반응이 일어남으로써 나타나는 시료의 변질을 줄일 수 있기 때문이다. 또 다른 방법으로는 동결 건조 방법(lyophilization), 증류 방법, 마이크로파 건조 방법 등이 있다.

하지만 식품 시료를 장기간 보관하기 위해서는 어느 정도의 수분이 필요한 경우도 있다. 산화성 변질과 같은 화학 반응은 수분의 양이 너무 낮을 경우에 일어나는데, 예를 들어 당근과 토마토 같은 식품은 2~3%의 수분 함량에서 2~3주 이내에 변질되거나 산화된 냄새가 난다. 이들 식품의 경우는 8~10% 수분 함량을 유지하면 몇 개월 정도는 보관이 가능하다.[16]

믹서기를 사용하여 시료를 균질화시키기 전에 미리 실험실 칼을 사용하여 작은 조각으로 잘라주는 것이 좋으며, 치즈와 같은 지방 함량이 높은 시료와 혼합하는 동안 상(phase) 분리가 일어날 가능성이 높은 간이나 감귤 종류의 과일과 같은 부드러운 시료는 시료를 냉동시켜서 분쇄하는 것이 편리하다.[17]

시료 채취, 운송, 저장, 건조, 균질화, 시료 전처리 등 각 단계에서 시료와 분석 물질의 분해가 일어나서 측정의 정확성에 영향을 미칠 수 있는데, 예를 들어 시료가 열, 미생물이 활동할 수 있는 온도, 습기, 산소, 가시광선, 자외선, 증발된 시약 등에 노출되거나 부적절한 시료 용기와 접촉해서 분석 물질의 손실이나 증가가 나타날 수 있기 때문에 이에 대해서도 유의해야 한다.

식품 시료의 분석을 위해 그들의 구성 성분에 따라 다음과 같이 분류하면 분리, 추출, 정제 과정에 도움이 된다:[16]

1) **우유**: 수용액이며 단백질과 지질(lipid)이 주요 구성 성분이며, 주로 분석되는 물질들은 동물용 의약품, 농약, 공업 오염 물질 등이다.
2) **달걀**: 지질과 단백질인 알부민(albumin)이 주요 구성 성분이며, 동물용 의약품, 농약, 공업 오염 물질 등이 주요 분석 물질이다.
3) **동물 유래 시료**: 근육, 간, 지방 등이 해당하며 여러 가지의 지방, 단백질, 물 등이 주요 구성 성분이다. 이들로부터는 의약품, 공업 오염 물질, 농약 등이 주요 분석 대상 화합물이다.
4) **식물성 물질**: 과일, 채소, 씨앗 등이 해당되며 물, 식물성 색소, 지질, 단백질, 정유(essential oil), 왁스 등이 주요 성분이다. 이들로부터는 농약, 공업 오염 물질 등이 주요 분석 대상 화합물이다.
5) **식품**: 육류, 생선, 시리얼, 포도주, 주스, 식물성 기름, 당 등이 해당하며 지방, 오일, 지질, 단백질, 당, 전분, 물, 색소 등이 주요 구성 성분이다. 주요 분석 물질들로는 농약, 공업 오염 물질, 합성 색소, 첨가제, 합성 감미료, 항산화제 등이 있다.

일반적으로 식물 유래의 신선한 식품은 동물 유래의 식품에 비해서 성분 변화가 더 크다. 시료를 채취한 후에는 사후(postmortem) 변화가 일어나서 시료의 균질성에 영향을 미칠 수 있기 때문에 냉장 또는 냉동 보관과 화학적인 보존 방법을 사용하여 시료들을 온전한 상태로 장기간 보관하는 것이 바람직하다.

채소, 과일, 동물의 조직과 같은 매트릭스가 복잡한 식품은 시료 전처리 전에 갈아 주는 단계가 필요하며, 갈아 주기 전에는 불필요한 외부 물질을 씻어서 제거해야 한다. 예를 들면, 과일이나 채소의 표면에 붙어 있는 모래나 토양 등은 씻어서 제거해야 하지만 물에 잘 용해되는 고체의 침출이 있을 수 있기 때문에 과도한 세척은 피해야 한다. 또한 분석의 목적에 따라 내부, 외부, 중심부로 조직을 분리하는 경우도 있으며, 작은 생선은 통째로 갈아 주기도 하지만 큰 생선은 세척 후 비늘을 벗기고 내장을 제거하여 시료로 사용하기도 한다. 갑각류는 껍데기를 벗기고, 달걀은 깨뜨려서 내부 액체를 분리하고, 육류는 가능하면 뼈를 완전히 제거한다. 맥주, 포도주, 주스, 식용유와 같은 액체에 존재하는 침전물이나 부유물은 원심분리나 걸러 주기를 통해서 제거하고, 통조림 과일과 채소는 체를 이용하여 액체를 걸러 낸다.

시료의 크기와 무게를 줄이면 시료의 표면적이 증가하여 추출 시간이 단축되고 다루기 쉬워지므로 여러 가지 방법을 통해 시료의 크기를 줄이는 것이 중요한데, 이를 위해 사용하는 믹서기, 칼, 분쇄기 등은 부식이 되지 않도록 합금 금속으로 되어 있기 때문에 이들에 의한 오염이 일어나지 않도록 주의해야 한다. 혼합 또는 빻는 동안에 열이 발생해서 식품의 화학적 변화를 촉진시킬 수도 있기 때문에 이 점도 유의해야 한다.

으깨어진 식물과 동물의 조직에서는 빠른 효소 변화가 일어날 수 있는데, 예를 들어 동물 조직에서는 탄수화물과 질소 함유 화합물의 경우에 효소에 의한 변화가 일어날 수 있다.[18] 식품 효소를 비활성화시키는 방법으로는 시료를 끓는 메탄올/물 혹은 에탄올/물 혼합물에서 변성시키는 방법이 있다.[19]

11.2.1 농작물

농작물의 경우에 매트릭스의 종류를 네 가지 형태, 즉 1) 토마토와 같은 수분 함량이 매우 높은 식품, 2) 감귤류와 같은 산의 함량이 높은 식품, 3) 건포도와 같은 당 함량이 높은 식품, 4) 올리브나 아보카도와 같은 지방 함량이 높은 식품으로 구분될 수 있다. 어떤 경우가 되든지 색소, triacylglycerides, lecithin 등과 같은 분석 대상 물질이 아닌 매트릭스 성분은 정제 단계에서 제거할 필요가 있다.

수분 함량이 높은 시료에서는 용매가 초기 추출물로부터 얼마만큼 수분을 제거할 수 있느냐가 추출에 있어서 선택성의 정도를 결정하므로 매우 중요하다. 즉 추출물에 수분 함량이 많으면 단백질, 당 및 다른 극성 화합물의 성분이 증가하게 되므로 물을 배제하는 용매가 더 큰 선택성을 나타내게 된다.[3] 이런 시료에 대해서는 물과 섞일 수 있는 아세토나이트릴과 같은 용매를 사용하고 추출 과정 중에 염화 소듐을 첨가하면 물과 아세토나이트릴에 대한 상 분리가 가능하므로 추출에 유용하다. 아세트산 에틸은 물과 덜 섞이는 무극성 용매이며 수분 함량이 높은 시료에 사용될 경우에 물과 다른 극성 추출물이 덜 추출된다. 추출물 중에 존재하는 작은 양의 물은 무수 황산 소듐이나 다른 염을 첨가해서 제거할 수 있다.

지방이 많은 시료 중에서 20% 이상의 지방 함량을 가진 시료는 isooctane, hexane, ethylacetate와 같은 무극성 추출 용매를 사용하면 지방을 용해할 수 있기 때문에 적합한 용매이지만, 추출물은 지방과 단백질 등을 포함하고 있기 때문에 이들을 제거하기 위한 정제 과정이 필요하다. 20% 미만의 지방을 함유한 식품에 대해서는 아세토나이트릴과 같은 극성 용매가 적합하다. 또한 지방이 많은 시료를 분석하기 위해서는 triglyceride와 지방산으로부터 분리해 내는 것이 매우 중요한데, 이들을 줄이는 방법 중에 가장 흔하게 사용되는 방법은 비누화 반응으로, triacylglycerol의 함량을 감소시킨 후 액체-액체 추출법으로 추출한 후 고체상 추출 카트리지에서 정제하는 방법이다. 하지만 이 방법도 분해가 쉽게 되는 화합물의 경우는 손실이 있을 수 있다. 따라서 −20°C 이하의 낮은 온도에서 지방, 왁스 등을 침전시킬 수 있는 동결 방법이나 GPC (gel permeation chromatography) 방법을 사용하기도 있는데, 분자량이 큰 분석 물질의 경우 손실의 우려도 있다.

한약제 등 수분 함량이 1% 이하의 건조된 식품의 경우에는 수분 함량이 많은 시료나 지방 함량이 많은 시료에 비해서 상대적으로 시료의 크기를 작게 하거나 수화(시료를 적셔줌)가 필요하다.

과일이나 채소에서 상분리[20]

과일이나 채소 등에서 농약을 추출할 경우 아세토나이트릴을 사용하여 추출하는 방법이 효과적인데, 무수 황산 마그네슘(anhydrous magnesium sulphate)과 염화 소듐을 첨가하면 아세토나이트릴과 물 간의 효과적인 층 분리를 가능하게 한다.

 **비이온성 매트릭스에서 염기성 분석 물질의 추출법**[21]

상추와 같은 비이온성 매트릭스에 존재하는 captan, folpet, dichlofluanid, chlorothalonil과 같은 염기성 pH에 민감한 농약들은 쉽게 분해되기 때문에 0.1% acetic acid나 formic acid를 첨가하면 안전하게 추출할 수 있다.

11.2.2 우유

우유(milk)는 많은 양의 단백질, 지방, 탄수화물, 비타민, 미네랄 등을 함유하고 있는 가장 완전하게 영양소와 면역 요소 등을 갖춘 식품으로 알려져 있으며, 이들의 양에 따라서 분석하고자 하는 약물들의 회수율, 분석 방법의 정밀도 및 정확도 등에 영향을 미친다. 우유 중에서 가장 많은 성분은 물로서 65~90%(w/w)를 차지하고 있으며, 나머지는 단백질, 지방, 탄수화물로 구성된 고체 덩어리이다. 우유에서 주요 단백질은 카세인(casein)이며 지질이 유화(emulsify)되고 카세인이 칼슘 염을 형성하면서 우유의 하얀 빛깔을 나타낸다. 치즈를 만들 때 사용하는 방법과 유사한 과정으로서 카세인에 젖산을 첨가하면 침전이 생성되며, 유장(whey)이라 하는 부유층은 수용성이 크며 침전이 어려운 여러 가지 단백질들을 함유하고 있는데, 여기에는 α-lactalbumin, lactoferrin, immunoglobulin, xanthine oxidase, lipase 등을 포함하여 carotenes, vitamin A, C, D와 riboflavin 등이 포함되어 있다. 탄수화물의 대부분(95~98%)은 젖당이며, 지질은 작은 소구체로 분산되어 있는 triglycerides가 대다수이며, 미량의 포화 지방인 phosphoglycerides와 cholesterol이 존재한다. 젖 분비 초기 며칠 동안 생성되는 초유(colostrums)는 면역 글로불린 형태로서 우유와는 크게 다르며 우유보다 단백질을 2~4배 정도 더 함유하고 있다. 또한 우유보다 vitamin A 선구체인 β-carotene을 50~100배 더 함유하고 있기 때문에 노란색을 띠고 있다.[22] 다른 식품 및 환경 시료와 마찬가지로 분석 물질은 매우 묽혀져 있으며 우유 속에 존재하는 규명된 물질만 100,000종 이상으로 매트릭스가 매우 복잡하기 때문에 효과적인 시료 전처리가 중요하다.

우유는 지방, 단백질, 당 성분을 많이 포함하고 있어서 이들이 분석에 방해 요소가 되기 때문이며, 매트릭스로부터 이들 방해 물질을 제거해야 하기 때문에 우유 시료에 대한 추출 과정은 길고 지루하고 까다롭다.

우유 시료를 정제하는 방법으로는 초미세 여과 방법과 투석 방법, 단백질 침

전 방법, 액체-액체 추출법, 고체상 추출법(SPE), GPC, 면역 친화 추출법 등이 있다:

초미세 여과 방법과 투석 방법은 단백질과 결합하지 않은 분자량이 작은 분석 물질을 얇은 막을 통과하게 하는 방법으로서 간단하고 빠른 방법이지만 선택성이 있는 정제 방법은 아니다. 단백질 침전 방법은 HPLC 분석 전에 사용하는 간단하고 효과적인 방법으로 단백질은 제거하지만 지질은 효과적으로 제거하지 못하므로, 헥세인으로 세정하거나 고체상 추출법을 사용하는 등 지질을 제거하는 방법과 결합하여 사용해야 한다. 지질을 효과적으로 정제하는 방법 중에는 저온 원심분리법이 있는데, 이는 지방이 용매보다 녹는점이 낮은 성질을 이용하여, 냉동된 지질을 원심분리하거나 필터링함으로써 유기 용매에 용해되어 있는 분석 물질로부터 제거하는 방법이다. 유기 용매에 대한 지질의 용해도가 온도에만 의존하는 것이 아니므로 완전히 지질을 제거하기는 어렵기 때문에, 이 방법은 많은 양의 지질이 포함된 시료에 적용된다.[23]

액체-액체 추출법을 사용해서도 지질을 비롯한 방해 물질을 제거할 수 있는데, 이 방법을 사용할 경우에는 분석 물질의 손실이 있을 수 있어서 회수율이 다소 낮아질 수 있으며, 복잡한 매트릭스 성분으로 인하여 종종 에멀션이 생성되기도 한다.

고체상 추출법(SPE), 즉 분석 물질과 방해 물질을 고체상 수착제에 흡착시킨 후 분석 물질만을 용출시키고 방해 물질은 고체상에 흡착된 채로 놓아두는 방법을 사용할 수 있다. 이 방법에서 사용되는 수착제로는 실리카 젤, 플로리실, 알루미나 등을 변형시킨 물질이 사용된다. SPE법으로 우유로부터 소수성 화합물을 추출하기 위해서는 추출 전에 작은 알맹이인 지방을 파괴해야 하는데 이를 위해서는 물과 섞이지 않는 유기 용매를 우유에 첨가하면 된다. SPE 추출 전에 단백질을 분리하기 위해서는 묽은 염산이나 과염소산 등으로 시료의 pH를 낮춰서 원심분리한 후에 부유층을 취하면 된다.[22]

GPC 방법에서는 스타이렌과 다이바이닐벤젠의 공중합체로 채워진 컬럼에 분자량이 큰 물질은 잡혀 있게 하고, 상대적으로 분자량이 작은 분석 물질은 용출되게 하는데, cyclohexane, toluene/ethy acetate, ethyl acetate/cyclohexane 등의 용매를 사용하여 정제하면 지질의 양이 처음 양의 1% 미만으로 감소될 수 있다.[24,25]

공용출(co-elution)되는 지질을 제거하는 데는 황산을 사용하는 방법도 있는데, 이 방법을 사용할 경우는 황산에 민감하여 분해가 일어나는 물질이 있으므

로 유의해야 한다.[25]

 **프탈레이트 제거**

기체 크로마토그래피(GC) 분석에서 분석 물질과 겹치는 프탈레이트 성분을 제거하기 위해서 액체-액체 추출 과정에서 염산, formic acid 등과 같은 산을 첨가함으로써 프탈레이트 성분을 분해시킬 수 있다.

 **우유의 제단백**

- 우유 제품을 분석할 때는 단백질을 제거하는 것이 필수이다.
- 단백질은 질량 분석기에서 이온 생성 억제, HPLC 컬럼의 막힘, 오염 등의 원인이 된다.
- 단백질을 제거하는 방법으로는 유제품에 유기 용매를 가하거나, 산, 염, 금속 이온을 가하는 방법이 있다.

 **우유에서 상 분리**

우유에서 액체-액체 추출법을 사용하여 추출할 때 염(salt)을 가해 주면 유기상과 수용액상을 쉽게 분리할 수 있다.

11.2.3 조직

간, 신장, 근육과 같은 **조직**(tissues)은 잔류 약물을 분석하는 데 많이 사용되는 시료이다. 특히 신장과 간은 다른 조직에 비해서 약물의 농도가 상대적으로 높으며, 근육 시료는 부위에 따라 잔류 약물의 농도가 차이가 나는데, 특별히 주사 위치에서 농도가 높다.[26]

물고기 시료는 가능하면 신선한 것이 좋다. 물고기는 3시간 이내에 해부해서 여러 가지 조직들을 깨끗한 폴리에틸렌 용기에 보관하는 것이 바람직하며 각 조직별로 다른 용기에 넣어서 즉시 냉동한다.

냉동 시간과 정제

근육 시료를 분석할 경우 냉동(-20°C)하는 시간에 따라 크로마토그래피에서 매트릭스에 의한 방해 물질은 달라지게 되는데, 냉동 시간을 늘리면 방해 물질은 상대적으로 줄어들 수 있다.

11.3 환경 시료

11.3.1 고체 시료

식품 시료에서와 마찬가지로 환경 시료도 시료 중에 수분이 함유되어 있으면 매트릭스나 분석 물질이 가수 분해 등에 의해서 최종 분석 결과에 영향을 미칠 수 있다고 생각해야 하며, 수분 함량은 대기 환경의 습도에 따라 달라지기 때문에 건조된 시료의 질량에 대해서 분석 물질의 양이 얼마나 되는지 측정하는 것이 바람직하다. 보통은 약 100°C의 오븐 안에서 시료를 건조시켜 수분을 제거하는데, 온도가 높으면 건조하는 데 걸리는 시간은 단축될 수 있지만 휘발성 분석 물질에 대한 손실이 있다는 것을 명심해야 한다. 토양 시료는 부수고 갈아서 mesh 크기가 2 mm인 체(sieve)로 걸러 준다. 수작업을 통하거나 ball mill과 같은 장비를 사용하여 갈아 주기 작업을 할 수 있는데, 이 과정에서도 시료의 부분적인 가열을 일으켜서 열적으로 불안정한 화합물이나 휘발성 물질에 영향을 미칠 수 있다. 따라서 시료의 가열을 최소화하기 위해서 짧은 시간 동안 여러 번 반복해서 시료를 갈아 주는 것이 좋으며, 가열로 인하여 수분 함량이 변할 수 있기 때문에 시료의 수분 함량을 재계산할 필요도 있다. 유기 물질을 분석하기 위한 시료 채취 장비로는 스테인리스강이 좋으며, 토양은 부삽 등을 이용해서 채취한 후 표면의 잡초나 유기물 등의 이물질은 제거해 주는 것이 바람직하다.

11.3.2 대기 시료

대기 시료는 반응성이 있는 성분들 간의 상호 작용이나 사용되는 시료 채취 장비들과의 상호작용 때문에 취급하기 까다로울 수 있다. 시료를 채취하는 방법으로는 진공 상태에 있는 채취 용기에 시료를 넣어 채취하는 방법과 필터나 수착제 또는 용액과 같은 시료 채취 매개물을 통과하게 하여 분석 물질을 매개물에 농축시켜서 채취하는 방법이 있다. 시료 용기에서 직접 채취하는 방법에서는 채취된 시료를 GC와 같은 분석 장비에 직접 주입하며, 매개물에 농축시켜서 채취하는 방법에서는 매개물에 수착 또는 용해되어 있는 분석 물질을 적절한 용매로 추출한 다음에 농축이나 정제 과정을 거친 후 분석 기기로 분석한다.

직접 채취 방법에서는 스테인리스강 재질로 되어 있는 Summa canister 또는 polyvinyl fluoride (PVF) 재질로 된 Tedlar bag을 사용하는 것이 일반적이다. 반응성이 있는 화합물이나 극성이 매우 큰 화합물의 경우에는 Tedlar bag의 내부 표면에 달라붙을 수 있기 때문에 Tadlar bag을 사용하지 않는 것이 좋다. Tedlar bag으로 채취한 시료는 3일 이내에 분석하는 것이 좋으며, 빛에 약한 화합물의 경우는 겉이 검은색으로 된 Tedlar bag 제품을 사용하도록 한다. Summa canister는 내부 표면은 화학적으로 비활성화시켰기 때문에 시료를 30일까지 안정하게 보관할 수 있으나 가격이 비싸다.[4]

농축 채취 방법은 ppb (parts-per-billion) 또는 그 이하의 농도를 분석하기 위한 방법으로 사전에 매개물에 분석 물질을 농축시키는 방법이며, 극저온 수집 방법과 필터나 수착제를 사용하는 방법이 있다. 극저온 방법으로 채취된 시료는 곧바로 GC에 연결되도록 장치하여 밸브를 열어서 직접 주입시키며, 필터나 수착제에 농축한 방법에서는 적절한 유기 용매를 사용하여 분석 물질을 추출한 후 분석 기기에 주입하여 분석한다. 많이 사용되는 수착제로는 실리카 젤, charcoal, Tenax (2,6-diphenyl-p-phenylene oxide의 중합체) 등이 있는데, 활성탄(activated charcoal)이 가장 일반적으로 사용되며 Tenax는 휘발성 유기 화합물 등의 분석에 사용된다.[27]

(a)

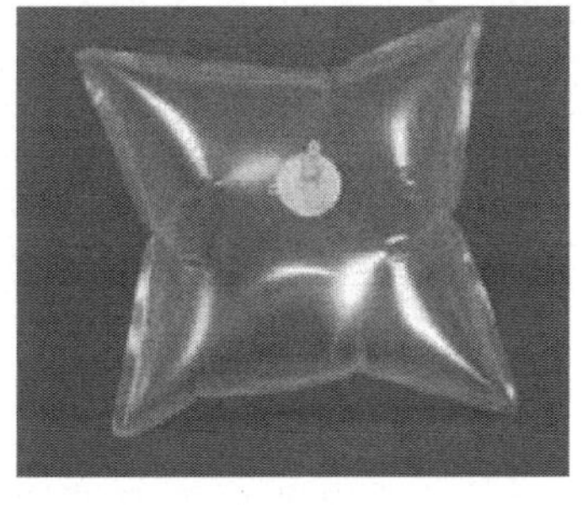

(b)

[그림 11.5] (a) Canister (b) Tedlar bag

11.3.3 수질 시료

수질 환경 시료로는 식수, 지하수, 지표수, 폐수, 산업 유출수, 대기 침전물, 굴뚝 시료 응축물, 액상 산업 폐기물 등이 있으며, 외관상으로 균질하게 보일지라도 부유하고 있는 입자는 분석 물질의 정량 분석에 영향을 미칠 수 있기 때문에 입자들을 제거하기 위한 필터링이 필요하다. 하지만 소수성 분석 물질 중에는 입자들의 표면에 흡착되어 있는 화합물도 있기 때문에 분석 물질의 성질에 따라서는 부유 입자까지도 분석해야 하는 경우도 있다. 또한 소수성 화합물은 유리 용기 표면에도 흡착이 일어날 수 있으므로 유의해야 하며, 표면의 활성도를 줄이기 위해서 사용 전에 유리 용기를 실란화를 통해 비활성화하거나 플라스틱 시료 용기를 사용하는 방법이 있다.

Tetracycline 계열 항생제의 경우에는 금속 이온들과 킬레이트 착물을 형성할 수 있기 때문에 EDTA (ethylenediaminetetraacetic acid)를 시료에 첨가해서 매트릭스에 존재하는 잔류 금속을 제거하고 분석 물질의 회수율을 높일 수 있다. 폐수, 지표수, 지하수 등을 채취한 후에는 항산화 물질인 아스코르브산(ascorbic acid)를 시료에 첨가하면 보관 기간이 연장된다. 특별히 식수의 경우에는 잔류 염소가 분석 물질과 반응하여 분석 물질이 변형될 염려가 있는데, 이 경우에는 0.008% 싸이오황산 소듐($Na_2S_2O_3$)을 첨가하면 분석 물질의 분석과 안정성에 영향을 미치지 않고 잔류 염소를 제거할 수 있다.[28] 휘발성 유기 화합물(VOCs)의 분석을 위해서 보존제를 두 가지 넣는 경우가 있는데, 이 경우에는 싸이오황산 소듐-시료-산(acid) 순서로 넣어 주는 것이 좋다. 또한 VOCs 분석을 위해서는 시료 용기에 빈 공간이 없도록 넘치게 채취하여 뚜껑을 닫는 것이 좋고, 채취된 수질 시료에 공기 방울이 없음을 확인해야 하고, 뚜껑과 격막을 닫고 단단히 조여서 다른 시료와 구분되게 하여 4°C에서 보관한다.

시료 채취 장비의 재질 및 특성은 다음과 같다. 스테인리스강은 모든 유기 분석 물질의 시료 채취에 사용할 수 있지만, 높은 염도의 산성 수질인 경우에는 표면 부식이 우려된다. 테플론 재질은 지하수와 토양 시료 중에 잔류하는 대부분의 물질을 분석하기 위한 채취 장비의 재질로 사용되며, 탄소강과 아연 도금강 재질은 토양 시료 채취에 사용되지만 산성 조건에서 황화물이 존재할 경우에 시료가 부식되거나 오염될 염려가 있다. 폴리프로필렌과 폴리에틸렌 재질은 유기 용매 분석용 시료 채취에 유용하며 테플론에 비해 부식이 덜하다. PVC, 비톤(viton), neoprene, 실리콘 재질의 채취 장비는 유기 물질 시료 채취에는

적합하지 않다.[27]

시료 용기는 시료와 반응하지 않는 재질로 되어 있으며 분석 목적에 적합한 용량을 사용하는 것이 바람직하며, 테플론으로 된 뚜껑을 가진 유리 용기와 테플론 재질의 용기가 유기 물질 분석에 적합하다.

환경 시료의 보존 방법과 보존 기간은 화합물에 따라서 다른데, 일반적으로 VOCs의 경우는 시료 채취 후 가능하면 곧바로 분석하는 것이 좋으며, 농약을 비롯한 일반적인 화합물들은 시료 채취 후 일주일 이내에 시료 전처리를 마치고 추출된 시료는 40일 이내에 분석하는 것이 바람직하다.

에멀션

- 계면활성제, 지방 물질이 포함된 수용액 시료에서 주로 발생한다.
- 수용액과 유기 용매 간의 뚜렷한 경계가 없이 우윳빛으로 나타난다.
- 원심분리, 유리 섬유 등을 통한 필터, 가열 또는 냉각, 염화 소듐과 같은 염 첨가, 다른 종류의 유기 용매 소량을 첨가함으로써 제거할 수 있다.

염소(Cl) 성분이 포함된 시료

염소(Cl)로 소독한 수돗물 등을 분석할 경우에는 염소 성분이 방해 물질로 작용하기 때문에 잔류 염소를 제거하기 위해서는 싸이오황산 소듐, 아황산 소듐과 같은 염소 제거제를 넣어 준다.

시료 중 세균 억제

세균들의 활동을 억제하기 위해서 시료에 sodium azide (NaN_3)를 첨가한다.

11.4 화장품

화장품에 사용되는 성분은 합성 물질과 비합성 물질을 포함하여 7,800종이 EU 목록에 나타나 있다.[29] 화장품 매트릭스는 매우 복잡하고 크림, 파운데이션, 립스틱, 파우더, 로션, 오일 등 종류가 매우 다양하므로 시료 전처리도 특성에 맞추어 수행되어야 한다. 화장품 분석에 있어서 시료 전처리 과정의 가장 어려운 문제점은 대부분의 화장품에 많은 양으로 사용되는 계면활성제에 의한 에멀션 생성이므로 이에 대한 추가적인 정제 과정이 필요하며, 에멀션 생성을 사전에 방지하기 위해서 아세트산을 첨가하기도 한다.[30]

Eye shadow 같은 화장품으로부터 염료를 추출하기 위해서는 메탄올로 시료를 현탁시킨 후에 물을 가해서 완전히 분산시켜서 추출하며, 립스틱이나 lip gloss와 같은 왁스에 기초한 화장품들은 지방이나 기름이 있기 때문에 유기상/수용액상 분포를 시키기 전에 완전히 시료를 용해시킬 필요가 있다. 이를 위해서는 tetrahydrofuran (THF), isooctane, chloroform과 같은 용매들과 물을 혼합하여 추출 용매로 사용할 수 있다. Pearl powder와 talc와 같은 미세한 입자는 고속 원심분리(15,000 rpm)와 필터링에 의해 제거될 수 있다. 하지만 필터링에서는 염료가 흡착이 될 수 있으므로 이에 대한 모니터링이 필요하다.[31]

11.5 의약품

의약품은 동일한 활성 성분과 함량을 가지고 있더라도 제조사가 다르면 활성 성분이 현저하게 다른 농도를 나타내는 것으로 알려져 있다. 적절한 치료 효과를 가진 약품의 생산 단계 중 중요한 단계는 약품의 제형(formulation) 단계이다. 약품은 제형에 의해서 취급이 용이해지고, 분해가 최소화되고, 균질성이 유지되고, 수용체 위치에 대한 활성 성분의 생물학적 이용성과 약물 표적화가 증가되며, 약물 투여의 경로가 바뀔 수 있다. **부형제(excipients)**라고 하는 비활성 보조 성분은 활성 성분을 용해시키고, 미생물의 성장을 억제하고 정제나 캡슐의 코팅 또는 부피를 만들어 주고, 맛이나 색깔을 내게 해주는 역할을 한다. 따라서 제품화된 의약품을 직접 분석하고자 할 때는 이 부형제에 대한 정보를 아는 것이 필요하다.

정제(tablet)에는 조각 내기, 용해, pH, 동력학의 완화, 압축력 등을 조절하고, 거품이 나게 하고, 코팅, 냄새, 맛 등을 제공하기 위해서 전분, 젖당, 칼슘염, citric acid, bicarbonate salt, dextrose, 셀룰로스 등이 사용된다.

캡슐 제품은 미리 만들어 놓은 다음에 고체나 액체 약물을 채워 넣은 것으로서 젤라틴으로 만들어져 있으며, 경도를 증가시키기 위해서 sucrose를 넣고, 유연성을 증가시키기 위해서는 sorbitol을 첨가한다.

경구용 액체에는 물을 비롯하여 활성 성분의 용해도를 증가시키기 위해서 에탄올을 첨가하고, syrup, glycerin, glycol, 단당류, 오일 등이 냄새, 보존제, 용해도, 안정성 등을 위해 첨가된다.

국소용 의약품에는 피부로 침투하는 활성 성분을 도와주고, 씻겨나가는 것을 막아 주고, 한편으로는 밀봉 드레싱을 하고 다른 한편으로는 소멸 효과를 제공하고, pH를 조절하고, 미생물의 성장을 억제하고, 에멀션과 서스펜션을 생성하고, 물을 잘 간직하게 하고, 유연하게 하기 위해서 고체 제품에서는 glycerol, lanolin, silicate, 밀랍, mineralhydrocarbon 등을 사용하고, 액체 제품에서는 물, 알코올, 오일, 글리세린, dimethylsulfoxide 등을 사용한다.[32]

주사제에는 물을 비롯하여 비수용성 용매가 활성 성분들의 용해도를 증진시키기 위해서 사용되며, 5% 정도의 글루코스, 0.9%의 염수, 글리세롤, 글리세린, 지방산 에스터, 오일 등이 포함되어 있다.

■ 시료별 응용 문헌 ■

생체 시료

소변

- Matabosch, M.; Pozo, O. J.; Perez-Mana, C.; Farrre, M.; Marcos, J.; Segura, J.; Ventura, R. *Anal. Bioanal. Chem.* **2012**, *404*, 325.
- Asimakopoulos, A. G.; Bletsou, A. A.; Wu, Q.; Thomaidis, N. S.; Kannan, K. *Anal. Chem.* **2013**, *85*, 441.
- Martin, R.; Schurenkamp, J.; Gasse, A.; Pfeiffer, H.; Kohler, H. *Int. J. Legal Med.* **2013**, *127*, 593.
- Myung, S.-W.; Yoon, S.-H.; Kim, M. *Analyst* **2003**, *128*, 1443.
- Pyo, W.-Y.; Jo, C.-H.; Myung, S.-W. *Chromatographia* 2006, *64*, 731.
- Ulu, S. T.; Tuncel, M. *J. Chromatographic Sci.* **2012**, *50*, 433.
- Hadad, G. M.; Salam, R. A. A.; Hameed, E. A. A. *J. Liq. Chromatogr. R. T.* **2013**, *36*, 2568.
- Sanghvi, M.; Ramamoorthy, A.; Strait, J.; Wainer, I. W.; Moaddel, R. *J. Chromatogr. B* **2013**, *933*, 37.
- Zacharis, C. K.; Tzanavaras, P. D.; Vlessidis, A. G. *J. Sep. Sci.* **2013**, *36*, 1720.
- Asam, S.; Habler, K.; Rychlik, M. *Anal. Bioanal. Chem.* **2013**, *405*, 4149.
- Lin, H. R.; Chen, C. L.; Huang, C. L.; Chen, S. T.; Lua, A. C. *J. Chromatogr. B* **2013**, *925*, 10.

혈액

- Jia, M.; Li, J.; He, X.; Liu, M.; Zhou, Y.; Fan, Y.; Li, W. *J. Chromatogr. B*, **2013**, *928*, 52.
- Napoletano, S.; Montesano, C.; Compagnone, D.; Curini, R.; D'ascenzo, G.; Roccia, C.; Sergi, M. *Chromatographia* **2012**, *75*, 55.
- Myung, S.-W.; Kim. M.; Min, H.-K.; Yoo, E.-A.; Kim, K.-R. *J. Chromatogr. B* **1999**, *727*, 1.
- Mudiam, M. K. R.; Jain, R.; Varshney, M.; Ch, R.; Chauhan, A.; Goyal, S. K.; Khan, H. A.; Murthy, R. C. *J. Chromatogr. B* 2013, **925**, 63.
- Oliveira, A. F. F.; Figueiredo, E. C.; Santos-Neto, A. J. *J. Phramaceut. Biomed.* **2013**, *73*, 53.

- Kunicki, P. K.; Was, J. *J. Chromatogr. B*, **2012**, *911*, 133.
- Choi, J.-H.; Lamshoft, M.; Zuhlke, S.; Park, K. H.; Shim, J.-H.; Spiteller, M. *J. Chromatogr. A* **2012**, *1260*, 111.

- Cabarcos, P.; Cocho, J. A.; Moreda, A.; Miguez, M.; Tabernero, M. J.; Fernandez, P.; Bermejo, A. M. *Talanta* **2013**, *111*, 189.
- Saraiva, D.; Semedo, R.; Catilho, M. C.; Silva, J. M.; Ramos, F. *J. Chromatogr. B* **2011**, *879*, 3806.
- Baranowska, I.; Wilczek, A. Michal, K.; Baranowski, J. *J. Liq. Chromatogr. R. T.* **2013**, *36*, 1597.
- Murai, T.; Oda, K.; Toyo, T.; Nittono, H.; Takei, H.; Muto, A.; Kimura, A.; Kurosawa, T. *J. Chromatogr. B* **2013**, *923*, 120.

타액

- Kataoka, H.; Ehara, K.; Yasuhara, R.; Saito, K. *Anal. Bioanal. Chem.* **2013**, *405*, 331.
- Bessonneau, V.; Bojko, B.; Pawliszyn, J. *Bioanalysis* **2013**, *5*, 783.
- Jones, R. L.; Owen, L. J.; Adaway, J. E.; Keevil, B. G. *J. Chromatogr. B* **2012**, *881*, 42.
- Abdel-Rehim, A.; Abdel-Rehim, M. *Biomed. Chromatogr.* **2013**, *27*, 1188.
- Sergi, M.; Montesano, C.; Odoardi, S.; Rocca, L. M.; Fabrizi, G.; Compagnone, D.; Curini, R. *J. Chromatogr. A* **2013**, *1301*, 139.
- Gosetti, F.; Mazzucco, E.; Gennaro, M. C.; Marengo, E. *J. Chromatogr. B* **2013**, *927*, 22.
- Dziurkowska, E.; Wesolowski, M. *Curr. Pharm. Anal.* **2013**, *9*, 165.

모발

- Hutter, M.; Kneisel, S.; Auwarter, V.; Neukamm, M. A. *J. Chromatogr. B.* **2012**, *903*, 95.
- Mudiam, M. K. R.; Ch, R.; Jain, R.; Saxena, P. N.; Chauhan, A.; Murthy, R. C. *J. Chromatograph. B* **2012**, *907*, 56.
- Cuong, L. P.; Evgenev, M. I.; Gumerov, F. M. *J. Supercrit. Fluid.* **2012**, *61*, 86.
- Alves, M. N. R.; Zanchetti, G.; Piccinotti, A.; Tameni, S.; De Martinis, B. S.; Polettini, A. *Anal. Bioanal. Chem.* **2013**, *405*, 6299.
- Miyaguchi, H. J. Chromatogr. A **2013**, 1293, 28.
- Chang, Y. J.; Lin, K. L.; Chang, Y. Z. *Clin. Chim. Acta* **2013**, *420*, 155.
- Musshoff, F.; Arrey, T.; Strupat, K. *Drug Test. Anal.* **2013**, *5*, 361.
- Zhu, L.; Yan, H.; Shen, B. H.; Shi, Y.; Shen, M.; Xiang, P. *Rapid Commun. Mass Spec.* **2013**, *27*, 513.
- Huang, R.; Su, F. H.; Zheng, H.; Tang, H.; Chen, D. Z. *Anal. Method.* **2013**, *5*, 2007.

- Sergi, M.; Napoletano, S.; Montesano, C.; Iofrida, R.; Curini, R.; Compagnone, D. *Anal. Bioanal. Chem.* **2013**, *405*, 725.

식품 시료

채소/과일 및 기타

- Anastassiasdes, M.; Lehotay, S. J.; Stajnbaher, D.; Schenck, F. J. *J. AOAC Int.* **2003**, *86*, 413.
- Yamaguchi, H.; Masuda, T. *J. Agric. Food Chem.* **2011**, *59*, 9770.
- Adam, M.; Cizkova, A.; Eisner, A.; Ventura, K. *J. Sep. Sci.* **2013**, *36*, 764.
- Bordagaray, A.; Carcia-Arrona, R.; Millan, E. *Anal. Methods* 2013, *5*, 2565.
- Arnaiz, E.; Bernal, J.; Martin, M. T.; Nozal, M. J.; Bernal, J. L.; Toribio, L. *J. Chromatogr. A* **2012**, *1250*, 49.
- Castro-Vargas, H. I.; Benelli, P.; Ferreira, S. R. S.; Parada-Alfonso, F. *J. Supercrit. Fluid.* **2013**, *76*, 17.
- Mesomo, M. C.; Corazza, M. L.; Ndiaye, P. M.; Santa, O. R. D.; Cardozo, L.; Scheer, A. P. *J. Supercrit. Fluid.* **2013**, *80*, 44.
- Lemonis, I.; Tsimogiannis, D.; Louli, V.; Voutsas, E.; Oreopoulou, V.; Magoulas, K. *J. Supercrit. Fluid.* **2013**, *76*, 48.
- MacCrehan, W. A.; White, C. M. *Anal. Bioanal. Chem.* **2013**, *405*, 4511.
- Chen, S.; Zhang, H. *Anal. Bioanal. Chem.* **2013**, *405*, 1623.
- Lagunas-Allue, L.; Sanz-Asensio, J.; Martinez-Soria, M. T. *J. Chromatogra. A* **2012**, *1270*, 62.
- Xu, H.; Shi, X.; Ji, X.; Du, Y.; Zhu, H.; Zhang, L. *Food Chem.* **2012**, *135*, 251.
- Liu, H.; Shao, J.; Li, Q.; Li, Y.; Yan, H. M.; He, L. *J. AOAC Int.* **2012**, *95*, 1138.
- Ru-zhen, Y.; Jin-Hua, W.; Ming-lin, W.; Rong, Z.; Xiao-yu, L.; Wei-hua, L. *J. Chromatogr. Sic.* **2011**, *49*, 702.
- Li, Z.; Li, D.; Ren, J.; Wang, L.; Yuan, L. Liu, Y. *Food Control* **2012**, *27*, 300.
- Alanon, M. E.; Diaz-Maroto, M. C.; Perez-Coello, M. S. *Int. J. Food Sci. Tech.* **2012**, *47*, 816.
- Kaykhaii, M.; Abdi, A. *Anal. Methods* **2013**, *5*, 1289.
- Chaichi, M.; Mohammadi, A.; Hashemi, M. *Microchem. J.* **2013**, *108*, 46.
- Colina-Coca, C.; Gonzalez-Pena, D.; Vega, E.; Ancos, B.; Sanchez-Moreno, C. *Talanta* **2013**, *103*, 137.

- Jimenez-Martin, E.; Ruiz, J.; Perez-Palacios, T.; Silva, A.; Antequera, T. *J. Agric. Food Chem.* **2012**, *60*, 2456.
- Garcia-Villar, N.; Hernandez-Cassou, S.; Saurina, J. *J. Chromatogr. A* **2009**, *1216*, 6387.

조직

- Macarov, C. A.; Tong, L. Martinez-Huelamo, M.; Hermo, M. P.; Chirila, E.; Wang, Y. X.; Barron, D.; Barbosa, J. *Food Chem.* **2012**, *135*, 2612.
- Lim, H-. H.; Shin, H-. S. *Food Chem.* **2013**, *138*, 791.
- Rubensam, G.; Barreto, F.; Hoff, R. B.; Pizzolato, T. M. *Food Control* **2013**, *29*, 55.
- Soncin, S.; Panseri, S.; Rusconi, M.; Mariani, M.; Chiesa, L. M.; Biondi, P. A. *Food Chem.* **2012**, *134*, 440.
- Huang, M.-C.; Chen, H.-C.; Fu, S.-C.; Ding, W.-H. *Food Chem.* **2013**, *227*, 233.
- Ghasemzadeh-Mohammad, V.; Mohammadi, A.; Hashemi, M.; Khaksar, R.; Haratian, P. *J. Chromatogr. A* **2012**, *1237*, 30.
- Dam, G.; Pardo, O.; Traag, W.; Lee, M.; Peters, R. *J. Chromatogr. B* **2012**, *898*, 101.
- Tao, Y.; Yu, G.; Chen, D.; Pan, Y.; Liu, Z. Wei, H.; Peng, D.; Huang, L.; Wang, Y.; Yuan, Z. *J. Chromatogr. B* **2012**, *897*, 64.
- Nzoughet, J. K.; Campbell, K.; Barnes, P.; Cooper, K. M.; Chevallier, O. P.; Elliott, C. T. *Food Chem.* **2013**, *136*, 1584.
- Ho, C.; Lee, W.-O.; Wong, Y.-T. *J. Chromatogr. A* 2012, *1235*, 103.
- Wagner, Z.; Tabi, T.; Jako, T.; Zachar, G.; Csillag, A.; Szoko, E. *Anal. Bioanal. Chem.* **2012**, *404*, 2363.

우유

- Farke, C.; Rattenberger, E.; Roiger, S.; Meyer, H. H. D. *J. Agric. Food Chem.* **2011**, *59*, 1423.
- Pinero, M.-Y.; Garrido-Delgado, R.; Bauza, R.; Arce, L.; Valcarcel, M. *Electrophoresis* **2012**, *33*, 2978.
- Gao, L.; Jonsson, J. A. *Anal. Lett.* **2012**, *45*, 2310.
- Akhoudzadeh, J.; Chamsaz, M.; Yazdinezhad, S. R.; Arbaz-zavvar, M. H. *Anal. Method.* **2013**, *5*, 778.
- Croes, K.; Colles, A.; Koppen, G. *Talanta* **2013**, *113*, 99.
- Peng, T.; Zhu, A.-L.; Zhou, Y.-N. *J. Chromatogr. B* 2013, *933*, 15.
- Xu, X.; Liang, F.; shi, J. *Anal. Chim. Acta* **2013**, *790*, 39.

- Hou, X.-L.; Wu, Y.-L.; Lv, Y.; Xu, X.-Q.; Zhao, J. Yang, T. *J. Chromatogr. B* **2013**, *931*, 6.
- Kaklamanos, G.; Theodoridis, G. *J. Chromatogr. B* **2013**, *930*, 22.
- Martins, J. G.; Chavez, A. A.; Waliszewski, S. M.; Cruz, A. C.; Fabila, M. M. G. *Chemosphere* **2013**, *92*, 233.

환경 시료

수질

- Wu, J.; Lu, J.; Wilson, C.; Lin, Y.; Lu, H. *J. Chromatogr. A* **2010**, *1217*, 6327.
- Bassarab, P.; Williams, D.; Dean, J. R.; Ludkin, E.; Perry, J. J. *J. Chromatogr. A* **2011**, *1218*, 673.
- Dahane, S.; Gil Garcia, M. D.; Martinez Bueno, M. J.; Ucles Moreno, A.; Martinez Galera, M.; Derdour, A. *J. Chromatogr. A* **2013**, *1297*, 17.
- Koo, S. H.; Jo, C. H.; Shin, S. K.; Myung, S.-W. *Bull. Korean Chem. Soc.* **2010**, *31*, 1192.
- Buchholz, K. D.; Pawliszyn, J. *Anal. Chem.* **1994**, *66*, 160.
- Wu, D.; Duirk, S. E. *Chemosphere* **2013**, *91*, 1495.
- He, Y.; Lee, H. K. *Anal. Chem.* **1997**, *69*, 4634.
- Villar-Navarro, M.; Ramos-Payan, M.; Fernandez-Torres, R.; Callejon-Mochon, M.; Bello-Lopez, M. A. *Sci. Total Environ.* **2013**, *443*, 1.
- San Roman, I.; Alonso, M. L.; Bartolome, L.; Alonso, R. M. *Talanta* **2012**, *100*, 246.
- Barco-Bonilla, N.; Plaza-olanos, P.;Fernandez-Moreno, J. L.; Romero-Gonzalez, R. R.; Frenich, A. G.; Vidal, J. L. M. *Anal. Bioanal. Chem.* **2011**, *400*, 3537.
- Deng, X.; Liang, G.; Chen, J.; Qi, M.; Xie, P. *J. Chromatogr. A* **2011**, *1218*, 3791.
- Kosjek, T.; Perko, S.; Zigon, D.; Heath, E. *J. Chromatogr. A* **2013**, *1290*, 62.

대기

- Jezewska, A.; Buszewki, B. *Toxicol. Mech. Method* **2011**, *21*, 554.
- Cochran, R. E.; Dongari, N.; Jeong, H.; Beranek, J.; Haddadi, S.; Shipp, J.; Kubatova, A. *Anal. Chim. Acta* **2012**, *740*, 93.
- Menezes, H. C.; Paulo, B. P.; Costa, N. T.; Cardeal, Z. L. *Microchem. J.* **2013**, *109*, 93.

- Krol, S.; Zabiegala, B.; Namiesnik, J. *J. Chromatogr. A* **2012**, *1249*, 201.

고체상

- Erger, C.; Balsaa, P.; Werres, F.; Schmidt, T. C. *J. Chromatogr. A* **2012**, *1249*, 181.
- Abrahamsson, V.; Rodriguez-Meizoso, I.; Turner, C. *J. Chromatogr. A* **2012**, *1250*, 63.
- Bielska, L.; Smidova, K.; Hofman, J. *Environ. Pollut.* **2013**, *176*, 48.
- Jowkarderis, M.; Raofie, F. *Talanta* **2012**, *88*, 50.
- Hu, E.; Cheng, H. *Microchim ACTA* **2013**, *180*, 703.
- Azzouz, A.; Ballesteros, E. *Sci. Total Environ.* **2012**, *419*, 208.
- Chen, Q.; Shi, J.; Wu, W.; Liu, X.; Zhang, H. *Microchem. J.* **2012**, *104*, 49.
- Chitescu, C. L.; Oostering, E.; Jong, J.; Stolker, A. A. M. *Talanta*, **2012**, *88*, 653.
- Yuan, B.; Li, F.; Xu, D.; Fu, M.-L. *Anal. Method* **2013**, *5*, 1739.
- Peng, H.; Hu, K.; Zhao, F.; Hu, J. *J. Chromatogr. A* **2013**, *1288*, 48.
- Sibali, L. L.; Okonkwo, J. O.; Mccrindle, R. I. *J. Environ. Sci. Heal. A* **2013**, *48*, 1365.

화장품

- Xian, Y.; Wu, Y.; Guo, X.; Lu, Y.; Luo, H.; Luo, D.; Chen, Y. *Anal. Methods* **2013**, *5*, 1965.
- Zhong, Z.; Li, G.; Luo, Z.; Zhu, B. *Anal. Chim. Acta* **2012**, *715*, 49.
- Davarani, S. S. H.; Masoomi, L.; Banitaba, M. H.; Zhad, H. R. L. Z.; Sadeghi, O.; Samiei, A. *Talanta*, **2013**, *105*, 347.
- Chisvert, A.; Tarazona, I. Salvador, A. *Anal. Chim. Acta* **2013**, *790*, 61.
- Homem, V.; Silva, J. A.; Cunha, C.; Alves, A.; Santos, L. *J. Sep. Sci.* **2013**, *36*, 2176.
- Thogchai, W.; Liawruangrath, B. *Int. J. Cosmetic Sic.* **2013**, *35*, 257.
- Chen, M. j.; Liu, Y. T.; Lin, C. W.; Ponnusamy, V. K.; Jen, J. F. *Anal. Chim. Acta* **2013**, *767*, 81.
- Cabaleiro, N.; de la Calle, I.; Bendicho, C.; Lavilla, I. *Anal. Methods*, **2013**, *5*, 323.

■ 참고문헌 ■

1 Apweiler, R. et al. *Clin. Chem. Lab. Med.* **2009**, *47*, 724.

2 Dasgupta, A. *Handbook of Drug Monitoring Methods : Therapeutics and Drug of Abuse*, Humana Press Inc, Totowa, New Jersey, **2008**, Ch 18.

3 Pawliszyn, J. *Comprehensive Sampling and Sample Preparation*, Elsevier, **2012**.

4 Pawliszyn, J.; Lord, H.L. *Handbook of Sample Preparation*, John Wiley & Sons, **2010**.

5 Uddin, M. N.; Samanidou, V. F.; Papadoyannis, I. N. *J. Chromatogr. Sci.* **2013**, *51*, 587.

6 Hansen, S.; Pedersen-Bjergaard, S.; Rasmussen, K., *Introduction to Pharmaceutical Chemical Analysis*, **2012**, Ch 18.

7 Dehon, B.; Humbert, L.; Devisme, L.; Stievenart, M.; Mathieu, D.; Houdret, N. J. *Anal. Toxicol.* **2000**, *24*, 22.

8 Menkes, D. B.; Howard, R. C.; Spears, G. F. S.; Cairns, E. R. *Psychopharmacology*, **1991**, *103*, 277.

9 Kintz, P. *Forensic Sci. Int.*, **2004**, *142*, 127.

10 Strano-Rossi, S.; Bermejo-Barrera, A.; Chiarotti, M. *Forensic Sci. Int.* **1995**, *70*, 211.

11 Rollins, D. E.; Wilkins, D. G.; Kreuger, G. G.; Augsburger, M. P.; Mizuno, A.; O'Neal, C. *J. Anal. Toxicol.* **2003**, *27*, 545.

12 Srogi, K. *Microchim Acta* **2006**, *154*, 191.

13 Society of Hair Testing, *Forensic Sci. Int.* **2004**, *145*, 83.

14 Mastovska, K.; Worsfold, P.; Townshend, A.; Poole, C. *Encyclopedia of Analytical Science*, 2nd ed., Elsevier, **2005**.

15 Gilbert-Lopez, B.; Garcia-Reyes, J. F.; Molina-Diaz, A. *Talanta*, **2009**, *79*, 109.

16 Pawliszyn, J. *Comprehensive Analytical Chemistry : Sampling and Sample Preparation for Field and Laboratory*, Elsevier, **2000**, Ch 25.

17 Tadeo, J. L *Analysis of Pesticides in Food and Environmental Samples*, CRC Press, **2008**, Ch 2.

18 Joslyn, M. A. *Methods in Food Analysis*, 2nd Edn. Academic Press, New York, **1970**, Ch 2.

19 Sørensen, H.; Sørensen, S.; Bjergegaard, C.; Michaelsen, S. *Charomatography and Capillary Electrophoresis in Food Analysis*, Royal Society of Chemistry, Cambridge, UK, **1999**.

20 Anastassiades, M.; Lehotay, S. J.; Stajnbaher, D.; Schenck, F. J. *J. AOAC Int.* **2003**, *86*, 412.

21 Lehotay, S. J.; Mastovska, K.; Lightfield, A. R. *J. AOAC Int.* **2005**, *88*, 615.

22 Rossi, D. T.; Wiright, D.S. *J. Pharm. Biomed. Anal.* **1997**, *15*, 495.

23 Martins, J. G.; Chavez, A. A.; Waliszewski, S. M.; Cruz, A. C.; Fabila, M. M. G. *Chemosphere* **2013**, *92*, 233.

24 Zwir-Ferenc, A. Z.; Biziuk, M. *Crit. Rev. Anal. Chem.* **2004**, *34*, 95.

25 Chung, S. W. C.; Chen, B. L. S. *J. Chromatogr. A* **2011**, *1218*, 5555.

26 Wang, J.; MacNeil, J. D.; Kay, J. F. *Chemical Analysis of Antibiotic Residues in Food*, John Wiley & Sons, **2012**, Ch 4.

27 국립환경과학원, 환경시험·검사 QA/QC 핸드북, 제2판, 2011.

28 Moreno-Bondi, M. C.; Marazuela, M. D.; Herranz S.; Rodriguez, E. *Anal. Bioanal. Chem.* **2009**, *395*, 921.

29 Cabaleiro, N.; de la Calle, I.; Bendicho, C.; Lavilla, I. *Anal. Methods*, **2013**, *5*, 323.

30 Xia, X. R.; Monteiro-Riviere, N. A.; Riviere, J. E. *J. Chromatogr. A*, **2006**, *1129*, 216.

31 Salvador, A.; Chisvert, A. *Analysis of Cosmetic Products*, Elsevier, Netherlands, **2007**.

32 Pawliszyn, J. *Comprehensive Analytical Chemistry: Sampling and Sample Preparation for Field and Laboratory*, Elsevier, **2002**, Ch 23.

제 12 장

방법의 유효화

12.1 방법의 유효화란?

수많은 분석 방법이 전 세계의 수천 개의 실험실에서 매일 만들어지고 있으며, 이 분석 방법들은 상품의 수·출입, 건강, 식수의 점검, 식품의 안정성 검사, 범죄 수사 등 다양한 목적을 가지고 있다. 이 측정 결과들은 소비자의 불만을 일으킬 수도 있으며, 제조업체의 경우 결과에 따라서는 벌금을 받거나 판매가 금지되는 경우도 있고, 금지된 약물일 경우 법의 처벌을 받는 등 매우 심각한 결과들을 가져오기 때문에 정확하고 신뢰할 수 있는 측정 결과를 내는 것이 중요하다.

이와 같이 실험실과 실험자들은 실험 결과에 대한 이의제기가 발생되었을 경우에 데이터가 올바르다는 것, 즉 "목적에 적합함"을 증명해야 할 책임을 가지고 있다.

방법의 유효화(method validation)는 분석의 요구사항을 규정하고, 시험 방법이 그 응용에서 요구하는 것을 만족시킬 수 있는 수행 능력을 가지고 있는지를 확인하는 과정이다.

방법의 유효화는 분석 방법이 기초하고 있는 어떤 가정을 시험하고 확립하는 한 세트의 시험들을 이용하는 것이며, 분석 방법이 분석 목적에 적합한지를 보여주는 시험 방법의 수행 특성을 문서화하는 것이다. 전형적인 분석 방법의 수행 특성, 즉 유효화의 요소로 선택성(selectivity), 특이성(specipicity), 검정 곡선(calibration curves), 정확도(accuracy), 정밀도(precision), 회수율(recovery), 작업 구간(working range), 정량 한계(limit of quantitation), 검출 한계(limit of detection), 감도(sensitivity), 둔감도(ruggedness) 등이 있으며, 여기에 측정 불확정도(measurement uncertainty)가 추가되기도 한다.

방법의 유효화는 품질 관리(quality control, QC) 또는 숙련도 시험(proficiency test)과는 구분되는 것으로, 품질 관리는 시험 방법이 시간에 걸쳐서 어떻게 수행되고 있는가를 나타내는 반면에 방법의 유효화는 앞으로 수행할 시험 방법이 제공하는 성능이 어떤 것인가를 말해 주는 것으로, 방법의 유효화는 한 번만 수행될 수도 있으며 시험 방법의 수명 기간 동안에 수행된다. 방법의 유효화를 위한 일반적인 절차도는 그림 12.1과 같다.[1]

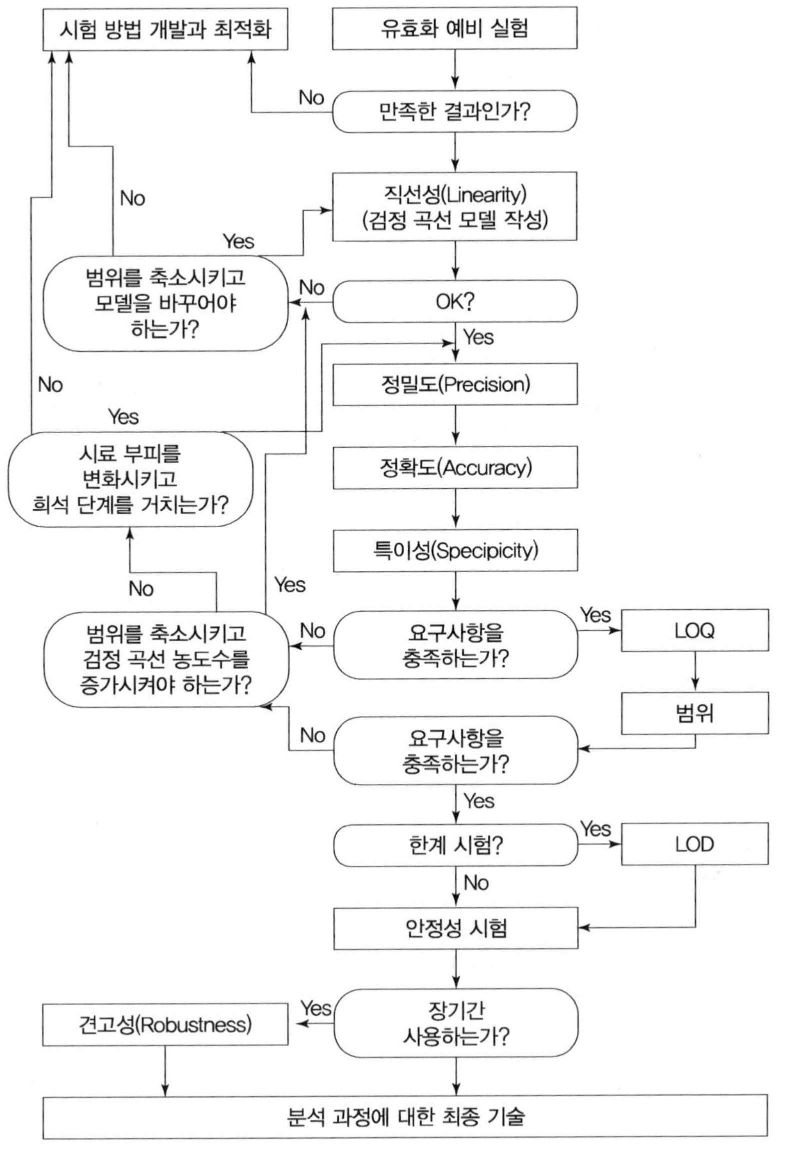

[그림 12.1] 방법의 유효화를 위한 일반적인 절차도

모든 화학 분석 영역에서 국가나 국제 규제에 대응하기 위해서는 신뢰성 있는 분석 방법이 필요하다. 이때 실험실은 적절한 측정 방법을 통해서 양질의 데이터를 제공하고 있다는 것을 확신시켜 줄 수 있어야 하며, 국가나 국제적으로 인정받아야 하는데 이를 위해서는 1) 유효화된 분석 방법을 사용하고 있으며(방법의 유효화), 2) 내부적인 품질 관리 절차를 사용하고 있으며, 3) 정기적인 숙련도 시험에 참여하고 있으며, 4) 국제표준(ISO/IEC 17025)에서 인정받고 있

다는 내용들이 포함되어야 한다.

따라서 방법의 유효화는 실험실이 신뢰성 있는 분석 데이터를 생성하는 데 이행해야 할 측정에서의 기본 요소이다.

12.2 방법의 유효화를 언제 수행해야 하는가?

새롭게 시험 방법을 개발하거나 시험 방법을 새로운 영역으로 확장시키거나 개선시킨 경우, 확립된 시험 방법이 시간이 오래된 경우, 확립된 시험 방법을 다른 실험실이나 다른 시험자가 사용하고 다른 기기에서 사용된 경우, 그리고 두 가지 시험 방법 간의 동등성을 입증해 보이는 경우 등에서 시험 방법의 수행 파라미터가 특정한 분석에 적합한 것인지를 확인, 즉 방법의 유효화가 필요하다.

유효화 또는 재유효화의 정도는 시험 방법이 사용되고자 하는 환경, 기기 작동자, 기기의 종류, 실험실 등에 의해 차이가 있으며, 법규(예 약품 허가를 요청할 때는 허가 기관의 요구 사항)의 요구사항에 따라 달라진다. 또한 실험실에서 새로운 방법, 변형된 방법, 익숙하지 않은 방법에 대한 유효화를 실행해야 할 정도와 범위는 시험 방법의 현재 상태, 실험실의 능력의 정도에 따라 달라질 수 있다.

인체 또는 동물용 신약의 약동력학(PK) 평가와 임상 약학, 생체 이용률, 생체 동등성 실험에 관한 가이드라인을 제공하는 미국의 FDA 등에서는 다음과 같은 방법의 유효화 정도를 제시하고 있다.[2]

전체 유효화(Full validation)는 1) 처음으로 분석 방법을 개발하여 이행하는 경우, 2) 신약인 경우, 3) 대사체가 정량 분석에 추가된 경우에 실시하며, **부분 유효화(Partial validation)**는 1) 실험실 간 또는 시험자 간의 분석 방법 이동이 있는 경우, 2) 분석 방법의 변화가 있는 경우(예 검출 시스템 변화), 3) 종 내에서 매트릭스의 변화가 있는 경우(예 rat의 혈청에서 mouse의 혈청으로 바뀐 경우), 4) 농도 범위가 바뀐 경우, 5) 기기 또는 소프트웨어 플랫폼이 바뀐 경우, 6) 시료의 양이 부족한 경우, 7) 부수적인 의약품이 존재할 때 분석 물질의 선택성을 보여 줄 경우, 8) 특별한 대사체가 존재할 때 분석 물질의 선택성을 보여 줄 경우에 실시한다.

또한 일반적인 시험 방법에 대해서 명시하고 있는 Eurachem Guide[3]에서는 다음과 같이 권장하고 있다.

전체 유효화된 방법을 사용하는 경우: 시험 방법은 시험소 간 숙련도 시험에서 사용되어 왔으므로, 실험실은 방법의 수행 특성을 이룰 수 있는지를 확인해야 한다. 정밀도와 편향 시험(매트릭스 변화 포함), 직선성, 둔감도 시험을 수행해야 한다. 즉 전체 유효화는 시험소 간 비교 시험이 수행되어야 한다.[4]

- 전체 유효화된 시험 방법을 사용하고 있지만, 새로운 매트릭스를 사용해야 하는 경우: 시험 방법은 시험소 간 숙련도 시험에서 사용되어 왔으므로, 실험실은 새로운 매트릭스가 새로운 오차의 원인이 없이 이 시스템에 도입될 수 있다는 것을 증명해야 한다. 따라서 전체 유효화와 동일한 범위의 유효화가 필요하다.
- 잘 확립되었지만 시험소 간 비교 숙련도 시험이 되지 않은 방법을 사용하고 있는 경우: 전체 유효화와 동일한 범위의 유효화가 필요하다.
- 분석학적 특성화가 되어 있는 과학논문에 발표된 방법: 정밀도 시험, 매트릭스 변화를 포함한 편향(bias) 시험, 둔감도 및 선형 시험을 수행해야 한다.
- 특성화가 되어 있지 않은 과학논문에 발표된 방법 또는 실험실 내에서 개발된 방법: 정밀도 시험, 매트릭스 변화를 포함한 편향 시험, 둔감도 및 선형시험을 수행해야 한다.
- 분석이 "임시(ad hoc)"인 경우: "임시" 분석은 큰 경비 지출이 없이 위험성이 낮은 상태로 일반적인 값의 범위를 설정하는 데 필요하다. 이 경우는 회수율, 정밀도 등이 필요하다.
- 시험원과 장비가 바뀌는 경우: 주요 장비의 변화, 매우 다양한 시약들의 새로운 batch(예 polyclonal antibody), 실험실 장소 변화, 새로운 시험원이 처음으로 사용하는 방법, 오랫동안 사용하지 않다가 사용될 유효화된 방법 등에서는 유해한 변화가 일어나지 않는다는 것을 보여 주는 것이 기본이다. 시험 물질이나 제어(control) 물질을 사용하여 "전·후" 실험 결과를 보여 준다.

12.3 방법의 유효화 보고서

방법의 유효화 시험을 마친 후 유효화 보고서에 포함하여야 하는 항목은 다

음과 같다: 시험 방법의 목적 및 범위 응용, 방법의 요약, 화합물 및 매트릭스의 형태, 모든 화학 물질과 시약 및 기준 표준 물질에 대한 순도, 등급, 출처 또는 조제 방법, 사용된 표준 물질과 화학 물질의 품질 점검 절차, 안전 점검, 일반 반복 분석에 시험 방법을 적용하기 위한 계획 및 절차, 시험 방법의 파라미터, 견고성 시험으로부터 얻은 변하기 쉬운 파라미터, 장비 리스트 및 성능 요구 조건, 실험이 어떻게 수행되었는지에 대한 자세한 실험 조건, 통계적인 절차 및 대표적인 계산의 예, 반복적인 분석에서 QC를 수행하는 절차(예 시스템 적합 시험), 대표적인 도시(예 크로마토그램, 스펙트럼, 검정 곡선 등), 시험 방법의 허용 한계, 측정 결과의 불확정도, 재유효성 검증의 기준, 시험 방법을 개발하고 유효화를 수행한 시험원 이름, 참고문헌, 요약 및 결론, 시험 방법을 검토하고 승인한 자의 이름, 직위, 날짜, 서명

12.4 방법의 유효화 요소

12.4.1 선택성/특이성

분석 물질로부터 분리할 수 없는 방해 물질이 존재하거나 시험자가 깨닫지 못한 방해 물질이 존재하면, 이 방해 물질은 수많은 영향을 미칠 수 있게 된다. 이 방해 물질들은 분석 물질의 신호에 양(+)으로 기여하여 분석 물질의 농도를 증가시킬 수도 있으며, 음(-)으로 기여하여 분석 물질의 농도를 감소시켜서 검정 곡선의 기울기와 직선성에 영향을 미칠 수 있으므로 결과적으로는 정량 분석에 영향을 미치게 될 수도 있다. 따라서 시험 방법이 방해 물질 존재하에서 정확하게 분석 물질을 정량할 수 있는 정도를 **선택성**(selectivity)이라고 한다.

선택성은 특정 방해 물질이 들어 있는 시료에서 분석 물질을 측정하는 능력을 시험함으로써 조사된다. 방해 물질이 이미 존재하는지의 여부가 명확하지 않은 경우에는 다른 독립적인 시험 방법과 비교하여 분석 물질을 측정할 수 있는 능력을 시험함으로써 조사될 수 있으며, 분석 물질의 정량 한계(LOQ) 농도의 20% 이하 감응을 나타내면 방해 성분이 없다고 받아들인다.

일반적인 정량 방법에서 다음과 같은 방법을 통해서 선택성을 나타낼 수 있다.

시험 방법의 매트릭스와 가장 유사한 최소한 6개의 다른 출처의 바탕 시료를 분석하고, 동일한 매트릭스에 표준품을 소량 첨가(영문으로는 spiking 또는

fortification이라고 함)하여 바탕 시료의 결과와 비교함으로써 선택성 시험을 수행하는데, 소량 첨가 농도는 정량 한계 농도이면 더욱 좋다. 생물학적 매트릭스 내에서 잠재적인 방해 물질은 내인성 매트릭스 성분, 대사체, 분해 산물, 치료약물, 외인성 이물들이 포함될 수 있다. 한 가지 이상의 분석 물질을 정량하고자 하는 분석 방법에서는 각각의 분석 물질에 대해서 방해 물질이 없음을 확인해야 한다. 따라서 크로마토그래피에서는 분석 물질의 피크가 다른 성분에 의해서 기여되지 않음을 보여 주는 피크의 동질성 시험 또는 피크가 순수하다는 시험(예 diode array, 질량 분석기의 스펙트럼)에 의해 가능하다.

예시 선택성

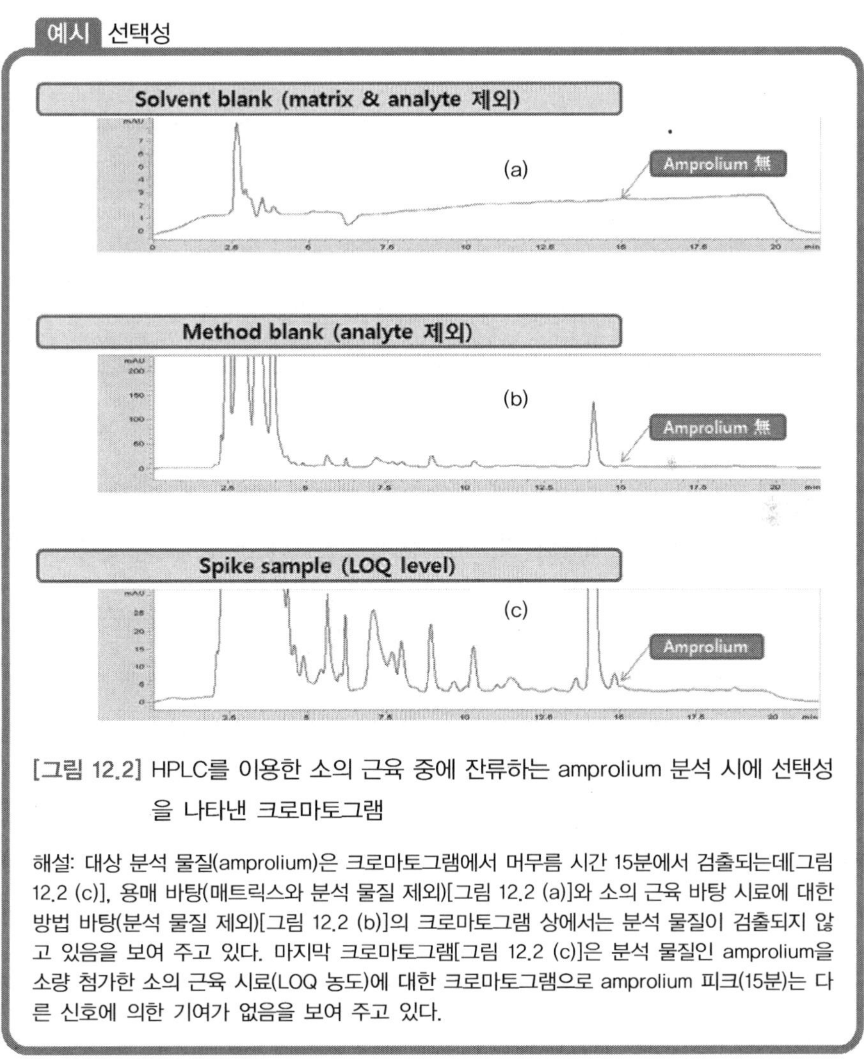

[그림 12.2] HPLC를 이용한 소의 근육 중에 잔류하는 amprolium 분석 시에 선택성을 나타낸 크로마토그램

해설: 대상 분석 물질(amprolium)은 크로마토그램에서 머무름 시간 15분에서 검출되는데[그림 12.2 (c)], 용매 바탕(매트릭스와 분석 물질 제외)[그림 12.2 (a)]와 소의 근육 바탕 시료에 대한 방법 바탕(분석 물질 제외)[그림 12.2 (b)]의 크로마토그램 상에서는 분석 물질이 검출되지 않고 있음을 보여 주고 있다. 마지막 크로마토그램[그림 12.2 (c)]은 분석 물질인 amprolium을 소량 첨가한 소의 근육 시료(LOQ 농도)에 대한 크로마토그램으로 amprolium 피크(15분)는 다른 신호에 의한 기여가 없음을 보여 주고 있다.

선택성(selectivity)은 서로 간에 구분이 될 수도 있고 안 될 수도 있는 수많은 화학 물질에 대한 상대적인 감응에 대한 것이며, 반면에 **특이성(specificity)**은 단일 분석 물질에 대한 감응도를 나타내는 것이다. 일반적인 특이성의 수행 방법은 분석 물질이 함유되어 있지 않은 시료의 음성 결과와 분석 물질이 함유되어 있는 시료의 양성 결과를 비교하여 확인한다. 추가적으로, 분석 물질과 구조적으로 유사한 물질을 분석하여 양성 감응이 나타나지 않는다는 것을 확인시켜줄 수 있다.

정성 분석은 물론이고 정량 분석에서도 선택성 평가가 반드시 수행되어야 하는데, 최근의 분석 방법 중에는 기기의 성능이 우수하다고 해서 시료의 정제가 충분히 이루어지지 않거나, 1,000배 이상의 농축이 이루어지는 경우가 있는데 이는 매트릭스에 의한 방해를 무시할 수 없기 때문에 동정 확인(identification)을 통한 선택성이 평가되어야 한다. 동정이 수행될 때는 반드시 표준 물질과 시료의 최종 재용해(reconstitution 또는 make-up) 용매를 동일하게 할 필요가 있다.

어떤 분석법이 특정 분석 대상 물질에 대해서 특이적이고 완벽한 식별성을 가진 방법임을 입증하는 것이 항상 가능한 것은 아니기 때문에 이러한 경우에는 2개 이상의 분석법을 조합하여 식별이 가능하다.

크로마토그래피(HPLC, GC, CE 등)에서는 표준 물질과의 머무름 시간을 일치시킴으로써 동정이 이루어지는 것이 일반적인데, 유기 화합물이 200만 종류 이상이 존재하며 그들이 짧은 머무름 시간(보통은 1시간 이내)에 존재한다고 하였을 때, 머무름 시간이 동일한 물질은 수없이 많을 것이다. 따라서 머무름 시간만으로 동일한 물질이라고 단정하기는 어려우므로 크로마토그래피에 분광학기기[예 질량 분석기(MS), 적외선 분광기(IR) 등]를 연결시켜 실제 시료에 존재하는 분석 물질로부터 생성된 스펙트럼과 표준 물질의 스펙트럼을 비교하여 일치도를 확인하면 더욱 신뢰할 수 있는 결과를 얻을 수 있다.

동정 확인을 위해서 일반적으로 사용되는 방법 중 하나는 질량 분석법(mass spectrometry)인데, 이 또한 동일한 물질을 2~3일의 시간차를 두고 분석하면 스펙트럼이 조금은 다른 결과를 나타낸다. 더욱이 바탕 매트릭스에 포함된 이물질들이 분석 물질의 스펙트럼에 기여하게 되거나, 기기의 파라미터에 의한 스펙트럼의 변화 등이 있을 수 있으므로 반드시 정량 분석에 앞서서 이에 대한 확인이 선행되어야 한다.

국제식품규격위원회(CODEX)에서 추천하고 있는 질량 분석법에서의 확인 시험을 위한 허용 기준은 다음과 같다. 질량 분석법에서는 선택성 확인을 위한 기준으로는 최소 4점이 필요하다. 고분해능 질량 분석기(HRMS)에 기초한 방법에서는 저분해능 질량 분석기(LRMS) 기법보다 더 정밀한 측정을 통해서 더 신뢰성이 높다고 생각한다. 여러 질량 분석법을 사용할 때 질량 스펙트럼의 상대 이온 세기에 대한 허용 기준은 표 12.1과 같다.[5]

[표 12.1] 질량 분석법에서 상대 이온 세기에 대한 허용 기준

상대 이온 세기 (기준 피크에 대한 %)	GC-MS(EI) (상대적인 값)	GC-MS(CI), GC-MS/MS, LC-MS, LC-MS/MS (상대적인 값)
>50%	≤10%	≤20%
20%~50%	≤15%	≤25%
10%~20%	≤20%	≤30%

표 12.1의 허용 기준을 만족하는 경우에 저분해능 질량 분석기를 사용하여 검출된 구조적으로 중요한 조각 이온(fragment ion) 각자에게는 1점을 부여한다. 삼중 사중극자(triple quadrupole) 질량 분석기와 같은 저분해능 직렬(tandem) 질량 분석기가 사용될 때는 질량 분석기의 첫 번째 단계에서 분리된 1차 선구 이온(precursor ion)으로부터 검출되는 2차 생성 이온(product ion)이 있는데, 이 생성 이온은 더 큰 신뢰를 주기 때문에 1.5점을 부여한다. 따라서 선구 이온 한 개와 두 개의 생성 이온을 조합하면 4점이 획득되어 저분해능 MS/MS 기기가 확인 시험 방법에 사용될 때 필요한 점수가 된다. 고분해능 질량 분석기(HRMS)가 사용될 경우에, 단일 고분해능 질량 분석기에 대해서 각 조각 이온들에게는 2점이 부여되고, MS/MS에서 생성된 생성 이온에게는 2.5점이 부여된다.

한편, WADA(세계반도핑기구)[6]에서도 크로마토그래피와 질량 분석기에서의 허용 기준을 설정하고 있는데, 기체 크로마토그래프(GC)에서는 머무름 시간의 허용 오차는 머무름 시간의 1% 또는 ±0.2분, 액체 크로마토그래프(HPLC)에서는 머무름 시간의 2% 또는 ±0.4분을 허용하고 있으며, 이 또한 바탕 시료에 표준 물질을 소량 첨가하여 시료 전처리를 거친 후 분석한 결과와 실제 시료를 시료 전처리한 후 분석한 결과에 대한 것이다.

예시 특이성 1

크로마토그래피에서 한 피크의 동정은 대상 분석 물질을 포함하고 있는 기준 물질이 크로마토그램 상의 동일한 위치에서 신호(피크)를 나타낸다는 것을 기초하여 이루어진다. 그러나 이 신호는 분석 물질에 의한 것일 수도 있고 우연히 공용리(co-elution)되는 물질에 의한 것일 수도 있다. 이러한 방법에 의한 물질의 확인은 신뢰성이 부족하므로 다른 보조 증거가 필요하다. 예를 들면, 극성이 다른 컬럼을 사용했을 때도 분석 물질에 의한 신호와 기준 물질(reference material)에 의한 신호가 동일한 위치에서 나타나는지를 확인하는 것이다. 검출기로 질량 분석기가 있다면 분석 물질을 규명하는 데 더 도움이 된다.

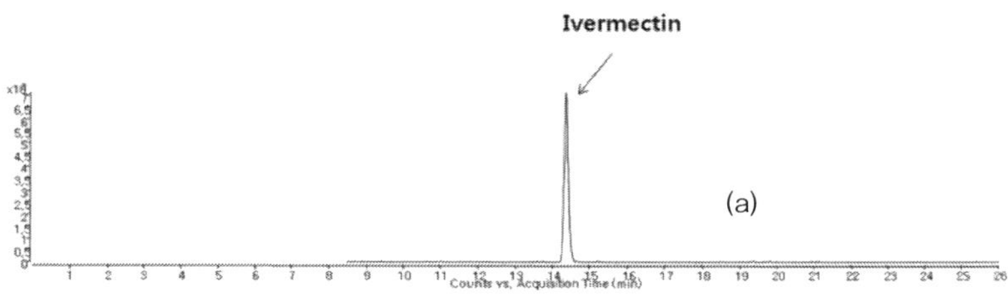

- Full scan spectrum

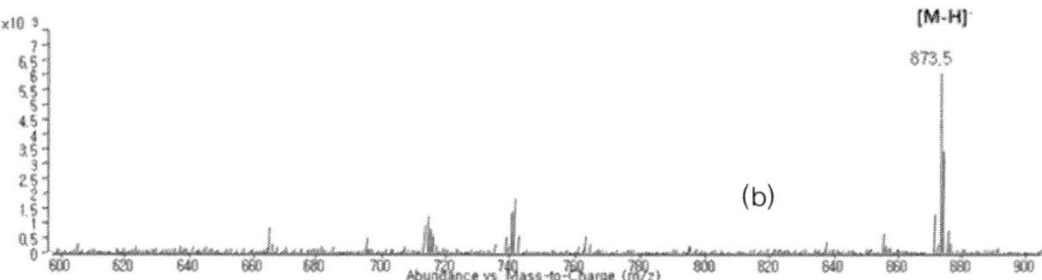

- Product ion spectrum

[그림 12.3] LC/MS/MS를 사용하여 Ivermectin을 분석하는 시험에서 특이성을 나타낸 크로마토그램과 질량 스펙트럼

해설: 크로마토그램[그림 12.3 (a)]에서 분석 물질(Ivermectin) 표준품으로 머무름 시간이 일치함을 확인하고, 추가적으로 질량 분석기를 통하여 유사 분자 이온$[M-H]^-$이 나타남을 통해서 분자량을 확인[그림 12.3 (b)]하고 아울러 텐뎀 질량 분석을 실시하여 선구 이온인 $[M-H]^-$에 대한 생성 이온 스펙트럼을 얻어서[그림 12.3 (c)] 동정 확인을 실시한 것이다.

예시 특이성 2

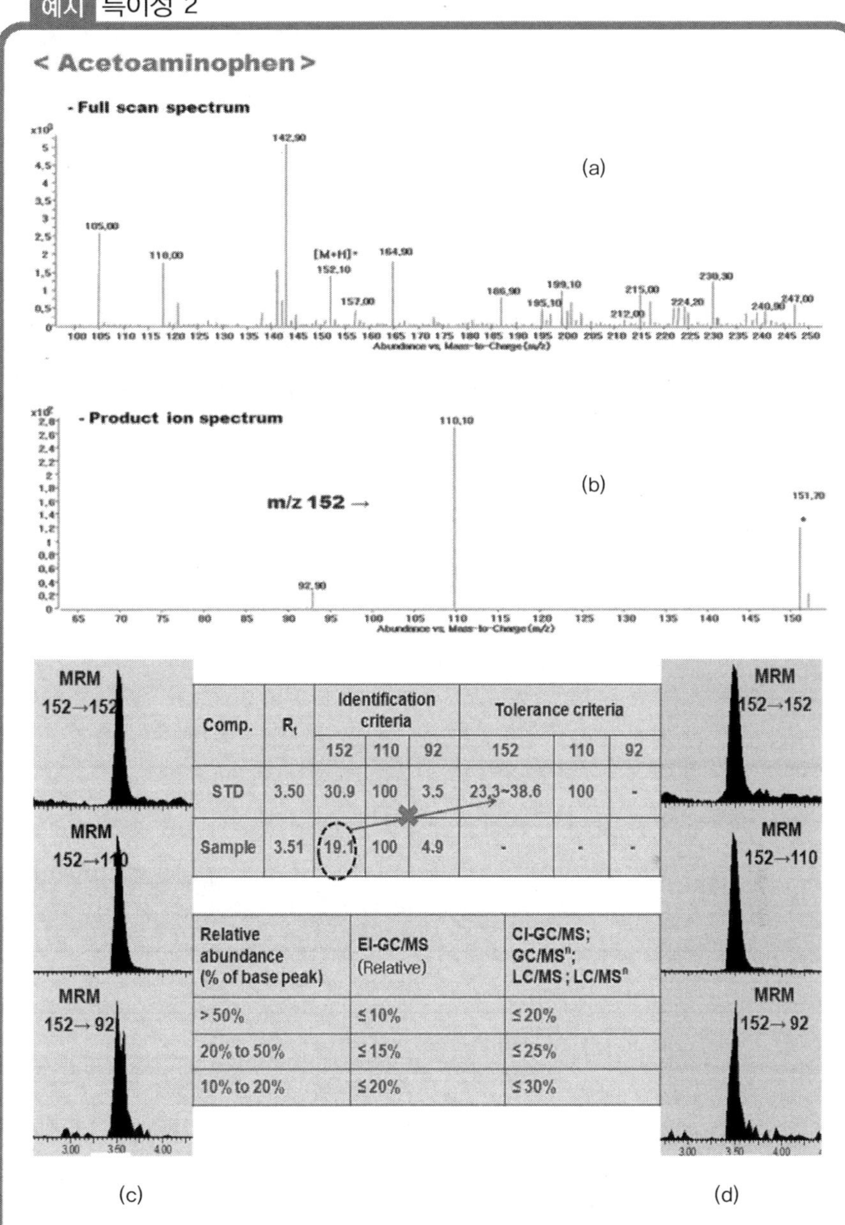

Comp.	R_t	Identification criteria			Tolerance criteria		
		152	110	92	152	110	92
STD	3.50	30.9	100	3.5	23.3~38.6	100	-
Sample	3.51	19.1	100	4.9	-	-	-

Relative abundance (% of base peak)	EI-GC/MS (Relative)	CI-GC/MS; GC/MS^n; LC/MS ; LC/MS^n
> 50%	≤10%	≤20%
20% to 50%	≤15%	≤25%
10% to 20%	≤20%	≤30%

[그림 12.4] LC/MS/MS를 사용한 acetaminophen의 분석에서 특이성 시험

그림 12.4에서 acetaminophen 표준 물질에 대한 full scan spectrum은 그림 12.3 (a)에 나타낸 스펙트럼이며, 생성 이온 스펙트럼(선구 이온은 m/z 152)의 결과는 그림 12.3 (b)에 나타낸 스펙트럼이다. CODEX 가이드라인에 의하면 바탕 시료에 첨가시켜서 분석한 표준물의 m/z 110은 상대 크기가 100%인데 시료에서도 100%이므로 이는 만족하고(1점), acetoaminophen 표준물 분석의 텐뎀 질량 스펙트럼 중 두 번째로 큰 m/z 152는 상대 크기가 30.9%로서 20%에서 50% 사이이므로 LC/MS/MS에서는 ±25%를 만족시키면 되므로 실제 시료에서 허용 범위는

23.3~38.6%에 포함되어야 한다. 하지만 시료 분석 결과 m/z 152 이온의 크기는 19.1%이므로 허용 범위에서 벗어났기 때문에 1.5점을 얻지 못하게 된다. 따라서 실제 시료에서 머무름 시간이 동일한 위치에서 질량 스펙트럼이 동일한 물질이 검출되었다 할지라도 이는 정성 확인을 위한 기준에 미치지 못하였기 때문에 검출되지 않은 것으로 판단한다.

12.4.2 검출 한계

정량 분석을 실시함에 있어서 낮은 농도에서 분석이 이루어질 때 신뢰성 있게 분석 물질을 측정할 수 있는 최저 농도는 얼마인가를 아는 것이 중요한데, 영(zero)으로부터 분명하게 구분될 수 있는 시료 중에 존재하는 분석 물질의 농도 또는 최소량을 **검출 한계**(Limit of Detection, LOD)라고 한다. 실험자에 따라서는 종종 표준 용액을 기기에서 분석한 후 이를 검출 한계(LOD)로 표시하는 경우가 있는데, 이는 "기기의 검출 한계"이며 검출 한계(LOD)와는 다른 의미이다.

ISO에서는[7] "최소 검출 순농도(minimum detectable net concentration)", IUPAC에서는 "최소 검출값(minimum detectable (true) value)"이라는 용어를 사용하고 있으며, 검출 한계를 측정하는 방법은 여러 가지가 있다:[8]

1) 시각으로 인식할 정도에 기초하여 아는 양의 분석 물질이 들어 있는 시료를 분석한 것과 검출된 물질이 분석 물질이라 생각되는 최저 농도의 분석 결과를 비교함으로써 설정한다.
2) 분석 물질이라고 신뢰할 만한 최저 농도의 신호와 바탕 시료의 신호를 비교(S/N)함으로써 S/N가 3 : 1 또는 2 : 1인 농도를 검출 한계로 설정한다.
3) 감응의 표준 편차와 기울기에 기초하여 LOD= $\frac{3\sigma}{S}$ (σ: 감응의 표준 편차, S: 검정 곡선의 기울기)로 정한다.

일반적으로는 2)번과 3)번을 검출 한계로 많이 사용하고 있으나 최근에는 3)번을 더 선호하고 있다.

한 가지 유의해야 할 사항으로는 검출 한계는 시료 전처리(추출, 정제, 농축 또는 희석 등)를 마친 후 분석 장비로 최종적으로 분석할 때 용액의 농도가 아니라, 원시료에서의 농도로 표시해야 하며, 계산에 의해 예측한 검출 한계에 해당하는 인증 기준 물질(CRM)을 분석하거나, 해당하는 농도를 바탕 시료에 소량 첨가하여 분석 물질의 신호가 바탕 잡음과 구분이 명확히 됨을 확인해야 한다.

감응의 표준 편차와 기울기에 기초한 검출 한계(LOD)($=\frac{3\sigma}{S}$) 측정 방법은 다음과 같다: 1) 해당하는 시험 방법에 대한 경험으로부터 검출 한계를 추정한 다음, 바탕 매트릭스에 추정 검출 한계에 해당하는 농도로 분석 물질을 소량 첨가한 후(시료 7개)에 확립된 분석 방법에 따라 분석하여 7개 측정 결과에 대한 표준편차(σ)를 계산한다, 2) 분석 물질에 대한 검정 곡선(이 검정 곡선은 보통 완전한 검정 곡선이 아닌 두 개 또는 세 개 농도에 대한 검정 곡선이면 충분하다)의 기울기(S)를 얻는다, 3) 위에서 얻은 표준 편차와 기울기를 $\text{LOD}=\frac{3\sigma}{S}$에 대입하여 검출 한계를 구한다, 4) 계산된 이론적인 검출 한계에 해당하는 농도를 바탕 시료에 소량 첨가하여 분석한 후 측정된 신호가 바탕과 뚜렷하게 구분이 됨을 나타내 준다.

종종, 검출 한계를 $\text{LOD}=3.143\sigma$로 정의하여 계산하는 경우가 있는데, 이는 크로마토그래피 피크 면적의 원자료(raw data)를 사용하지 않고 검정 곡선 직선식에 해당 면적을 대입하여 농도를 구한 다음, 이에 대한 표준 편차를 이용하여 계산한 것이다. 크로마토그래피 피크의 면적으로부터 계산된 표준 편차를 사용하는 $\text{LOD}=\frac{3\sigma}{S}$와 크로마토그래피 피크의 면적으로부터 농도를 구한 다음, 이 농도에 대한 표준 편차로부터 구한 $\text{LOD}=3.143\sigma$는 값에 있어서 약간의 차이는 있으나 계산한 LOD 값에 해당하는 농도를 바탕 시료에 소량 첨가하여 확인해야 하는 절차가 필요하기 때문에 큰 문제는 없다.

예시 검출 한계(LOD)

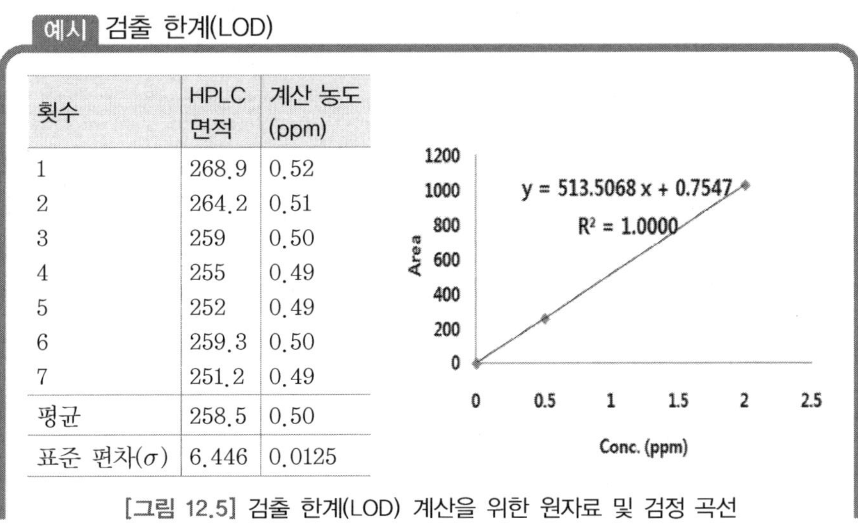

횟수	HPLC 면적	계산 농도 (ppm)
1	268.9	0.52
2	264.2	0.51
3	259	0.50
4	255	0.49
5	252	0.49
6	259.3	0.50
7	251.2	0.49
평균	258.5	0.50
표준 편차(σ)	6.446	0.0125

[그림 12.5] 검출 한계(LOD) 계산을 위한 원자료 및 검정 곡선

해설: 검출 한계(LOD)로 예상한 시료 중에서 농도가 0.5 ppm인 시료 7개를 분석한 결과가 위의 표에 나타나 있으며 표준 편차(σ)는 6.4460이다. 오른쪽에는 0.5 ppm과 2.0 ppm이 되도록 바탕 시료에 소량 첨가한 시료를 전처리하여 분석한 후 검정 곡선을 그린 결과 직선식이 y=513.5068x+0.7547로 나타났다. 따라서 LOD=$\frac{3\sigma}{S}$ 에 대입하면 $\frac{3\times6.446}{513.5068}$=0.004 ppm으로 계산된다. 따라서 계산된 검출 한계는 0.04 ppm이다. 하지만 이것으로 끝나는 것이 아니고 반드시 이 농도에 해당하게 바탕 시료에 소량 첨가하여 분석한 결과가 바탕과 구분(보통은 S/N>2)됨을 크로마토그램으로 보여 주어야 한다.
한편 계산된 농도에 대한 표준 편차 값을 이용한 LOD=3.14σ로 계산하면 LOD=3.14×0.0125=0.039로 거의 동일한 검출 한계 값을 나타낸다.

12.4.3 정량 한계

정량 한계(Limit of Quantitation, LOQ)는 신뢰할 만한 정밀도와 정확도를 유지하면서 정량적으로 측정될 수 있는 시료 중에서 검출될 수 있는 분석 물질의 최소량이며, 시료 매트릭스에 있는 성분들의 최소 농도에 대한 정량적인 측정 파라미터이다. 계산된 이론적인 정량 한계에 해당하는 농도를 바탕 시료에 소량 첨가하여 분석한 후 평균 정확도는 20% 이내이며 정밀도는 CV(변동 계수) 값이 20% 이내를 유지하는지 확인되어야 한다. CODEX와 AOAC (Association of Official Analytical Chemists)에서 제시하는 신뢰할 만한 정확도와 정밀도의 범위는 표 12.2, 12.3과 같다.

[표 12.2] CODEX에서 제시하는 정량 분석에 적합한 수행 기준[5]

농도 (㎍/kg)	변동 계수(Coefficient of variability, CV)				정확도 (평균 % 회수율 범위)
	반복성 (실험실 내, CV_A) %	반복성 (실험실 내, CV_L) %	재현성 (실험실 간, CV_A) %	재현성 (실험실 간, CV_L) %	
≤1	35	36	53	54	50~120
1~10	30	32	45	46	60~120
10~100	20	22	32	34	70~120
100~1000	15	18	23	25	70~110
≥1000	10	14	16	19	70~110

여기서 CV_A는 추출 전에 소량 첨가한 바탕 매트릭스에 의해 측정된 변동 계수(CV)이며, CV_L은 시료 전처리 과정의 10% 추정 변이를 포함할 때의 변동 계수이다.

[표 12.3] AOAC에서 제시하는 농도별 정밀도[9]

분석 물질의 %	분석 물질의 비	분석 물질의 농도	정밀도(RSD%)
100	1	100%	1.3
10	10^{-1}	10%	2.8
1	10^{-2}	1%	2.7
0.1	10^{-3}	0.1%	3.7
0.01	10^{-4}	100 ppm	5.3
0.001	10^{-5}	10 ppm	7.3
0.0001	10^{-6}	1 ppm	11
0.00001	10^{-7}	100 ppb	15
0.000001	10^{-8}	10 ppb	21
0.0000001	10^{-9}	1 ppb	30

정량 한계(LOQ)를 정하는 방법은 LOD를 정할 때 사용했던 방법과 동일하며 $\text{LOD}=\dfrac{10\sigma}{S}$ 을 사용하여 추정 농도를 계산한다. 계산된 이론적인 정량 한계에 해당하는 농도를 바탕 시료에 소량 첨가하여 분석한 후 평균 정확도와 CV 값이 20% 이내를 유지하는지 확인한다. 이를 만족시키지 못할 경우에는 더 높은 농도에 대해서 시험을 반복한다.

예시 정량 한계(LOQ)

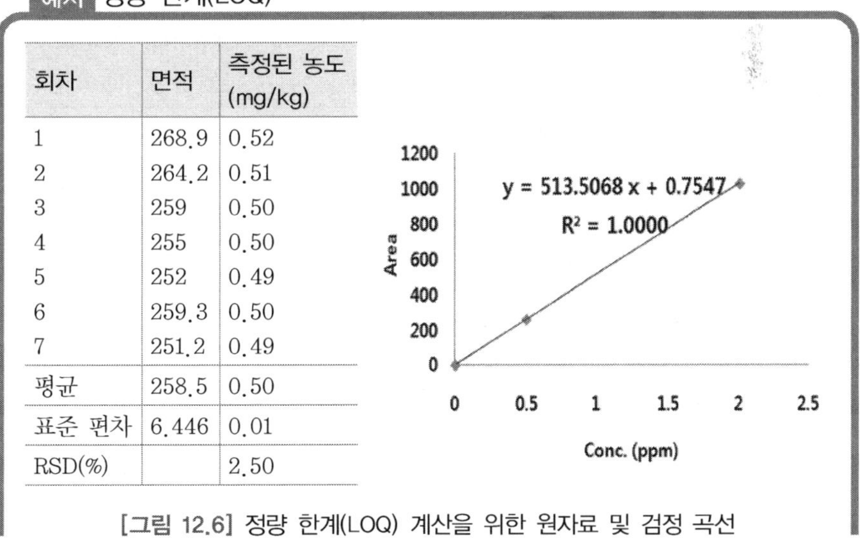

회차	면적	측정된 농도 (mg/kg)
1	268.9	0.52
2	264.2	0.51
3	259	0.50
4	255	0.50
5	252	0.49
6	259.3	0.50
7	251.2	0.49
평균	258.5	0.50
표준 편차	6.446	0.01
RSD(%)		2.50

[그림 12.6] 정량 한계(LOQ) 계산을 위한 원자료 및 검정 곡선

해설: 검출 한계로 예상되는 농도(0.5 mg/kg)의 시료 7개를 분석한 결과가 왼쪽의 표에 나타나 있으며, 측정된 평균 농도는 0.5 mg/kg, 표준 편차(σ)는 0.01, 상대 표준 편차(RSD)는 2.5%이다. 바탕 시료에 표준 물질의 농도가 0.5 ppm과 2.0 ppm가 되도록 소량 첨가한 시료를 전처리하여 분석한 후 검정 곡선을 그린 결과 직선식이 y=513.5068x+0.7547로 나타났다(그림의 오른쪽). 정량 한계(LOQ)$=\frac{10\sigma}{S}$에 대입하면, $\frac{10\times6.446}{513.5068}=0.13$ ppm으로 계산된다. 따라서 계산된 정량 한계는 0.13 mg/kg이다. 이는 정밀도(RSD)가 20% 이내이며, 정확도(bias(%)$=\frac{\text{측정된 농도}-\text{이론 농도}}{\text{이론 농도}}\times100=\frac{0.5-0.5}{0.5}\times100=0$)도 20% 이내이므로 정량 한계의 요건을 만족하므로 0.13 ppm을 이론적인 정량 한계(LOQ)로 설정한다. 이후 계산된 정량 한계 농도(0.13 ppm)에 해당하게 바탕 시료에 소량 첨가하여 분석한 결과도 크로마토그램으로 나타내 주는 것이 좋다.

12.4.4 검정 곡선

검정 곡선(calibration curve)은 분석 물질의 농도에 따른 분석 기기의 감응에 대한 관계이다. 정량 분석을 위해서는 시험 방법이 적용되는 **농도 구간(작업 구간, working range)**을 정할 필요가 있으며, 이 구간에 검정 곡선(농도 대 감응 신호)을 도시하고 이에 대한 선형 감응 구간(직선성)을 살펴보아야 한다(그림 12.6). 이는 시료 전처리(추출, 정제, 농축 또는 희석 등)를 거친 후 분석 장비에서 실제로 측정되는 용액에서의 농도 범위인데, 하지만 결과를 표시할 때는 반드시 원시료에서의 농도로 환산하여 표시한다.

검정 곡선에서 하한 농도는 정량 한계(LOQ) 또는 검출 한계(LOD) 값인데 LOQ 값으로 해주는 것이 더 신뢰성 있는 데이터를 제공할 것이다. 상한 농도는 기기의 감응에 의존하여 여러 가지 요소를 고려한 값이어야 하며, 정량에서 나타내는 측정값들은 하한 농도와 상한 농도 사이에 있는 값들만 유효하다. 일반적으로, 상한 농도는 하한 농도를 기준으로 10^2 정도로 해주는 것이 좋다. 선형 구간이 좋아도 너무 범위가 큰 것은 바람직하지 못하다.

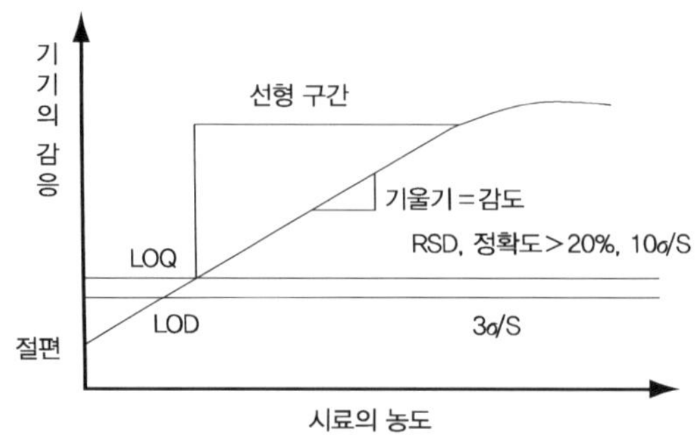

[그림 12.7] 검정 곡선 및 선형 구간

검정 곡선은 전체 정량 농도를 포함해야 하고 최소 5~8개의 농도로부터 계산되는 것이 바람직하며,[10] 각 농도당 2~6개 시료를 반복 분석하는 것이 일반적인 견해이다. x축은 농도 또는 절대량이며, y축은 기기의 감응 신호값(크로마토그래피에서는 피크의 면적 또는 높이)으로 절댓값 또는 내부 표준 물질(IS)을 사용하였을 경우에는 분석 물질/내부 표준 물질의 비(ratio)로 도시한다.

검정 곡선을 작성하기 위해서는 반드시 아는 양의 분석 물질을 바탕 매트릭스에 소량 첨가하여 검정 곡선을 얻는데, 여러 분석 물질을 동시에 분석할 경우에는 각각의 분석 물질에 대해 검정 곡선들이 얻어져야 한다. 바탕 시료(분석 물질과 IS(내부 표준 물질)가 없는 매트릭스 시료)와 제로(zero) 시료(IS가 포함된 매트릭스 시료)도 분석되어야 하는데 검정 곡선 파라미터를 계산에는 사용되지 않는다.

또한 검정 곡선은 측정하고자 하는 농도 범위에 고르게 분포하고 농도별 시료가 독립적으로 제조되어야 한다.

번거로움을 이유로 표준 용액으로 검정 곡선을 작성하는 경우가 종종 있는데, 바탕 시료에 표준 물질을 소량 첨가해서 시료 전처리 과정을 거친 후 검정 곡선을 작성한 결과(매트릭스 효과를 고려한 것)와 시료 전처리를 거치지 않고 표준 용액으로 직접 검정 곡선을 작성한 결과(매트릭스 효과를 고려하지 않는 것)의 정량한 결과치는 상당한 차이가 있을 수 있다. 즉 **매트릭스 효과**를 고려한 결과와 고려하지 않는 결과는 우선적으로 검정 곡선의 기울기에서 차이가 생기며, 추출 효율도 100%가 아닌 경우가 많기 때문에 이에 대한 오차도 발생하게 되어 크게 다른 결과를 나타내게 된다. 따라서 검정 곡선을 작성하기 위해서는 반드시 실제 시료와 매트릭스가 같거나 거의 유사한 바탕 시료에 표준 물질을 소량 첨가하여 실제 실험 방법과 동일한 시험법을 거친 후 작성해야 한다.

시험 방법에 검정 곡선에 대한 요구사항이 구체적으로 제시되어 있지 않은 경우의 검정 곡선 작성은 시료를 분석할 때마다 매번 수행되어야 하며, 부득이하게 한 개 시료군(batch)의 분석이 하루를 넘길 경우라도 가능한 한 이틀을 초과하지 않아야 하며, 3일 이상 초과하면 검정 곡선을 새로 작성한다.[11]

보고서에는 검정 곡선의 작성 결과에서 얻은 파라미터인 기울기와 절편값이 나타난 식을 제시하며, 검정 곡선으로부터 검정 곡선 표준물의 역계산된 농도값을 평균 정확도값으로 제시해야 한다. 역계산된 농도값은 이론치의 ±15% 이내(LOQ 농도에서는 ±20%)여야 하며, 검정 곡선 작성에 사용된 농도의 최소 75%는 이 기준을 만족시켜야 한다.

작업 구간(working range) 내에서는 선형 감응 구간이 존재한다. 선형 구간 내에서는 신호의 감응이 분석 물질의 농도와 선형 관계를 가진다. 정량 분석 결과는 항상 작업 구간 내에 해당하는 농도만을 산출해야 하며 하한 농도 이하 또는 상한 농도 이상의 농도를 외삽(extrapolation)해서는 안 된다. 구간을 벗어난 농도가 측정될 경우에는 상한 농도를 높여서 다시 검정 곡선을 작성해야 한다.

직선성의 평가는 보통 선형 회귀 계산으로 상관 계수(r^2)가 0.99 이상이면[12] 직선성이 있다고 보는데, 이것만으로는 충분하지 않다. 또한 검정 곡선의 절편 값은 0에서 많이 벗어나지 않아야 하며, 많이 벗어난 경우에는 이 값이 이 방법의 정확성에 영향을 미치지 않음을 보여 주어야 한다.[13]

예시 검정 곡선

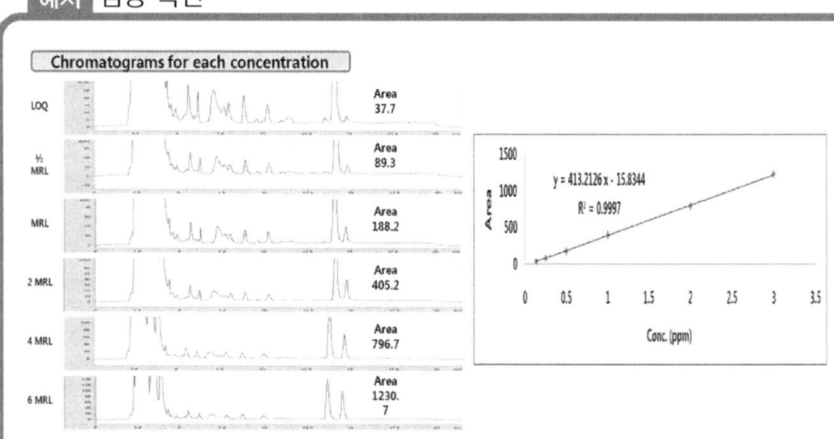

[그림 12.8] 검정 곡선 작성을 위한 크로마토그램의 원자료 및 검정 곡선

해설: 왼쪽 그림은 검정 곡선을 그리기 위해 최저 농도인 LOQ (0.13 ppm)부터 최대 잔류 농도(MRL)의 6배 농도까지 모두 6개 농도를 바탕 시료에 소량 첨가한 후 분석한 크로마토그램이다. 오른쪽 그림은 위의 크로마토그램으로부터 LOQ (0.13 ppm), 0.25 ppm, 0.5 ppm, 1 ppm, 2 ppm, 3 ppm에 해당하는 농도에 대한 검정 곡선을 그렸다. 직선식은 y=413.2126x-15.8344이며, 상관계수(r^2)는 0.9997임을 보여 주고 있다.

12.4.5 정확도

정확도(accuracy)는 측정한 값이 참값에 가까운 정도를 나타낸다. 정확도는 알고 있는 값과 시험 방법의 결과로부터 나온 평균값을 비교하는 것으로, 분석 "회수율(recovery)"로 표현하기도 하는데, 시료의 전처리, 시료로부터 분석 대상 물질의 추출, 정량 이전의 분석 과정과 관련한 **상대 회수율**(relative recovery)이다. 정확도 측정을 위해서 두 가지 기법이 이용될 수 있는데, 하나는 특성화된 물질에 대한 기준값에 대하여 점검하는 방법, 즉 **인증 기준 물질**(CRM, certified reference materials) 또는 **기준 물질**(reference materials, RM)을 사용하는 방법과 특성화된 다른 방법으로부터 점검하는 방법이 있다. 이때 기준값은 국제표준에 소급이 가능한 것이어야 하며, 인증 기준 물질은 소급성 있는 값을 제공하여 받아들이는 것으로 기준값은 CRM의 인증된 값이다.

기준 물질을 사용하여 정확도를 점검하기 위해서 연속적인 반복 시험에 대한 평균과 표준 편차를 구하고, 시험을 통해 얻은 값과 기준 물질의 값을 비교한다. 이상적인 기준 물질은 분석하고자 하는 시료와 매우 유사한 인증된 천연 매트릭스 기준 물질인데, 이러한 기준 물질은 상업적으로 구매하기에 매우 제한적이다. 따라서 적합한 순도와 안정성을 가진 물질, 실험실에서 안정성을 체크한 잘 특성화된 물질, 또는 실험실 내에서 QC를 위해 보유하고 있는 물질을 바탕 매트릭스에 소량 첨가함으로써 실험실에서 조제한 기준 물질이 사용될 수 있다.

다른 방법을 사용하여 정확도를 점검하기 위해서는 동일한 시료에 대해서 두 가지 방법의 결과를 비교해야 한다. 이를 위해서는 CRM, 실험실에서 조제한 기준 물질, 또는 간단한 시료가 사용될 수 있다. 하지만 CRM을 사용하면 안정성과 균질성, 국제표준에 근거한 편향(bias)이 제공되기 때문에 큰 장점이 있지만, 비용면에서 비싸고 분석 시료의 매트릭스와 농도 등에서 일치하지 않을 수 있다는 단점도 있다.

본 책에서는 정확도를 상대 회수율(relative recovery)로 나타내기로 하며, $\text{정확도}(\%) = \dfrac{\text{측정값}}{\text{이론값}} \times 100$으로 나타내는데, 100에 근접할수록 정확도가 좋다. 정확도는 분석 물질의 농도에 의존하므로 검정 곡선의 작업 구간 내의 여러 농도에서 측정되어야 하며, 보통은 낮은 농도(정량 한계(LOQ)를 포함시킴), 중간 농도, 높은 농도로 구분하여 작업 구간 내의 최소 3개 농도 지점에서 수행한다. 따라서 분석법의 전 과정을 적어도 9회 반복 측정(예를 들면, 세 가지 농도에 대해서 분석법의 전 과정을 각 농도당 3회씩 반복 측정)한 결과로부터 정확도를 평가한다.

정확도를 나타내는 다른 표현으로 '편향(bias)'이 있는데 이는 $\frac{\text{계산된 농도} - \text{측정 농도}}{\text{계산된 농도}} \times 100$으로 나타내며 0에 가까울수록 정확도가 높음을 의미한다.

일반적인 정확도는 **분석 내 정확도**(또는 **일내 정확도**)(within-run accuracy 또는 intra-day accuracy)를 의미하며, 많은 경우에 있어서 **분석 간 정확도**(또는 **일간 정확도**)(between-run accuracy 또는 inter-day accuracy)를 보여 줌으로써 분석 방법의 신뢰도를 높여 준다. 한편, 정량 분석에서 적합한 정확도는 농도에 따라 달라질 수 있는데, 농도에 따른 신뢰할 만한 정확도는 표 12.4와 같다.

[표 12.4] 정량 분석에 적합한 정확도의 신뢰 기준[5]

농도(μg/kg)	정확도(평균 % 회수율 범위)
≤1	50~120
1~10	60~120
10~100	70~120
100~1000	70~110
≥1000	70~110

예시 정확도

이론 농도 (μg/kg)	피크 면적	측정 농도 (μg/kg)	정확도 (%) n=3
Blk_1	–	–	
Blk_2	–	–	–
Blk_3	–	–	
0.05 ppb-1	325	0.051	
0.05 ppb-2	313	0.050	103.7
0.05 ppb-3	346	0.054	
0.1 ppb-1	698	0.103	
0.1 ppb-2	720	0.106	103.9
0.1 ppb-3	707	0.104	
0.2 ppb-1	1326	0.189	
0.2 ppb-2	1355	0.193	94.5
0.2 ppb-3	1305	0.186	

0.4 ppb-1	2901	0.404	
0.4 ppb-2	2897	0.404	99.7
0.4 ppb-3	2785	0.388	
0.6 ppb-1	4349	0.603	
0.6 ppb-2	4445	0.616	100.5
0.6 ppb-3	4258	0.590	
0.8 ppb-1	5588	0.773	
0.8 ppb-2	5724	0.791	97.5
0.8 ppb-3	5613	0.776	
1 ppb-1	7322	1.010	
1 ppb-2	7421	1.024	101.6
1 ppb-3	7363	1.016	

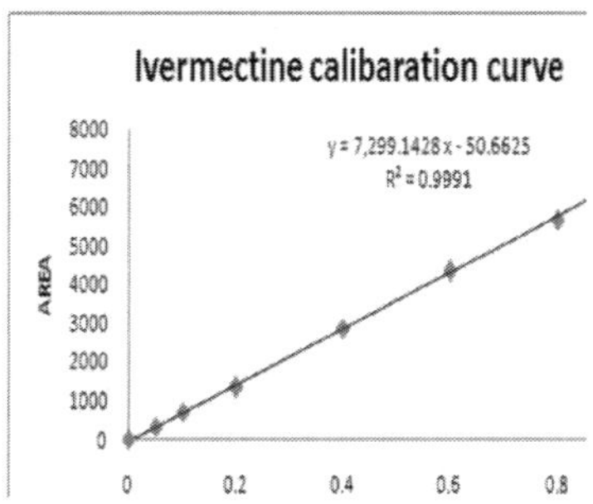

[그림 12.9] 정확도 계산을 위한 원자료 및 검정 곡선

해설: 0.05–1 ppb에 이르는 7개 농도에 대해서 각각 3개씩 전처리하여 얻은 결과(위 표)를 가지고 검정 곡선(아래 그림)을 그렸으며 검정 곡선의 직선식에 측정된 피크 면적을 대입하여 얻은 결과치, 즉 측정 농도를 정확도(%) $= \frac{\text{측정값}}{\text{이론값}} \times 100$으로 계산하여 정확도(상대 회수율)를 얻은 결과이다.

12.4.6 정밀도

정밀도(precision)는 정해진 조건에서 얻어진 독립적인 시험 결과들 간의 근접성을 나타낸다. 일반적으로 정밀도는 실제적으로 변할 수 있는 특정한 환경에 대해서 측정된다. 가장 일반적인 정밀도는 **반복성**(repeatability)과 **재현성**(reproducibility)이다. 반복성은 짧은 기간 동안에 동일한 장비와 동일한 시험자에 의해 시료를 반복 분석했을 때 나타내는 가변성이며, 재현성은 다른 실험실들에 의해 수행된 분석 결과값들의 근접한 정도를 나타낸다. 동일한 실험실에서 장기간 동안에 다른 분석자들에 의해 측정된 경우는 **중간 정밀도**

(intermediate precision)라고 한다. 중간 정밀도는 실험실 내 변이로서 다른 날, 다른 시험자, 다른 장비로 실험한 것에 대한 정밀도이다. LOQ, 낮은 QC, 중간 QC, 높은 QC 시료를 각각 최소 5개 시료를 최소한 2일이 차이 나게 3번 이상 분석한다. 평균 정밀도는 일반 QC 시료에 대해서는 계산값의 15% 이내여야 하며, LOQ 시료는 20% 이내여야 한다. 일반적인 정밀도는 **분석 내 정밀도**(또는 **일내 정확도**)(within-run precision 또는 intra-day precision)를 의미하며, 많은 경우에 있어서 **분석간 정밀도**(또는 **일간 정밀도**)(between-run precision 또는 inter-day precision)를 보여 줌으로써 분석 방법의 신뢰도를 높여 준다.

정밀도는 표준 편차 또는 상대 표준 편차(RSD)로 표현하며, 반복성과 재현성은 분석 물질의 농도에 의존하므로 검정 곡선의 작업 구간 내의 여러 농도에서 측정되어야 하며, 보통은 낮은 농도[정량 한계(LOQ)], 중간 농도, 높은 농도로 구분하여 작업 구간 내의 최소 3개 농도 지점에서 수행한다. CODEX와 AOAC에서 제공하는 신뢰할 만한 정밀도는 표 12.2, 12.3에 각각 나타내었다.

예시 정밀도

이론(계산) 농도 (μg/kg)	피크 면적	측정 농도 (μg/kg)	정밀도(RSD%) n=3
Blk_1	–	–	
Blk_2	–	–	–
Blk_3	–	–	
0.05 ppb-1	325	0.051	
0.05 ppb-2	313	0.050	4.4
0.05 ppb-3	346	0.054	
0.1 ppb-1	698	0.103	
0.1 ppb-2	720	0.106	1.5
0.1 ppb-3	707	0.104	
0.2 ppb-1	1326	0.189	
0.2 ppb-2	1355	0.193	1.8
0.2 ppb-3	1305	0.186	
0.4 ppb-1	2901	0.404	
0.4 ppb-2	2897	0.404	2.3
0.4 ppb-3	2785	0.388	
0.6 ppb-1	4349	0.603	
0.6 ppb-2	4445	0.616	2.1
0.6 ppb-3	4258	0.590	

0.8 ppb-1	5588	0.773	
0.8 ppb-2	5724	0.791	1.3
0.8 ppb-3	5613	0.776	
1 ppb-1	7322	1.010	
1 ppb-2	7421	1.024	0.7
1 ppb-3	7363	1.016	

해설: 정밀도에 대한 측정을 LOQ, LOQ의 3배 농도, 검정 곡선 범위의 50% 농도, 검정 곡선 상한 농도의 75% 지점 농도에서 수행한 것이다. 각 농도의 시료를 각각 3개씩 측정한 값에 대한 정밀도를 상대 표준 편차(RSD%)로 나타낸 것이다.

12.4.7 견고성

견고성(ruggedness)은 원래의 시험 방법이 실험 조건이나 기기의 조건 변화에 정확도나 정밀도를 크게 잃지 않고 얼마나 잘 견뎌내는지를 측정하는 것이다. 어떤 시험 방법에서는 주의 깊게 실험하지 않으면 어떤 시험 단계는 결과에 심각한 영향을 미치거나 결과가 나오지 않는 경우도 있다. 이런 단계들이 어떤 것들인지를 규명하는 것 또한 시험 방법 개발의 한 부분인데 이를 '**완건성 시험**(ruggedness test)' 또는 '**견고성 시험**(robustness test)'이라고 한다. 이는 방법에 대한 변수들의 고의적인 변화를 주어 수행 능력에 어떻게 영향을 미치는지를 평가하는 것이다. 이를 통해서 가장 큰 영향을 미치는 시험 방법의 변수를 규명하고, 그 단계에서는 주의 깊게 실험하도록 한다.

일반적으로 견고성은 시험 방법을 개발하는 동안에 시험 방법을 개발한 실험실에서 다른 실험실과의 비교 시험이 실시되기 전에 평가되며, 정밀도나 정확도에 미치는 영향을 조사할 때 응용된다.

- 일반적인 변화: 분석 용액의 안정성, 추출 시간
- HPLC: 이동상의 pH 변화, 이동상 조성의 변화, lot나 제조사가 다른 컬럼, 온도, 유속
- GC: lot나 제조사가 다른 컬럼, 온도, 유속

12.4.8 추출 회수율

확립된 분석 방법은 시료 중에 들어 있는 분석 물질 전체량을 추출하여 측정하기 매우 힘들다. 분석 물질들은 시료 중에서 분석자에게 관심 있는 형태로만

존재하지 않고 여러 가지 형태로 존재할 수 있다. 따라서 분석 방법은 특별한 형태의 분석 물질만을 측정하도록 주의 깊게 설계되어야 한다. 하지만 시료 중에 함유된 분석 물질 모두(전체량)를 측정할 수 없다는 것은 시험 방법에 근본적으로 문제가 있다는 것을 의미하며, 따라서 시료 중에 포함되어 있는 분석 대상 물질을 검출하는 효율을 평가할 필요가 있다.

추출 회수율(Extraction Recovery)은 **절대 회수율(absolute recovery)**이라고도 하며, 시료 전처리를 거친 후 분석 물질의 감응과 100% 추출 회수율에 해당하는 농도의 분석 물질이 들어 있는 용액의 감응도를 비교하여 퍼센트로 나타낸다(그림 12.10). 추출 회수율은 정확도의 표현으로 사용되기도 하는 상대 회수율(relative recovery)과는 다른 의미이다. 여기에서 추출 회수율은 시료로부터 유기 용매 등을 사용하여 추출한 양 대 추출되지 않고 시료 중에 남아 있는 양의 비를 나타낸다.

추출 회수율은 방법의 유효화를 위한 파라미터로 간주하지 않는 것이 일반적이다. LOD, 정밀도, 정확도가 받아들여질 정도면 추출 회수율은 더 이상 중요하지 않기 때문이다. 하지만 일반적으로는 50% 이상의 추출 회수율을 권장하고 있다.

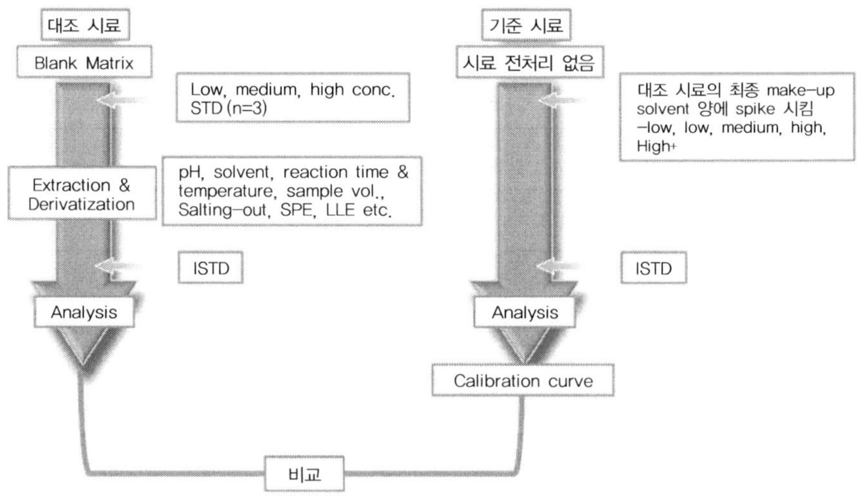

[그림 12.10] 절대 회수율을 측정하기 위한 실험 방법

12.5 정량 분석 방법

12.5.1 면적 정규화법

면적 정규화법(area normalization method)은 분석 물질의 중량 퍼센트와 면적의 퍼센트가 일치한다는, 즉 모든 분석 물질의 검출기에 대한 감응도가 동일하다는 가정하에서 사용되는 실제적인 계산법이다. 만약 X가 미지의 분석물이라면 면적% $X=\left[\frac{A_x}{\Sigma_i(A_i)}\right]\times 100$으로 표현한다. 이때 A_x는 X의 면적이고, 분모는 모든 면적의 합이다. 이 방법이 정확한 결과를 생성하기 위해서는 1) 모든 분석 물질이 용출되어 검출되어야 하며, 2) 검출된 분석 물질이 동일한 감도(감응/질량)를 가져야 한다는 조건하에서 시작된다. 이 조건들을 충족하기는 매우 어렵다. 그러나 반정량 분석, 아직 구조가 확실하게 밝혀지지 않은 분석 물질, 순수한 상태의 분석 물질이 사용 불가능한 경우에는 이 방법이 유용하다.

표준 물질의 사용이 가능하면, 시료 중에서 분석하고자 하는 한 물질이 표준 물질로 선택되며, 이때 이 표준 물질의 감응 인자 f_x는 1.00과 같은 임의의 값을 지정해 준다. 표준 물질과 그 외의 분석 물질의 무게를 재서 혼합물을 만들고 GC나 HPLC로 분석하여 크로마토그램을 얻는다. 두 피크의 면적(A_s: 표준 물질, A_x: 미지 물질)이 측정되면, 미지 시료 성분의 상대 감응 인자(f_x)는 다음과 같이 계산된다:

$$f_x = f_s \times \left(\frac{A_s}{A_x}\right)\times\left(\frac{w_x}{w_s}\right)$$

여기서 $\frac{w_x}{w_s}$은 미지 시료와 표준 물질의 무게비가 된다.

미지 시료의 경우, 각 성분 피크의 면적이 측정된 후 감응 인자와 곱해진다. 이에 따라 계산된 백분율(퍼센트)는 다음과 같이 계산된다:

$$\text{무게}\% X=\left[\frac{A_x f_x}{\Sigma_i(A_i f_i)}\right]\times 100$$

여기에서 A_i와 f_i는 각각 성분의 면적과 감응 인자이다.

12.5.2 외부 표준물법

외부 표준물법(External standard method)은 대상이 되는 분석 물질의 알고 있는 일정량을 분석한 후, 분석 물질의 농도 대 기기의 감응(면적)에 대한 검정 곡선을 그린다(그림 12.11). 이때 주의해야 할 점은 모든 시료와 표준 물질들은 정확하게 동일한 부피만큼만 컬럼에 주입되어야 한다. 수동 주입은 보통 정확성이 떨어지므로 autosampler를 사용하면 보다 좋은 결과를 얻을 수 있다.

외부 표준물법이나 다음에 설명될 내부 표준물법에서 검정 곡선을 그릴 때는 시료 매트릭스의 영향을 고려하여야 하므로 반드시 분석 물질이 검출되지 않은 바탕시료에 표준 물질을 농도에 따라 소량 첨가하여 전처리 과정을 거친 후 검정곡선을 그려야 한다. 이는 감응도가 매트릭스의 영향을 받는 경우에는 검정 곡선의 기울기가 일반 표준 용액을 시료 전처리 과정을 거치지 않고 기기에 직접 주입하여 얻은 기울기와 다르게 나타나기 때문이다. 일반 표준 용액을 직접 주입하여 검정 곡선을 그릴 때는 반드시 매트릭스의 영향이 없음을 보여 주어야 한다.

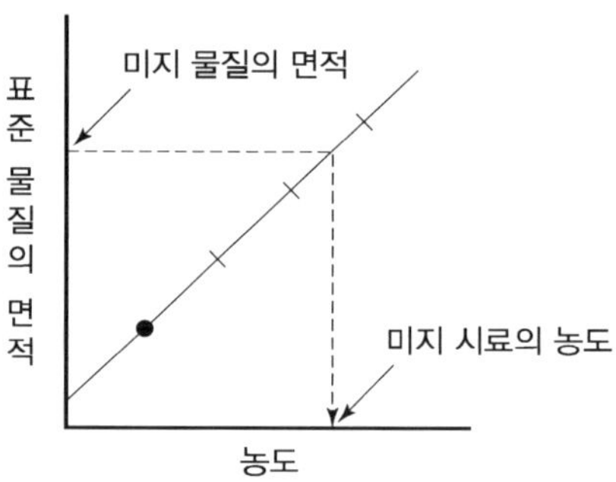

[그림 12.11] 외부 표준물법의 검정 곡선

12.5.3 내부 표준물법

내부 표준물법(internal standard method)은 너무 반복적이지 않거나 재검정을 자주 하지 않거나 할 수 없는 상황에서 특히 유용한 정량 분석 방법으로서, 시료 전처리를 위해서 정확하게 일정한 시료의 부피 또는 감응 인자를 요구하지 않으며 수동 주입 방법에 대해서도 좋다. 이 방법에서 사용되는 **내부 표준 물질**(internal standard, ISTD)은 시료에 존재하는 성분이어서는 안 되며, 다른 성분들의 피크와 겹쳐서도 안 된다. 각 시료에 이 내부 표준 물질의 정확하게 동일한 양을 소량 첨가하여야 하며 크로마토그래피 분석에서 내부 표준 물질이 갖추어야 할 조건은 다음과 같다.

1) 내부 표준 물질은 반드시 분석하려는 물질의 피크가 나타나는 지점 근처에 피크가 나타나도록 용출되어야 한다.
2) 내부 표준 물질은 분석 시료 물질들로부터 잘 분리되어야 한다.
3) 내부 표준 물질은 반드시 분석하려는 물질과 화학적 성질이 비슷해야 하며, 다른 어떤 성분과 반응해서는 안 된다.
4) 다른 표준 물질처럼 고순도로 사용 가능해야 한다.

내부 표준 물질은 분석하려는 물질과 비슷한 농도로 시료 전처리 시작점에서 첨가하는 것이 일반적이며, 동시에 여러 분석 물질을 분석하고자 할 경우에는 2~3가지의 내부 표준 물질을 사용할 수 있는데, 이 경우에도 보통은 머무름 시간이 유사한 것들을 선택한다.

검정 곡선을 그리는 절차는 다음과 같다: 1) 분석 물질들을 바탕 시료(매트릭스는 동일하지만 분석 물질이 포함되어 있지 않은 시료)에 소량 첨가함으로써 농도가 다른 3개 또는 그 이상의 검정 혼합 물질이 되도록 만든다. 2) 내부 표준 물질 일정량(보통은 검정 곡선 상에서 중간 정도의 농도)을 검정 혼합물과 미지 시료에 각각 가한다. 3) 일반 시료와 동일한 시료 전처리 과정을 거쳐 동일한 조건에서 크로마토그래프로 분석한 후, 4) 농도 대 면적비(분석 물질의 면적/내부 표준 물질의 면적)를 도시하여 검정 곡선을 작성한다(그림 12.12).

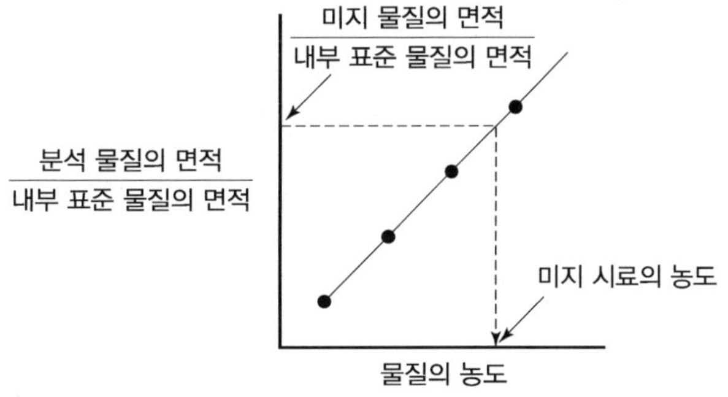

[그림 12.12] 내부 표준 물질을 사용한 검정 곡선

EPA 등에서는 surrogate와 같은 표준 물질을 내부 표준 물질로 사용하는 경우가 있다. Surrogate는 정량 분석을 위해 사용되지는 않고, 시료를 전처리하는 동안 시료의 손실과 회수율을 평가하기 위해 사용된다.

12.5.4 표준물 첨가법

표준물 첨가법(Standard addition method) 역시 시료에 표준 물질을 가하는 방법이다. 그러나 첨가되는 표준 물질은 분석하고자 하는 분석 물질 자체라는 점이며, 시료 부피를 취할 때 높은 재현성이 요구되고 부정확한 수동 주입은 곤란하다는 것이다.

이 방법의 원리는 미지 시료에 아는 양의 분석 물질을 첨가시킨 다음, 증가된 신호로부터 원래 미지 시료 중에 포함된 분석 물질의 양을 측정하는 방법으로서, 분석 물질의 농도에 대한 감응이 직선성을 가져야 한다. 표준물 첨가법은 시료의 조성이 알려져 있지 않거나, 복잡하여 분석 신호에 영향을 줄 때 효과적이며, 분석 물질이 포함되지 않은 바탕 시료를 구하기 어려운 경우에 사용되는 방법이다. 그림 12.13은 전형적인 표준물 첨가 검정 곡선을 보여 주고 있으며 시험 절차는 다음과 같다.

1) 시험관에 미지 시료를 동일한 양을 취한다.
2) 한 개 시료(시험관)를 제외하고 나머지 시료에 농도별로 표준 용액을 소량 첨가한다.
3) 첨가한 표준 용액의 양이 많아서 시험 결과에 영향을 미칠 수준인 경우에는 정제수 등을 이용하여 각 시료의 부피를 동일하게 맞춘다.
4) 시료 전처리 과정을 수행한다.
5) 기기 분석을 통해서 각 시료들로부터 얻은 면적을 농도에 대해서 도시하여 검정 곡선을 그린다. 이때 x축, 즉 농도가 0인 곳에서도 원래 시료 중에 분석 물질이 함유되어 있었기 때문에 분석 물질이 감응될 것이다.
6) 검정 곡선의 직선이 y축의 0인 지점에서 x축과 만나는 지점이 미지 시료에 포함된 분석 물질의 양이 된다.

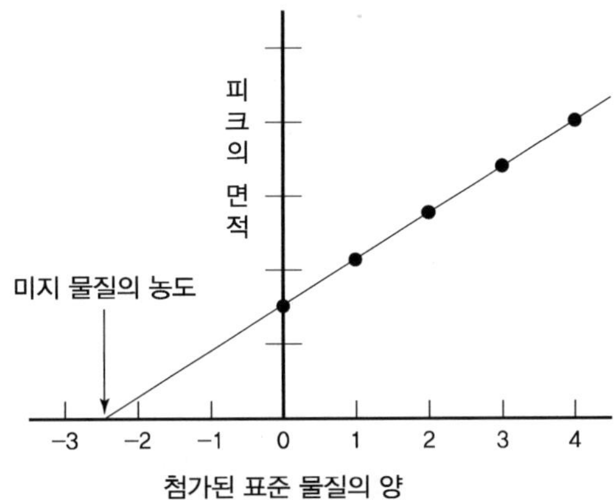

[그림 12.13] 표준물 첨가법을 이용한 검정 곡선

■ 참고문헌 ■

1 Hartmann, C.; Smeyers-Verbeke, J.; Massart, D. L.; McDowall, R. D. *J. Pharmceu. Biomed. Anal.* **1998**, *17*, 193.

2 U.S. Department of Health and Human Services, Food and Drug Administration (FDA), Center for Drug Evaluation and Research (CDER), Center for Veterinary Medicine (CVM), *Guidance for Industry : Bioanalytical Method Validation*, **2001**.

3 Eurachem Guide, *The Fitness for Purpose of Analytical Methods : A Laboratory Guide to Method Validation and Related Topics*, **1998**.

4 Thompson, M.; Ellison, S. L. R.; Wood, R. *Pure Appl. Chem.*, **2002**, *74*, 835.

5 Joint FAO/WHO Food Standards Programme CODEX Alimentarius Commission, R*eport of the 17th Session of the CODEX Committee on Residues of Veterinary Drugs in Foods*, **2008**.

6 WADA Technical Document-TD2003IDCR, Identification *Criteria for Qualitative Assays Incorporating Chromatography and Mass Spectrometry*, **2003**.

7 ISO 11843-1:1997. Capability of detection - Part 1 Terms and definitions.

8 Currie, L. A. *Pure Appl. Chem.* **1995**, *67*, 1699.

9 AOAC International, *AOAC Peer-Verified Methods Program, Manual on policies and procedures*, **1998**.

10 Peters, F. T.; Drummer, O. H.; Musshoff, F. *Forensic Sci. Int.* **2007**, *165*, 216.

11 국립환경과학원, 환경시험·검사 QA/QC 핸드북, 제2판, **2011**.

12 Australian Pesticides & Veterinary Medicines Authority, *Guidelines for the Validation of Analytical Methods for Active Constituent, Agricultural and Veterinary Chemical Products*, **2004**.

13 http://www.labcompliance.com/tutorial/methods/default.aspx?sm=d_d

부록

액체-액체 추출법(LLE)의 실제

1. 목표

액체-액체 추출법을 이용한 소변 중에 함유된 카페인 분석

2. 추출 방법

- 1단계: 소변 5 mL를 시험관에 준비한다.
- 2단계: 5 M KOH 용액을 사용하여 소변의 pH를 12로 조절한다.
- 3단계: 다이에틸 에터(diethyl ether) 5 mL를 시료에 첨가한다.
- 4단계: 황산 소듐(sodium sulfate, Na_2SO_4) 약 3 g을 첨가한다.
- 5단계: 교반기에서 20분 동안 교반한다.
- 6단계: 원심분리기에서 2000 rpm 속도로 10분 동안 원심분리한다.
- 7단계: 유기 용매층을 새로운 시험관으로 옮긴다.
- 8단계: 유기 용매층을 완전히 휘발시킨다.
- 9단계: 완전히 휘발된 추출 잔류물을 메탄올 1 mL로 재용해시킨다.
- 10단계: GC와 HPLC에 주입한다.

3. 준비물

시료 채취병, 소변 시료 50 mL, 5 M KOH 용액, pH 측정기, 다이에틸 에터, 20 mL 시험관, 스포이트, 황산 소듐(Na_2SO_4), 교반기, 원심분리기, 회전 증발기 또는 질소 증발기, 메탄올, 피펫

4. 해설

■ 1단계: 시료 준비

깨끗하게 세척하여 건조시킨 이물질이 포함되어 있지 않은 유리나 폴리에틸렌(PE) 시료 채취병을 준비한 후 소변을 채취한다. 시험에 사용될 시험관도 이물질이 포함되어 있지 않아야 하며 이를 확인하기 위해서 동일한 방법으로 세척된 시험관을 한 개 더 준비하여 바탕 시료(blank)로서 정제수를 소변 시료 전처리와 동일한 방법으로 전처리하여 분석함으로써 이물질의 존재 여부를 확인

할 수 있다. 유리 기구의 세척 방법은 '1.5 기구의 세척·건조'에 기술되어 있다.

시료 채취병으로부터 피펫을 사용하여 시험관으로 소변 시료 5 mL를 채취하며 측정 결과의 오차를 줄이기 위해서 정확한 양을 옮긴다. 분석 시료를 옮기는 과정에서의 오차를 상쇄시키는 방법으로는 내부 표준 물질을 사용하는 "내부 표준 방법"이 있는데, 내부 표준 물질은 시료를 시험관으로 옮긴 후 첨가하는 것이 좋으며, 이때 정확한 양이 첨가되어야 실험 오차가 발생하지 않는다.

■ 2단계: pH 조절

카페인의 구조는 그림 1과 같으며 pK_a가 10.4인 염기성 화합물에 속한다. 따라서 염기성 화합물을 수용액으로부터 유기 용매로 효과적으로 추출하기 위해서는 카페인을 중성 화학종으로 존재하게 만들어 유기 용매 상으로 질량 이동이 이루어지도록 하며, 이를 위해서는 카페인이 용해되어 있는 수용액(소변)의 pH를 카페인의 pK_a보다는 높게 조절해 주어야 한다(2.2.5절 참조).

소변의 pH는 중성이므로 pH를 12로 조절해 주기 위해서 5 M KOH 용액을 사용하였는데, 이때 농도가 너무 묽으면 많은 양의 KOH 용액이 첨가됨으로 인하여 소변을 포함한 수용액의 양이 너무 많아져서 추출 효율에 영향을 미칠 수 있으며, 농도가 너무 크면 용액을 취하는 양이 너무 작아서 취급에 어려움이 있기 때문에 5 M 용액으로 사용하는 것이 편리하다. KOH 대신에 NaOH 용액을 사용해도 무방하며, 염기성 화합물 용액은 조제 후 유리병에 보관하면 부식이 일어나기 때문에 폴리에틸렌 용기에 보관해야 한다.

pH 조절 시 작은 양을 넣어준 후 용액을 흔들어서 섞어준 다음 pH 미터를 사용하여 pH를 측정하고 다시 조금씩 양을 더해서 원하는 pH로 조절해 주어야 한다.

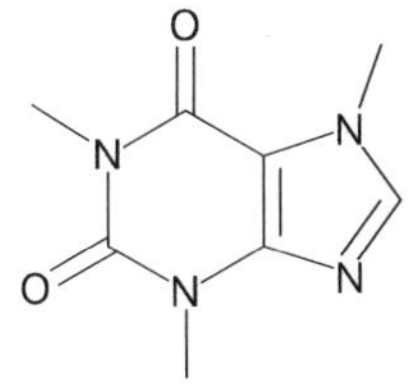

[그림 1] 카페인의 화학 구조

■ 3단계: 추출 용매

사용되는 추출 유기 용매는 물과 섞이지 않아야 하며, 분석 물질을 잘 용해시켜야 하며, 분석 물질의 극성도 등을 고려하여 물보다 가벼운 다이에틸 에터를 사용하였는데 이 용매는 순도가 높은 HPLC 급 또는 농약 분석 등급을 사용한다(표 2.1 참조). 다이에틸 에터의 순도를 높이기 위해서 증류하여 사용하는 경우도 있다. 또한 사용되는 추출 용매의 양이 정확해야 측정의 오차를 줄일 수 있다.

■ 4단계: 염석 효과

일반적으로, 수용액 내에 존재하는 무기 화합물의 농도가 높으면 수용액에서 유기 화합물의 용해도는 감소하는 경향을 보인다. 이와 같이 유기 화합물의 용해도를 감소시킴으로써 수용액에 존재하는 유기 화합물을 추출 유기 용매로 밀어내는 방법을 '염석 효과(salting out effect)'라고 한다. 염석 효과를 나타내기 위해 사용되는 시약으로는 황산 소듐(Na_2SO_4), 염화 소듐(NaCl) 등이 있다(2.3절 참조).

염석 효과를 나타내기 위해 첨가하는 시약의 양을 정확하게 잴 필요는 없으며, 수용액 내에서 포화가 되어 고체 침전이 관찰되는 정도로 황산 소듐을 첨가하면 염석 효과를 나타낼 수가 있다. 염석 효과를 나타낼 때 황산 소듐을 첨가한 후에는 시험관의 마개를 막고 직접 손으로 또는 vortex를 이용하여 흔들어서 황산 소듐이 뭉치지 않게 해 준다.

■ 5단계: 교반

교반 단계는 소변 시료와 추출 용매(다이에틸 에터) 간의 접촉을 통해서 소변 시료로부터 유기 용매로 분석 물질이 분배가 이루어지게 하기 위함이며, 소변 시료와 추출 용매 간의 접촉 횟수가 많아지고 접촉하는 표면적이 넓어지게 해서 추출 시간을 단축하기 위함이다(2.3절 참조). 시료와 추출 용매가 새어 나오지 않도록 시험관의 마개를 잘 닫고 교반기에 잘 고정시킨 후 고체 황산 소듐이 좌우로 이동될 수 있을 정도의 속도로, 20분 동안 교반시키는데, 보통은 300 rpm 정도면 충분하다. 교반기가 없는 경우에는 vortexer나 손으로 흔들어 주어야 하는데 이럴 경우 매우 귀찮은 작업이 된다(1.4.7절 참조).

■ 6단계: 원심분리

교반 후에 시험관을 세워 두면 염화 소듐 고체는 침전이 되고, 소변과 다이에틸 에터는 층분리가 이루어진다. 하지만 소변 중에는 약간의 다이에틸 에터가 용해되어 있고, 다이에틸 에터에도 약간의 물(소변)이 용해되어 있기 때문에 이를 완전히 분리하기 위해서는 원심분리기를 이용한 원심분리가 필요하다. 원심분리 시에는 시험관이 균형 있게 원심분리기의 rotor에 배치되도록 해야 하며 원심분리가 시작되면 시험관들이 기울어지면서 시험관의 마개들이 부딪칠 염려가 있기 때문에 이에 대한 확인도 필요하다. 속도는 2000 rpm 정도에서 10분 정도면 적합하다(1.4.6절 참조).

■ 7단계: 추출 용매 취함

원심분리 후 소변층과 유기 용매층이 완전히 분리되면, 유기 용매(다이에틸 에터) 층은 소변층 위에 있기 때문에 스포이트(spuit)나 pasteur pipette을 사용하여 새로운 시험관으로 옮긴다. 이 방법으로 처음 첨가한 유기 용매 5 mL를 모두 옮기는 것은 어려운 문제이므로 정확한 정량을 위해서는 옮겨진 양을 정확하게 측정할 필요가 있다. 하지만 내부 표준 방법(ISTD)을 사용하여 정량 할 경우에는 내부 표준 물질에 의해서 보정이 되기 때문에 정확한 양을 옮길 필요가 없다.

■ 8단계: 유기 용매 휘발

소변 중에 존재하는 분석 물질(이 실험에서는 카페인)의 농도가 낮거나 HPLC 실험을 위해서는 추출 용매인 다이에틸 에터를 휘발시키고 새로운 용매로 재용해시킬 필요가 있는데 이런 경우에 유기 용매를 휘발시킨다. 휘발시킬 용매의 양이 많은 경우(대략 5 mL 이상)에는 회전 증발기를 사용하며, 양이 적을 경우에는 질소 증발기를 사용한다(1.4.4절 및 1.4.5절 참조).

질소 증발기가 없는 경우에는 질소를 가느다란 pipette tip에 연결하여 유기 용매의 표면에 질소를 불어넣어서 유기 용매를 휘발시킬 수 있다. 휘발시킬 때는 반드시 흄 후드 장치 내에서 해야 하며, 완전히 휘발시킬 경우에 휘발성이 큰 물질들은 유기 용매와 함께 휘발이 되는 경우도 있기 때문에 조심해야 한다. 회전 증발기를 사용할 경우에도 회전 증발기의 사용 방법을 완전히 숙지한 후 사용해야 유기 용매의 역류가 일어나지 않기 때문에 회전 속도와 진공 정도를 잘 조절해야 한다.

질소 증발기나 회전 증발기를 사용할 때 유기 용매의 종류에 따라 휘발 속도가 매우 느린 경우가 있기 때문에 휘발 속도를 증가시키기 위해서 추출 용매가 들어 있는 시험관 또는 둥근 바닥 플라스크를 가열시키면서 휘발시키기도 한다.

■ 9단계: 재용해

추출 유기 용매(다이에틸 에터)를 완전히 휘발시킨 후 메탄올 1 mL로 재용해시킨다. 재용해(reconstitution 또는 make-up이라고도 함)는 농축을 위해서 또는 분석 기기에 적합한 용매로 다시 용해시키는 과정이다. 이 실험에서는 소변 5 mL 중에 함유되어 있던 카페인을 유기 용매 5 mL로 추출한 후 메탄올 1 mL로 용해시켰기 때문에 추출률이 100%인 경우에는 5배로 농축된 결과를 나타낸다. 따라서 농도를 계산할 경우에 농축 배율을 잘 고려하여 계산해야 한다.

역상 HPLC의 경우에는 사용되는 이동상이 물/메탄올 또는 물/아세토나이트릴이 일반적이므로 주입되는 시료도 이동상에 잘 용해되어야 하므로 추출 용매였던 다이에틸 에터는 이러한 이동상에 용해가 되지 않기 때문에 적합하지 않는 용매이다. 따라서 다이에틸 에터를 휘발시킨 후 메탄올로 재용해시키거나 아세토나이트릴 또는 물로 용해시켜서 주입하여도 무관하다.

고체상 추출법(SPE)의 실제

1. 목표

고체상 추출법을 이용한 이용한 소변 중에 함유된 카페인 분석

2. 추출 방법

- 1단계: C18 수착제에 메탄올 3 mL를 가한다.
- 2단계: 정제수 3 mL를 가한다.
- 3단계: 소변 시료 3 mL를 적재한다.
- 4단계: 정제수 3 mL를 가하여 세척한다.
- 5단계: 메탄올 1 mL로 용출한다(2회 반복).
- 6단계: GC 또는 HPLC에 주입하여 분석한다.

3. 준비물

시료 채취병, 소변 시료 50 mL, 5 M KOH 용액, pH 측정기, 회전 증발기 또는 질소 증발기, 메탄올, SPE 수착제(C18, 3 mL), manifold

4. 해설

■ 1단계, 2단계: 수착제 컨디셔닝

수착제는 무극성(C18)이고 용출(추출) 용매는 극성인 역상 SPE 시스템에서는 먼저 메탄올을 사용하여 말라 있던 수착제의 기능기들을 적셔서 활성화시킨다. 메탄올로 적셔 준 다음에는 물이나 수용액 완충 용액을 사용하여 메탄올을 씻어낸다. 튜브 형태인 경우는 튜브 끝까지 메탄올과 물을 채워서 세척하고, 디스크(disc) 형태의 SPE는 5~10 mL가 적합하다. 이런 절차를 컨디셔닝이라고 하는데, 컨디셔닝과 시료 적재 사이에 고체상이 건조되지 않아야 하며 보통은 물이 수착제 상단 1 mm 정도로 남아 있는 것이 좋다(3.1절 참조).

■ 3단계: 시료 적재

적재할 수 있는 시료의 전체 부피는 SPE의 용량에 따라 달라지며 SPE 튜브 크기가 1 mL인 경우는 시료량이 1 mL 이하이며, SPE 튜브 크기가 3 mL인 경우는 시료 부피가 1~250 mL까지 가능하다. 적재 시에 수용액 중에 용해된 분석 물질을 고체상에서 머무름을 증가시키거나 원치 않는 화합물들은 머무름 없이 빠져나가게 하기 위해서는 시료의 pH, 염의 농도 등을 조절해야 한다. 시료 중에 입자들이 있을 경우에는 SPE가 막힐 수 있으므로 추출 전에 필터를 해 주거나 원심분리하여 제거해 주는 것이 좋다.

추출 장비는 보통 vacuum manifold를 사용하거나 중력을 이용하는 방법이 있는데, 시료의 적재 속도에 따라 고체상에 머무름이 영향을 받는데 일반적인 속도는 5 mL/min이다(3.1절 참조).

■ 4단계: 세척

세척 단계에서는 수착제에 머물러 있는 원치 않는 물질들을 시료와 동일한 용액(시료가 소변인 경우에는 정제수)으로 세척해 주는 것이 일반적이며, 이 단계에서 시료 매트릭스보다는 강하지만 분석 물질을 수착제로부터 떼어 내기에는 약한 다른 용액을 사용하여 세척할 수도 있다. 이때 분석 물질이 빠져나가지 않도록 조심해야 한다. 보통은 최종 용출 용액보다는 유기 또는 무기염이 덜 포함되어 있으며 pH를 조절해 준 용액이다. 컨디셔닝 단계에서와 동일한 부피의 용액을 사용하여 세척해 준다(3.1절 참조).

■ 5단계: 용출

이 단계에서는 새로운 시험관을 SPE 장치에 셋팅한 후 분석 물질을 고체상 수착제로부터 떼어 내기(용출) 위해서 가능한 한 작은 부피인 0.2~2 mL의 유기 용매로 용출한다. 한번에 많은 양으로 추출하는 것보다는 작은 양으로 두 번에 나누어 용출하는 것이 효과적인 추출 방법이다. 용출 용매가 분석 물질과 20초~1분 정도 접촉하였을 때 분석 물질의 추출 효율이 최적이다(3.1절 참조).

찾아보기

| 저자 소개 |

명 승 운

(현) 경기대학교 화학과 교수

(현) 한국분석과학회 부회장

(현) 한국과학기술연구원 책임연구원

크로마토그래피 분석을 위한 시료 전처리

| 저　　자 명승운
| 발 행 인 김지영
| 발 행 처 자유아카데미
| 주　　소 경기도 파주시 회동길 37-42
파주출판도시
| 전　　화 031-955-1321
| 팩　　스 031-955-1322
| 홈페이지 www.freeaca.com
| 전자우편 main@freeaca.com(대표)
editor@freeaca.com(편집)
crm@freeaca.com(영업)
| 등　　록 제406-2003-017호, 1980. 7. 12
| 제1판1쇄 2015년 3월 10일 발행
| 제1판2쇄 2021년 6월 25일 발행
| 정　　가 25,000원

저자와의
협의하에
인지생략

ISBN 979-11-5808-015-0　93430